Tome II, volume 4. **Fascicule 1.**

ENCYCLOPÉDIE
DES
SCIENCES MATHÉMATIQUES
PURES ET APPLIQUÉES

PUBLIÉE SOUS LES AUSPICES DES ACADÉMIES DES SCIENCES DE GÖTTINGUE, DE LEIPZIG, DE MUNICH ET DE VIENNE AVEC LA COLLABORATION DE NOMBREUX SAVANTS.

ÉDITION FRANÇAISE

RÉDIGÉE ET PUBLIÉE D'APRÈS L'ÉDITION ALLEMANDE SOUS LA DIRECTION DE

JULES MOLK,
PROFESSEUR À L'UNIVERSITÉ DE NANCY.

TOME II (QUATRIÈME VOLUME),

ÉQUATIONS AUX DÉRIVÉES PARTIELLES.

RÉDIGÉ DANS L'ÉDITION ALLEMANDE SOUS LA DIRECTION DE

H. BURKHARDT ET **W. WIRTINGER**
(MUNICH) (VIENNE).

PARIS, GAUTHIER-VILLARS | LEIPZIG, B. G. TEUBNER

1913
(30 JUIN)

Tome II; quatrième volume; premier fascicule.

Sommaire.

Avis.

Dans l'édition française, on a cherché à reproduire dans leurs traits essentiels les articles de l'édition allemande; dans le mode d'exposition adopté, on a cependant largement tenu compte des traditions et des habitudes françaises.

Cette édition française offrira un caractère tout particulier par la collaboration de mathématiciens allemands et français. L'auteur de chaque article de l'édition allemande a, en effet, indiqué les modifications qu'il jugeait convenable d'introduire dans son article et, d'autre part, la rédaction française de chaque article a donné lieu à un échange de vues auquel ont pris part tous les intéressés; les additions dues plus particulièrement aux collaborateurs français sont mises entre deux astérisques. L'importance d'une telle collaboration, dont l'édition française de l'Encyclopédie offrira le premier exemple n'échappera à personne.

Fascicules sous presse:

Tome I, vol. 1: **Groupes finis discontinus,** fin (H. Burkhardt — H. Vogt). — **Additions et modifications.** — **Renseignements bibliographiques.** — **Index.**

Tome I, vol. 2: **Invariants,** fin (F. Meyer — J. Drach).

Tome I, vol. 3: **Applications de l'Analyse à la Théorie des nombres,** fin (P. Bachmann — J. Hadamard — E. Maillet). — **Corps algébriques** (D. Hilbert — H. Vogt).

Tome I, vol. 4: **Économie politique mathématique,** fin (V. Pareto). — **Jeux** (W. Ahrens — C. A. Laisant).

Tome II, vol. 2: **Fonctions analytiques** (W. F. Osgood — P. Boutroux — J. Chazy).

Tome II, vol. 3: **Fonctions sphériques,** fin (A. Wangerin — A. Lambert — P. Appell). — **Fonctions sphériques à plusieurs variables** (P. Appell — A. Lambert).

Tome II, vol. 5: **Équations aux dérivées partielles** (E. von Weber — G. Floquet — E. Goursat). — **Groupes continus de transformations** (H. Burkhardt — L. Maurer — E. Vessiot).

Tome II, vol. 6: **Calcul des variations** (A. Kneser — E. Zermelo — H. Hahn — M. Lecat).

Tome III, vol. 1: **Notions de courbe et surface** fin (H. von Mangoldt — L. Zoretti). — **Méthodes analytiques et synthétiques** (G. Fano — S. Carrus). — **Géométrie énumérative** (H. G. Zeuthen — M. Pieri).

Tome III, vol. 2: **Géométrie projective** (A. Schoenflies — A. Tresse). — **Configurations** (E. Steinitz — E. Merlin).

Tome III, vol. 3: **Coniques** (fin). **Faisceaux de coniques** (F. Dingeldey — E. Fabry). — **Courbes planes algébriques** (L. Berzolari).

Tome III, vol. 4: **Quadriques** (O. Staude — A. Grévy).

Tome IV, vol. 1: **Principes de la mécanique rationnelle** (A. Voss — E. Cosserat — F. Cosserat). — **Mécanique statistique** (P. et T. Ehrenfest — E. Borel.)

Tome IV, vol. 2: **Cinématique,** fin (A. Schoenflies — G. Koenigs). — **Statique graphique** (L. Henneberg — H. Vergne).

Tome IV, vol. 3: **Appareils physiques les plus simples** (Ph. Furtwängler — A. Guillet).

Tome IV, vol. 6: **Balistique extérieure** (C. Cranz — E. Vallier). — **Balistique intérieure** (C. Cranz — Benoit). — **Développements concernant des recherches françaises** (F. Gossot — R. Liouville).

Tome IV, vol. 7: **Équations fondamentales de l'élasticité** (C. H. Müller — A. Timpe — L. Lecornu). — **Intégration des equations différentielles del' élasticité** (O. Tedones — R. Garnier).

Tome V, vol. 1: **Mesure** (C. Runge — Ch. Ed. Guillaume).

Tome V, vol. 2: **Atomistique** (F. W. Hinrichsen — M. Joly — J. Roux). — **Stéréo chimie** (Mamlock — Roux). — **Epures des cristane** (Th. Liebisch — F. Wallerant).

Tome V, vol. 3: **Principes physiques de l'électricité; action à distance** (R. Reiff — A. Sommerfeld — E. Rothé).

Tome V, vol. 4: **Principes physiques de l'optique; anciennes théories** (A. Wangerin — C. Raveau.)

Tome VI, vol. 1: **Triangulation géodésique.** — **Mesure des bases et nivellement.** (P. Pizzetti — L. Noirel).

Tome VII, vol. 1: **Coordonnées absolues et relatives** (E. Anding — H. Bourget). — **Réfraction** (A. Bemporad — P. Puiseux). — **Rédaction des observations** (F. Colm — Luc Picart). — **Longitude et latitude** (C. W. Wirtz — G. Fayet). — **Horloges et chronométres** (E. Caspari). — **Mesure des angles** (F. Cohn — J. Mascart).

Tribune publique. 22.

495. [I_1 p. 65 dernière ligne] (I 2, **3** note 16) ajouter: Le produit $1 \cdot 2 \ldots n = n!$ est appelé quelquefois *n admiration* [cf. *W. E. Byerly*, Elements of the differential calculus, Boston 1879, p. 120].

496. [I_1 p. 81 ligne 3 en remontant] (I 2, **13** note 81) ajouter: *H. Klein*, Progr. Nagy-Szeben 1905/6, p. 59. **G. A. Miller.**

497. [I_1 p. 212 dernière ligne] (I 4, **1** note 7). La première démonstration de la divergence de la série harmonique est due à *P. Mengoli* [Novae quadraturae arithmeticae, Bologne 1650, préface; cf. *G. Eneström*, Bibl. math. (3) 12 (1911/2), p. 136/7]. La seconde démonstration est due à *Jacques Bernoulli*; elle contient une faute de rédaction et il n'est pas tout à fait correct de dire qu'elle coïncide avec la démonstration que l'on donne généralement aujourd'hui [voir *G. Eneström*, Bibl. math. (3) 12 (1911/2), p. 160/2]. **G. Eneström.**

498. [I_1 p. 335 ligne 3 en remontant] (I 5, **1** note 28) au lieu de *L. C. Boucher* lire *L. C. Bouvier*. **F. Cajori.**

499. [I_1 p. 542 ligne 25] (I 8, **6**). *L. Poinsot* [Recherches sur l'Algèbre et sur la Théorie des nombres, mémoire présenté à la classe des sciences de l'Institut de France en mai 1813, publié Mém. classe sc. math. phys. Institut France 14 (1813/5), éd. 1818, p. 382] fait déjà usage du mot „groupe" dans un sens technique. Il y parle de „groupes de permutations associées entre elles", de „groupes principaux et secondaires de permutations" et de „groupes semblables". Cf. Tribune publique 19, nº 434. **E. Bortolotti.**

500. [I_1 p. 594 ligne 2] (I 8, **18**) ajouter: Le groupe dérivé d'éléments $a_1, a_2, \ldots$ (ou de groupes donnés quelconques) est parfois appelé *super-groupe* (overgroup) de ces éléments (ou de ces groupes donnés); cf. *W. Findlay*, Trans. Amer. math. Soc. 5 (1904), p. 264.

501. [I_1 p. 611 lignes 24/6] (I 8, **21**). Le théorème cité ici n'est pas énoncé d'une façon satisfaisante.

Soit $m > 2$. Il y a un et un seul groupe G d'ordre 2^m pouvant être engendré par n éléments de façon que chacun de ces n éléments soit transformé en son inverse par chacun des $n - 1$ autres éléments et que deux quelconques de ces éléments ne soient pas commutatifs. Pour $n = 3$, ce groupe unique G est le groupe quaternion; pour $n = 4$, c'est le groupe hamiltonien d'ordre 16; mais pour $n > 4$ ce n'est jamais un groupe hamiltonien.

La démonstration de ce théorème donnée par *G. A. Miller* [Quart. J. pure appl. math. 37 (1906), p. 286] n'est pas exacte. Cf. *I. Schur*, Jahrb. Fortschr. Math. 40 (1909), éd 1912, p. 189. **G. A. Miller.**

502. [I_2 p. 33 ligne 11] (I 15, **19**) ajouter: *A. Verebrusov* [Mat. Sbornik 26 (1907), p. 115] a déterminé le nombre des solutions entières d'une équation cubique de la forme

$$\alpha x^3 + 3\beta x^2 y + 3\gamma x y^2 + \delta y^3 = m.$$

A. Verebrusov.

503. [I_3 p. 208/10] (I 16, **55**). Une étude systématique du problème de Waring et de quelques généralisations de ce problème est contenue dans *A. J. Kempner,* Diss. Göttingue 1911, éd. Göttingue 1912. **J. Molk.**

504. [II_1 p. 174] (II 2, **28** note 181) lire: voir à ce sujet *W. H. Young* [Quart. J pure appl. math. 34 (1903), p. 189/92] et *G. Vitali* [R. Ist. Lombardo Rendic. (2) 37 (1904), p. 69/73.

505. [II_1 p. 189] (II 2, **35** note 205) ajouter: D'autres généralisations sont dues à *W. H. Young,* Proc. R. Soc. London 87 A (1912), p. 225/9.

506. [II_1 p. 191 ligne 10] (II 2, **37**) ajouter: *W. H. Young* [Proc. London math. Soc. (2) 8 (1910), p. 99/116] a énoncé le théorème plus général suivant: „Si les points dans le voisinage desquels les f_n ne sont pas bornés forment un ensemble dénombrable, si les fonctions $l(x)$ et $L(x)$, plus petite et plus grande limite d'indétermination des f_n sont égales sauf pour un ensemble de points de mesure nulle et si les fonctions $l_1(x)$ et $L_1(x)$, limites d'indétermination des intégrales des f_n sont continues, on a

$$\lim_{n=+\infty} \int f_n\, dx = \int l(x)\, dx = \int L(x)\, dx.$$

507. [II_1 p. 192 ligne 7] (II 2, **37**) ajouter: *W. H. Young* [Proc. London math. Soc. (2) 9 (1910), p. 286/324] s'est occupé du cas où la suite f_n n'est pas convergente: soient $l(x)$ et $L(x)$ les limites d'indétermination de cette suite. Il a établi des conditions sous lesquelles on peut écrire

$$\int_a^x l(x)\, dx \leqq \underline{\lim}_{n=+\infty} \int_a^x f_n\, dx$$

$$\int_a^x L(x)\, dx \geqq \overline{\lim}_{n=+\infty} \int_a^x f_n\, dx.$$

P. Montel.

508. [II_1 p. 217 dernière ligne] (II 2, **51** note 285) ajouter: La priorité de publication en ce qui concerne le cas des séries trigonométriques appartient à *M. Fréchet.* Mais *J. W. Young* avait exposé oralement sa généralisation de la méthode de Čebyšëv devant les membres de l'American mathematical Society le 28 avril 1906 et le 4 septembre 1906 et en avait publié un résumé: Bull. Amer. math. Soc. 13 (1906/7), p. 66 [novembre 1906].

M. Fréchet.

509. [II_1 p. 332] (II 3, **31**). Sur les dérivées d'ordre quelconque d'une fonction de fonctions, voir aussi *F. Sibirani,* Periodico di mat. (3) 2 (1904/5), p. 81/7.

M. Lecat.

510. [II_2 p. 45 ligne 20] (II 7, **12** note 126). Au lieu de „Introduction à la théorie" lire „Éléments de la théorie". **J. Molk.**

511. [II_5 p. 9 ligne 29] (II 26, **7**) au lieu de „on" lire „ou".

512. [II_5 p. 30 ligne 13] (II 26, **18**) au lieu de „ligne" lire „lignes".

513. [II_5 p. 31 ligne 16] (II 26, **19**) au lieu de „Rïesz" lire „Riesz".

G. A. Miller.

514. [II_5 p. 66 dernière ligne] (II 26, **37** note 251). Au lieu de (2) 4 (1887), p. 25/46 lire (2) 4 (1887/92), éd. 1892, p. 25/46 [1887]. **J. Molk.**

515. [III_1 p. 7 ligne 18] (III 1, **3**). Le Traité de *G. B. Halsted* [Rational geometry, New York 1904] est destiné aux élèves des écoles secondaires américaines;

il est inspiré par l'ouvrage fondamental de *D. Hilbert,* Grundlagen der Geometrie, (1re éd.) Leipzig 1899; traduction française par *P. Barbarin,* Paris 1911.

516. [III_1 p. 130 ligne 6] (III 1, **41**). Les vues de *H. Poincaré* sur un grand nombre de questions élémentaires sont exposées dans un article traduit en anglais, sur le manuscrit, par *T. J. Mc. Cormack* sous le titre: „On the foundations of geometry" [The Monist 9 (1898/9), p. 1/43].

517. [III_3 p. 6 ligne 6 en remontant] (III 17, **2** note 9) ajouter: *A. F. Möbius* [J. reine angew. Math. 4 (1829), p. 109; Werke 1, Leipzig 1885, p. 4] savait probablement que les six rapports anharmoniques de quatre points forment un groupe à l'égard des deux opérations consistant l'une à soustraire de l'unité, l'autre à diviser l'unité.

G. A. Miller [Quart. J. pure appl. math. 37 (1906), p. 81] a montré que l'on obtient le même groupe d'ordre 6 en répétant un nombre quelconque de fois la soustraction d'un nombre quelconque n de θ et la division de θ^2 par n et par les résultats de ces deux opérations. Ce groupe est souvent désigné sous le nom de *groupe anharmonique* [cf. *E. Pascal,* Repertorium der höheren Mathematik (2e éd.) 1, Leipzig et Berlin 1910, p. 238].

La locution *groupe anharmonique* est aussi employée dans un sens tout à fait distinct. On l'emploie souvent, en effet, pour désigner le groupe d'ordre 4 déterminé par les quatre substitutions qui laissent invariable un rapport anharmonique donné [cf. *A. Capelli,* Istituzioni di analisi algebrica, (4e éd.) Naples 1909, p. 111]. Ce dernier sens dans lequel on prend la locution „groupe anharmonique" est conforme à l'usage d'après lequel on désigne par *groupe de fonctions* la totalité des substitutions des variables qui transforme la fonction en elle-même.

Comme le premier des deux groupes dont nous parlons (celui d'ordre **six**) est le groupe-quotient du second des deux groupes (celui d'ordre quatre) il conviendrait de réserver à ce dernier groupe le nom de groupe anharmonique et d'appeler le premier (celui d'ordre six) „groupe-quotient du groupe anharmonique". **G. A. Miller.**

518. [III_3 p. 37 ligne 2] (III 17, **16** note 82). Un autre système de coordonnées tangentielles qui offre divers avantages a été indiqué dès 1829 par *M. Chasles,* Correspondance math. phys. (de *A. Quetelet*) 6 (1830), p. 81. Depuis lors l'idée du même système s'est présentée à divers auteurs qui en ont fait une étude approfondie. On peut citer à ce propos les travaux tout à fait indépendants, et d'ailleurs simultanés, de *K. Schwering* [Theorie und Anwendung der Linienkoordinaten, Leipzig 1884] et de *M. d'Ocagne* [Nouv. Ann. math. (3) 3 (1884), p. 410, 456, 516]. Ces coordonnées, désignées sous le nom de *coordonnées parallèles* ont été d'un grand secours à *M. d'Ocagne* pour l'établissement de sa théorie nomographique des points alignés [cf. I 23, **53**].

M. d'Ocagne a d'ailleurs recherché la définition projective la plus générale des coordonnées de point et de plan (ou de droite dans le plan), avec laquelle l'équation du plan et du point unis soit du premier degré par rapport aux coordonnées de l'un et de l'autre. Il y est parvenu [Nouv. Ann math. (3) 11 (1892), p. 70] par l'emploi d'un certain tétraèdre fondamental qui, suivant que l'un de ses sommets ou la face opposée est rejeté à l'infini, redonne, d'une part les coordonnées ponctuelles cartésiennes et tangentielles plückeriennes, de l'autre les coordonnées ponctuelles et tangentielles parallèles.

Les coordonnées ponctuelles parallèles avaient d'ailleurs fait précédemment l'objet d'une étude spéciale de *M. d'Ocagne* [Nouv. Ann. math. (3) **6** (1887), p. 493].

De même que les coordonnées cartésiennes dans le domaine ponctuel, les coordonnées parallèles dans le domaine tangentiel sont directement proportionnelles aux longueurs de certains vecteurs. C'est ce qui fait leur intérêt au point de vue de la Nomographie.

519. [III_3 p. 65 ligne 23] (III 17, **28**). Ajouter après cette dernière ligne: „Une théorie complète des courbes de seconde classe a été donnée au moyen des coordonnées parallèles [cf Tribune publique 22 n° **518**] par *K. Schwering* [Theorie und Anwendung der Linienkoordinaten, Leipzig 1884, p. 45/55] et par *M. d'Ocagne* [Nouv. Ann. math. (3) **3** (1884), p. 461/70, 516/9].

520. [III_3 p. 78 ligne 14] (III 17, **35** note 242). On trouvera diverses propriétés nouvelles du cercle orthoptique dans une étude purement géométrique de *M. d'Ocagne* [Nouv. Ann. math. (3) **5** (1886), p. 97].

521. [III_3 p. 139, dernière ligne] (III 17, **56** note 484) ajouter: Il en a d'ailleurs donné une démonstration directe des plus simples [Cours de géométrie descriptive et de géométrie infinitésimale, Paris 1896, p. 279].

522. [IV_2 p. 60 ligne 19] (IV 4, **37**) au lieu de „défini" lire „définie".

523. [IV_2 p. 60 ligne 23] (IV 4, **37** note 72) au lieu de n° **45** lire n° **48**.

M. d'Ocagne.

☛ **Toute rectification ou addition, se rapportant à l'édition française, adressée à J. Molk, 8 rue d'Alliance, Nancy, sera insérée, s'il y a lieu, avec mention du nom de son auteur dans la Tribune publique.**

Nancy, le 20 janvier **1913**. **J. Molk.**

II 21. PROPRIÉTÉS GÉNÉRALES DES SYSTÈMES D'ÉQUATIONS AUX DÉRIVÉES PARTIELLES. ÉQUATIONS LINÉAIRES DU PREMIER ORDRE.

Exposé, d'après l'article allemand de **E. von WEBER** (Wurzbourg), par **G. FLOQUET** (Nancy).

Propriétés générales des systèmes d'équations aux dérivées partielles.

1. Définitions. On appelle *équation aux dérivées partielles* une relation entre n variables indépendantes

$$x_1, x_2, \ldots, x_n,$$

m fonctions inconnues

$$z_1, z_2, \ldots, z_m$$

de ces variables et un certain nombre des dérivées partielles des z relatives aux x.

L'*ordre de l'équation* est l'ordre de la dérivée partielle de l'ordre le plus élevé qui y figure.

Considérons un système d'équations aux dérivées partielles, ou, comme on dit plus brièvement, un *système différentiel*,

$$(1)\quad \begin{cases} F_1(x_1, x_2, \ldots, x_n, z_1, z_2, \ldots, z_m, z_{1,10\ldots0}, \ldots, z_{i,\alpha_1\alpha_2\ldots\alpha_n}, \ldots) = 0, \\ F_2(x_1, x_2, \ldots, x_n, z_1, z_2, \ldots, z_m, z_{1,10\ldots0}, \ldots, z_{i,\alpha_1\alpha_2\ldots\alpha_n}, \ldots) = 0, \\ \ldots\ldots\ldots\ldots\ldots\ldots\ldots\ldots\ldots, \end{cases}$$

où $z_{i,\alpha_1,\alpha_2\ldots\alpha_n}$ désigne la dérivée

$$\frac{\partial^{\alpha_1+\alpha_2+\cdots+\alpha_n} z_i}{\partial x_1^{\alpha_1}\partial x_2^{\alpha_2}\cdots\partial x_n^{\alpha_n}}.$$

L'*ordre du système différentiel* est l'ordre de l'équation de l'ordre le plus élevé qui y figure.

Supposons que les équations (1) renferment les dérivées de z_i jusqu'à l'ordre r_i inclusivement. On dit alors que r_i est l'*ordre du système par rapport à* z_i.

Si r_1 est l'ordre du système par rapport à z_1, r_2 par rapport à $z_2, \ldots$, les premiers membres $F_1, F_2, F_3, \ldots$ dépendent des variables:

$$(2)\qquad x_1, x_2, \ldots, x_n, \quad z_1, z_2, \ldots, z_m, \ldots, z_{i,\, \alpha_1 \ldots \alpha_n}, \ldots$$

où, pour chacune des fonctions F_i, les indices $\alpha_1, \alpha_2, \ldots, \alpha_n$ peuvent prendre toutes les valeurs pour lesquelles

$$\alpha_1 + \alpha_2 + \cdots + \alpha_n \leqq r_i.$$

On dit que le système (1) est *intégrable* lorsqu'il existe m fonctions analytiques

$$z_1, z_2, \ldots, z_m$$

des variables $x_1, x_2, \ldots, x_n$, régulières dans le domaine d'un point

$$(x_1^0, x_2^0, \ldots, x_n^0)$$

et satisfaisant identiquement aux équations (1). L'ensemble de ces m fonctions, qui sont développables en séries entières de la forme[1])

$$(3)\qquad z_i = \sum_{\alpha_1=0}^{\alpha_1=+\infty} \cdots \sum_{\alpha_n=0}^{\alpha_n=+\infty} \frac{z^0_{i,\alpha_1 \ldots \alpha_n}}{\alpha_1! \ldots \alpha_n!} (x_1 - x_1^0)^{\alpha_1} \ldots (x_n - x_n^0)^{\alpha_n},$$

constitue ce qu'on appelle une *intégrale,* ou une *solution,* ou encore un *système d'intégrales* ou *de solutions,* du système différentiel (1).

Intégrer le système différentiel (1), c'est trouver *toutes* ses solutions.

Remarquons que toute intégrale du système (1) vérifie aussi les équations, en nombre illimité, que l'on obtient en dérivant partiellement les équations (1) par rapport à

$$x_1, x_2, \ldots, x_n,$$

les z et leurs dérivées étant regardés comme fonctions de ces x. On peut donc prolonger indéfiniment un système différentiel, sans modifier ses solutions.

*On est ainsi conduit à se demander si tout système différentiel illimité ne serait pas de cette forme prolongée. C'est effectivement ce qui a lieu, comme il résulte du théorème suivant démontré par *A. Tresse*[2]):

Étant donné un système différentiel quelconque, il existe toujours un nombre fini s tel que toutes les équations d'ordre supérieur à s, que comprend le système, se déduisent par de simples dérivations des équations d'ordre égal ou inférieur à s.*

1) Au point de vue de l'Analyse des quantités *réelles*, on n'a examiné jusqu'ici qu'un petit nombre de catégories spéciales de problèmes différentiels [II A 7]. L'extension du théorème d'existence de Cauchy-Lipschitz à un système d'équations aux dérivées partielles quelconque n'a pas encore été faite.

2) Acta math. 18 (1894), p. 1.

2. Existence des solutions. Pour un système d'équations aux dérivées partielles, comme pour les systèmes d'équations différentielles ordinaires, *A. L. Cauchy*[3]) est le premier qui soit parvenu à des résultats rigoureusement démontrés, en ce qui concerne l'existence même des intégrales. Il l'a établie pour un système (1) comprenant m équations du premier ordre, en nombre égal par conséquent à celui des fonctions inconnues z, linéaires par rapport aux dérivées et susceptibles d'être résolues par rapport aux m dérivées des z relatives à une même variable x.

*En 1875, presque simultanément, *G. Darboux*[4]) et *Sophie Kovaewski*[5]) ont établi de nouveau et plus simplement les résultats obtenus par *A. L. Cauchy*.*

Sophie Kovalewski[5]) a été conduite au système envisagé par *A. L. Cauchy* en démontrant l'existence des intégrales pour le système suivant:

$$(4)\quad \begin{cases} \dfrac{\partial^{r_1} z_1}{\partial x_1^{r_1}} = f_1(x_1, \ldots, x_n, z_1, \ldots, z_m, \ldots, z_{k,\beta_1\ldots\beta_n}, \ldots), \\ \dfrac{\partial^{r_2} z_2}{\partial x_1^{r_2}} = f_2(x_1, \ldots, x_n, z_1, \ldots, z_m, \ldots, z_{k,\beta_1\ldots\beta_n}, \ldots), \\ \ldots\ldots\ldots\ldots\ldots\ldots\ldots\ldots, \\ \dfrac{\partial^{r_m} z_m}{\partial x_1^{r_m}} = f_m(x_1, \ldots, x_n, z_1, \ldots, z_m, \ldots, z_{k,\beta_1\ldots\beta_n}, \ldots). \end{cases}$$

*Ce système auquel on a donné le nom de *système de Kovalewski* est composé d'un nombre m d'équations égal à celui des fonctions inconnues et, r_i étant l'ordre du système par rapport à z_i, il est résolu par rapport aux m dérivées

$$\frac{\partial^{r_i} z_i}{\partial x_1^{r_i}}$$

relatives à une même variable x_1, de sorte que f_i peut contenir les dérivées de z_k jusqu'à l'ordre r_k inclusivement, mais sans renfermer aucune des dérivées qui figurent dans les premiers membres.*

Soit

$$x_1^0, x_2^0, \ldots, x_n^0, \quad z_1^0, z_2^0, \ldots, z_m^0, \quad \ldots, z^0_{k,\beta_1\ldots\beta_n}, \ldots$$

un ensemble de valeurs pour lequel les fonctions f sont régulières;

3) C. R. Acad. sc. Paris 15 (1842), p. 44, 85, 141; Œuvres (1) 7, Paris 1892, p. 17, 33, 62.

4) C. R. Acad. sc. Paris 80 (1875), p. 101, 317.

5) J. reine angew. Math. 80 (1875), p. 1. Voir aussi *L. Königsberger*, id. 109 (1892), p. 261; 112 (1893), p. 181; Math. Ann. 42 (1893), p. 485; *P. Stäckel*, J. reine angew. Math. 119 (1898), p. 339.

soient en outre

$$X_i, \quad X_i^1, \ldots, X_i^{r_i-1}, \qquad (i = 1, 2, \ldots, m)$$

des fonctions de $x_2, \ldots, x_n$ régulières dans le domaine du point $(x_2^0, \ldots, x_n^0)$ et telles qu'on ait

$$X_1 = z_1^0, \quad \ldots, \quad X_m = z_m^0, \quad \ldots, \quad \frac{\partial^{\beta_2 + \cdots + \beta_n} X_k^{\beta_1}}{\partial x_2^{\beta_2} \ldots \partial x_n^{\beta_n}} = z^0_{k,\,\beta_1 \cdots \beta_n}, \ldots$$

pour $x_2 = x_2^0, \ldots, x_n = x_n^0$: les équations (4) posséderont un et un seul système d'intégrales z_i, régulières dans le domaine du point $(x_1^0, x_2^0, \ldots, x_n^0)$ et telles qu'on aura, pour $x_1 = x_1^0$,

$$z_i = X_i, \quad \frac{\partial z_i}{\partial x_1} = X_i^1, \quad \ldots, \quad \frac{\partial^{r_i - 1} z_i}{\partial x_1^{r_i - 1}} = X_i^{r_i - 1}.$$

En effet, dans les développements en séries (3), les conditions initiales font connaître tous les coefficients

$$z^0_{i,\,\alpha_1 \cdots \alpha_n}$$

où α_i est moindre que r_i; on peut d'ailleurs, à l'aide des équations (4) et de celles qu'on en déduit par dérivation, calculer de proche en proche, en fonction des précédents, les valeurs de tous les autres coefficients. Les séries (3) sont ainsi déterminées formellement et il reste à établir leur convergence. Pour cela, *Sophie Kovalewski* a ramené l'intégration du système (4) à celle du système étudié par *A. L. Cauchy* et elle lui a appliqué la méthode du *calcul des limites*[6]), ou des *fonctions majorantes*. Seulement, elle a fait cette application en utilisant une fonction majorante plus simple que celle dont *A. L. Cauchy* avait fait usage; cette fonction majorante que lui avait indiquée *K. Weierstrass*, lui permit de simplifier considérablement la démonstration.

La démonstration a été ensuite encore considérablement simplifiée[7]).

On a prouvé ainsi l'existence de m séries entières convergentes, de la forme (3), mais dont les coefficients ont des modules supérieurs à ceux des coefficients correspondants des séries (3). Ces dernières sont donc convergentes.

*Après les travaux de *G. Darboux* et de *Sophie Kovalewski* est venu, en 1884, un mémoire de *Gy. (J.) König*[8]), où il démontre l'existence des intégrales pour un système du premier ordre, résoluble par rapport

---

6) Les nombreuses notes des comptes rendus de l'Académie des sciences de Paris consacrées par *A. L. Cauchy* au calcul des limites sont rassemblées dans ses Œuvres complètes (1re série, tomes 4 à 7 et tome 10).

7) **E Goursat*, Bull. Soc. math. France 26 (1898), p. 129; Cours d'Analyse math. (1re éd.) 2, Paris 1905, p. 360, 579.*

8) *Math. Ann. 23 (1884), p. 502/8.*

aux dérivées des m fonctions z relatives à un certain nombre des variables x, système qui comprend comme cas particuliers ceux qu'a étudiés *A. L. Cauchy.**

*Mais aucun des systèmes différentiels qui précèdent ne peut être employé pour résoudre, dans toute sa généralité, le problème de l'existence des solutions. Pour y arriver, en effet, on doit considérer un système quelconque et chercher à le ramener à un système particulier tel que l'existence de ses solutions puisse être établie, en même temps que le nombre et la nature des éléments arbitraires qu'elles comportent. Or, ainsi que l'a montré *C. Bourlet*[9]), un système différentiel quelconque ne peut pas toujours être ramené à l'un des systèmes précédents.*

*Dès 1880, *Ch. Méray* avait publié un mémoire[10]) où il étudiait le problème général. La lecture approfondie de ce travail engagea pour longtemps *Ch. Riquier* dans l'étude du sujet, tout en lui donnant des notions et des dénominations qu'il a adoptées.* En 1890, *Ch. Riquier* collaborait à un nouveau mémoire de *Ch. Méray*[11]) sur la question. Puis ce furent *C. Bourlet* en 1891, *A. Tresse* en 1894, **E. Delassus* en 1896,* qui publièrent des solutions du problème, *pendant que *Ch. Riquier*, continuant seul ses recherches, le résolvait de son côté.*

**C. Bourlet*[12]) a montré que tout système différentiel peut être réduit à une certaine forme du premier ordre, linéaire par rapport aux dérivées, pour laquelle on obtient les développements des intégrales. Mais, en général, elle ne fait pas connaître la nature et le nombre des arbitraires.*

A. Tresse[13]) a établi que, grâce à sa résolution par rapport à certaines dérivées, un système quelconque peut être ramené à un autre, qui rentre dans ceux que *Ch. Riquier* a qualifiés d'*orthonomes et passifs* et dont on va parler.

Lorsqu'un système différentiel est résolu par rapport à diverses dérivées des m fonctions z, *Ch. Riquier*[14]) dit qu'une dérivée de ces fonctions est *principale* lorsqu'elle coïncide soit avec un des premiers membres, soit avec une de leurs dérivées; dans le cas contraire, la dérivée est dite *paramétrique.*

---

9) *Thèse, Paris 1891; Ann. Ec. Norm. (3) 8 (1891), supplément, p. 1/63.*
10) J. math. pures appl. (3) 6 (1880), p. 235/66.
11) Ann. Ec. Norm. (3) 7 (1890), p. 23.
12) Thèse, Paris 1891; Ann. Ec. Norm. (3) 8 (1891), supplément.
13) Acta math. 18 (1894), p. 1.
14) Ann. Ec. Norm. (3) 10 (1893), p. 69.

Il appelle alors *orthonome*[15]) un système différentiel ainsi résolu, où les équations

$$(5)\quad z_{i,\,\alpha_1 \ldots \alpha_n} = \varphi_{i,\,\alpha_1 \ldots \alpha_n}\,(x_1, \ldots, x_n,\ z_1, \ldots, z_m, \ldots, z_{k,\,\beta_1 \ldots \beta_n}, \ldots)$$

possèdent les propriétés suivantes: les seconds membres φ ne contiennent aucune dérivée principale; puis les dérivées qui figurent dans le second membre de l'une quelconque des équations ont des ordres au plus égaux à celui du premier membre correspondant, c'est-à-dire qu'on a

$$\sum_{i=1}^{i=n} \beta_i \leqq \sum_{i=1}^{i=n} \alpha_i\,;$$

enfin, dans le cas où ces ordres sont égaux, on a nécessairement $k \geqq$ et, en particulier si $k = i$, la première des différences $\alpha_1 - \beta_1$, $\alpha_2 - \beta_2$, .. qui ne s'annule pas est positive.

Étant donné un système orthonome, on peut, à l'aide de ce système et des équations qui s'en déduisent par dérivation, exprimer une dé rivée principale quelconque en fonction des x, des z et des dérivées paramétriques, mais souvent de plusieurs manières. On dit avec *Ch. Méray* et *Ch. Riquier* que le système orthonome est *passif*, ou avec *S. Lie* que ce système est *complètement intégrable*, ou encore *involutif* ou *en involution*, lorsque toutes les expressions que l'on peut ainsi obtenir pour une même dérivée principale quelconque sont identiques, quelles que soient les valeurs attribuées aux x, aux z et aux dérivées paramétriques qui y figurent.

Pour qu'un système orthonome soit passif, il est nécessaire et suffisant que l'identité des expressions de chaque dérivée principale se trouve réalisée pour un nombre limité d'entre elles[16]), de sorte que les conditions de passivité se traduisent par un nombre immédiatement limité d'équations aux dérivées partielles.

Dans le cas d'un système (1) comprenant un nombre p d'équations au plus égal à celui m des inconnues, il suffit, pour la passivité, que certaines dérivées

$$z_{i,\,\alpha_1 \ldots \alpha_n},$$

prises parmi celles qui sont de l'ordre le plus élevé, n'annulent pas le déterminant fonctionnel des F en vertu des équations (1) et que

15) Ann. Ec. Norm. (3) 10 (1893), p. 66. La dénomination employée dans ce mémoire est celle d'*harmonique*; ce n'est que plus tard [Mém. présentés Acad. sc. Paris (2) 32 (1902), mém. n° 3] que *Ch. Riquier* lui a substitué celle d'*orthonome*.

16) Ann. Ec. Norm. (3) 10 (1893), p. 77.

$m-p$ des fonctions intégrales z puissent être choisies arbitrairement[17]).

Un système différentiel S étant de la forme orthonome (5), si cette forme n'est pas passive, en dérivant une fois les équations (5), on obtiendra des équations S' qui fourniront peut-être deux expressions différentes pour quelques dérivées principales; en égalant entre elles ces deux expressions, on aura de nouvelles relations S''. Puis, si le système (S, S', S'') était amené à la forme orthonome, on opérerait sur lui comme sur S, et ainsi de suite. On arriverait par là, au bout d'un nombre limité d'opérations, soit à reconnaître que le système S n'est pas intégrable, soit à un système orthonome passif, à l'intégration duquel celle de S serait par conséquent ramenée.

*Contrairement à ce qui a lieu pour le système envisagé par *A. Tresse*, le système du premier ordre et linéaire de *C. Bourlet*, cité plus haut, est seulement orthonome, car il n'est qu'exceptionnellement passif.*

*En 1892 et 1893, à l'aide de simples résolutions d'équations, combinées avec des dérivations, *Ch. Riquier* a réussi à opérer la réduction d'un système différentiel quelconque à un système orthonome, passif, du premier ordre et linéaire[18]). Comme il a prouvé en outre qu'un tel système possède un et un seul système d'intégrales répondant à des conditions initiales données et comme d'ailleurs il résultait déjà des travaux de *Ch. Méray* que sa solution la plus générale dépend de fonctions (ou constantes) arbitraires en nombre égal à celui des inconnues, *Ch. Riquier* se trouve avoir résolu le premier, dans toute sa généralité, le problème de l'existence des solutions d'un système différentiel.*

En 1896[19]), étendant le théorème de *A. L. Cauchy* aux systèmes différentiels les plus généraux et employant une méthode totalement différente, basée sur le changement des variables, *E. Delassus* a résolu, lui aussi, en toute rigueur, le problème de l'existence des solutions. Par une suite régulière d'opérations, le changement de variables permet d'établir soit l'incompatibilité des équations qui définissent le système différentiel, soit une forme canonique possédant la propriété suivante: n étant toujours le nombre des variables indépendantes, son intégration se ramène à l'intégration successive de n systèmes de

---

17) *P. Stäckel*, J. reine angew. Math. 119 (1898), p. 339/46.

18) *C. R. Acad. sc. Paris 114 (1892), p. 731/3; 116 (1893), p. 426/7, 866/7*; Ann. Ec. Norm. (3) 10 (1893), p. 65/86, 123/150, 167/181, 359/386; *Mém. présentés Acad. sc. Paris (2) 32 (1902), mém n° 3.*

19) Ann. Ec. Norm. (3) 13 (1896), p. 421.

Kowalewski, contenant successivement 1, 2, ..., n variables. En partant de cette propriété, *E. Delassus* est parvenu à démontrer l'existence des solutions et à déterminer les fonctions et constantes initiales, en nombre fini, dont dépendent ces intégrales.

Le problème qui a pour objet de trouver une intégrale satisfaisant à des conditions initiales convenablement choisies, problème que l'on désigne avec *G. Darboux* sous le nom de *problème de Cauchy*, peut toujours être résolu à l'aide des développements en séries qui ont été indiqués.

En ce qui concerne ces développements, le *prolongement analytique* des intégrales n'a pu encore être obtenu que très rarement, notamment pour quelques classes très restreintes de systèmes différentiels *linéaires*[20]).

3. Système de Mayer. Lorsqu'à l'aide du système passif (5) et des équations qui s'en déduisent par dérivation, on peut exprimer toutes les dérivées de z_i d'un certain ordre s en fonction des x, des z et de leurs dérivées jusqu'à l'ordre $s-1$, la solution la plus générale dépend alors d'un nombre fini de constantes arbitraires et le système (1) ou (5) s'appelle un *système différentiel de Mayer* [cf. n° **16**].

Inversement, tout système de fonctions z_i renfermant un nombre limité de paramètres est la solution la plus générale d'un et d'un seul système différentiel de Mayer.

La solution la plus générale de tout autre système passif contient, outre les quantités mentionnées, un ensemble infini dénombrable de constantes arbitraires.

4. Intégrale générale. Soit un système de fonctions

$$z_1, z_2, \ldots, z_n,$$

défini par un système d'équations (K), dépendant de paramètres et de fonctions arbitraires, entre les variables

$$x_1, x_2, \ldots, x_m, \quad z_1, z_2, \ldots, z_n.$$

On dit, avec *A. M. Ampère*[21]), qu'un tel système de fonctions est l'*intégrale générale* du système différentiel (1) lorsque, les éléments arbitraires ne satisfaisant à aucune équation de condition, il ne vérifie aucune équation différentielle autre que les équations (1) et leurs dérivées, c'est-à-dire lorsque, en dérivant indéfiniment les équations

---

20) *J. Horn,* Acta math. 12 (1888/9), p. 113; 14 (1890/1), p. 337; **L. Königsberger,* J. reine angew. Math. 112 (1893), p. 199; *Ch. Riquier,* C. R. Acad. sc. Paris 133 (1901), p. 1187/9; Ann. Ec. Norm. (3) 20 (1903), p. 27/73; Ann. Fac. sc. Toulouse (2) 8 (1906), p. 393/426; (2) 9 (1907), p. 105/75.*

21) J. Ec. polyt. (1) cah. 17 (1815), p. 549. Cf. *V. G. Imšeneckij,* Archiv Math. Phys. (1) 54 (1872), p. 209 (chap. 1).

(K) par rapport aux x et éliminant les éléments arbitraires, on obtient toutes les relations (1) et leurs dérivées, mais celles-là seulement.

G. Darboux[22]) remplace cette condition par cette autre que toute solution du problème de Cauchy doit pouvoir être obtenue par une spécialisation des arbitraires contenues dans les équations (K); une intégrale générale dans ce sens est aussi une intégrale générale de *A. M. Ampère*, mais la réciproque n'est pas vraie[23]).

Souvent on appelle les relations (K) elles-mêmes l'*intégrale générale* du système différentiel (1), ou aussi les *équations intégrales générales* du système différentiel (1).

Toute solution $z_1, z_2, \ldots, z_m$ qui se déduit des équations intégrales générales (K) à l'aide des équations de condition, entre les éléments arbitraires, est appelée une *intégrale particulière*.

Pour une équation différentielle partielle du $n^{\text{ième}}$ ordre, à une inconnue z et à deux variables indépendantes x, y, le cas le plus simple est celui où l'intégrale générale est définie par $n+1$ relations entre

1°) $x, y, z,$

2°) n variables $\varrho_1, \varrho_2, \ldots, \varrho_n,$

3°) n groupes de ν_i fonctions

$$\varphi_{i1}(\varrho_i), \quad \varphi_{i2}(\varrho_i), \quad \ldots, \quad \varphi_{i\nu_i}(\varrho_i) \quad (i=1,2,\ldots,n),$$

(où les fonction φ_{ik} de chaque groupe vérifient un système de $\nu_i - 1$ équations différentielles ordinaires avec la variable indépendante ϱ_i[24]), de sorte que *une* fonction de chaque groupe reste arbitraire),

4°) entre un nombre fini de dérivées des fonctions φ.

Les équations différentielles avec cette forme intégrale (par exemple toutes les équations différentielles partielles du premier ordre à une inconnue et à deux variables indépendantes) constituent, d'après *A. M. Ampère*[25]), une *première classe*.

Dans les équations intégrales générales d'un système différentiel (1),

---

22) Théorie des surfaces 2, Paris 1889, p. 98.

23) *E. Delassus*, Bull. sc. math. (2) 19 (1895), p. 37/56; *E. Goursat*, Leçons sur l'intégration des équations aux dérivées partielles du second ordre 2, Paris 1898, p. 209.

24) D'après *Maurice Lévy* [C. R. Acad. sc. Paris 75 (1872), p. 1094], les nombres ν_i peuvent être réduits à 2 ou à 1; les arguments des φ_{ik} peuvent aussi être en partie identiques.

Voir aussi *Th. Moutard* [C. R. Acad. sc. Paris 70 (1870), p. 834/8], *E. Goursat* [Dérivées partielles du second ordre[23]) 2, p. 217/40] où quelques formes de l'intégrale générale sont encore considérées [n° 51] et la démonstration de *E. Cosserat* dans *G. Darboux*, Théorie des surfaces 4, Paris 1896, p. 402/22 (note III).

25) J. Ec. polyt. (1) cah. 17 (1815), p. 558. La définition de *A. M. Ampère* est un peu restreinte.

les fonctions arbitraires peuvent figurer sous des *quadratures partielles*, où la quantité sous le signe $\int$, outre la variable d'intégration, contient encore d'autres variables[26]); la théorie des équations différentielles linéaires en offre de nombreux exemples[27]).

C'est ainsi que *E. Borel*[28]) mettant à profit une idée de *E. Delassus*[29]) a représenté par l'expression

$$\int_0^{2\pi} f(x_1, x_2, \ldots, x_n, \alpha)\,\varphi(\alpha)\,\delta\alpha,$$

qui renferme une seule fonction arbitraire φ, l'ensemble des intégrales, régulières dans un certain domaine, d'une équation différentielle, linéaire par rapport à z et à ses dérivées, et à n variables indépendantes x.

5. Intégrales singulières. Un système de fonctions

$$(6)\qquad \begin{cases} z_1 = f_1(x_1, x_2, \ldots, x_n), \\ z_2 = f_2(x_1, x_2, \ldots, x_n), \\ \cdot\ \cdot\ \cdot\ \cdot\ \cdot\ \cdot\ \cdot\ \cdot\ \cdot\ \cdot \\ z_m = f_m(x_1, x_2, \ldots, x_n) \end{cases}$$

est dit une *intégrale singulière* du système différentiel S, lorsque les équations (6) définissent un système de valeurs

$$z_1, z_2, \ldots, z_{i,\alpha_1\cdots\alpha_n}, \ldots$$

satisfaisant aux équations (1), mais pour lesquelles aucune des résolutions canoniques possibles (5) du système S n'a ses seconds membres réguliers; une intégrale singulière ne peut par conséquent s'obtenir directement par la méthode du n° 2, à l'aide des développements en séries. Cependant il existe toujours un système d'équations S_1, entre les variables (2), qui comprend les relations S, duquel elles sont déduites à l'aide de certaines différentiations par rapport aux variables $z_{i,\alpha_1\cdots\alpha_m}$, et auquel satisfont peut-être toutes les intégrales singulières de S et celles-là seulement[30]); S_1 peut lui-même posséder de nouveau des intégrales singulières etc., et l'on arrive ainsi en une fois, deux fois, ... à la distinction des intégrales singulières[31]).

Si, dans un système différentiel du $k^{\text{ième}}$ ordre S, à *une* inconnue

---

26) *A. M. Ampère*, J. Ec. polyt. (1) cah. 17 (1815), p. 557.

27) Voir par exemple *B. Brisson*, id. (1) cah. 14 (1808), p. 191; *S. D. Poisson*, id. (1) cah. 19 (1823), p. 215; *A. Weiler*, J. reine angew. Math. 51 (1856), p. 105.

28) Bull. sc. math. (2) 19 (1895), p. 122/6.

29) Id. p. 37/56.

30) Voir par exemple *L. Königsberger*, J. reine angew. Math. 109 (1892), p. 290.

31) *E. Delassus*, Leçons sur la théorie analytique des équations aux dérivées partielles du premier ordre, Paris 1897, p. 42/8.

z, on remplace cette dernière par

$$z + \varepsilon z'$$

et $z_{\alpha_1 \ldots \alpha_n}$ par

$$z_{\alpha_1 \ldots \alpha_n} + \varepsilon z'_{\alpha_1 \ldots \alpha_n},$$

et que l'on développe suivant les puissances de ε, en égalant à zéro tous les coefficients des premières puissances de ε, on obtient un *système auxiliaire* S' d'équations différentielles partielles du $k^{\text{ième}}$ ordre, linéaires par rapport à z' et à ses dérivées, qui, pour une solution donnée z, définit toutes les solutions de S infiniment voisines[32]); z est une intégrale singulière[33]) si les équations S' corrélatives, ou bien possèdent une intégrale générale z' d'un degré de généralité inférieur à celui d'une solution z choisie à volonté, ou bien ne restent pas indépendantes relativement à z' et à ses dérivées, ou sont satisfaites identiquement[34]).

Les conditions de la définition du système différentiel S_1 conjoint avec S, pour *une* équation différentielle partielle du $k^{\text{ième}}$ ordre,

$$f(x_1, x_2, \ldots x_n, \quad z, \ldots, z_{\alpha_1 \alpha_2 \ldots \alpha_n}, \ldots) = 0, \tag{7}$$

où

$$\alpha_1 + \alpha_2 + \cdots + \alpha_n \leqq k,$$

donnent ainsi

$$f = 0, \quad \frac{\partial f}{\partial x_i} + \sum_{(\beta_1 \ldots \beta_n)} z_{\beta_1 \ldots \beta_{i+1} \ldots \beta_n} \frac{\partial f}{\partial z_{\beta_1 \ldots \beta_n}} = 0, \qquad \frac{\partial f}{\partial z_{\alpha_1 \ldots \alpha_n}} = 0,$$

où la somme est étendue à toutes les valeurs $0, 1, 2, \ldots, k-1$ de $\beta_1, \beta_2, \ldots, \beta_n$ pour lesquelles

$$\beta_1 + \beta_2 + \cdots + \beta_n < k,$$

où i est successivement égal à $1, 2, \ldots, n$ et où $\alpha_1, \alpha_2, \ldots, \alpha_n$ sont pris chacun de toutes les manières possibles parmi les nombres $0, 1, 2, \ldots, k$ tels que

$$\alpha_1 + \alpha_2 + \cdots + \alpha_n = k.$$

---

32) *G. Darboux*, C. R. Acad. sc. Paris 96 (1883), p. 766; Théorie des surfaces[24]) 4, p. 505/16 (note XI).

*Les équations du système auxiliaire de Darboux ont été considérées par *H. Poincaré* [Méthodes nouvelles de la mécanique céleste 1, Paris 1892, p. 162] sous le nom d'équations aux variations dans le cas d'un système différentiel à une seule variable indépendante. Les intégrales infiniment voisines dans une équation aux dérivées partielles ont aussi été étudiées par *E. Goursat* [C. R. Acad. sc. Paris 142 (1906), p. 137; Ann. Éc. Norm. (3) 23 (1906), p. 429; (3) 25 (1908), p. 9] (Note de *E. Goursat*).*

33) *S. D. Poisson* [J. Éc. polyt. (1) cah. 13 (1806), p. 114] a donné cette définition des solutions singulières en généralisant une idée de *A. M. Legendre* [Mém. Acad. sc. Paris 1790, éd. 1797, p. 218]. Cf. *G. Boole*, A treatise on differential équations, (2e éd.) Londres 1865, supplementary volume, p. 70.

34) A l'aide d'une transformation algébrique de S on peut éviter que cela ait lieu pour chaque intégrale z.

En général, une intégrale singulière ne s'obtiendra par aucune spécialisation de l'intégrale générale; toutefois cette dernière peut donner des solutions qui sont aussi bien singulières que particulières.

6. Intégrales intermédiaires. On appelle *intégrale intermédiaire* d'un système différentiel S un système différentiel S', avec les mêmes inconnues et les mêmes variables indépendantes, tel que son intégrale générale satisfasse au système S, sans être identique à l'intégrale générale de ce dernier; S est alors une conséquence algébrique de S' et de ses dérivés. Souvent, on réserve le nom d'*intégrale intermédiaire* du système S aux systèmes différentiels S', du caractère indiqué, formés d'équations ne pouvant être déduites de celles du système S. Un système différentiel n'a pas nécessairement des intégrales intermédiaires.

Si les relations S' renferment assez de paramètres et de fonctions arbitraires pour que toute intégrale non singulière de S vérifie au moins *une* forme particulière du système S', alors S' s'appelle une *intégrale générale intermédiaire.*

On dit qu'une équation différentielle partielle du $\nu^{\text{ième}}$ ordre, à *une* inconnue, est, dans le cas où $\nu < k$, une intégrale intermédiaire, ou une $(k-\nu)^{\text{ième}}$ *intégrale* d'une équation de forme (7), quand cette dernière est identiquement satisfaite en vertu de l'équation du $\nu^{\text{ième}}$ ordre et de ses dérivées.

Toutes les intégrales $\mu^{\text{ièmes}}$ d'une équation (7) s'obtiendront par l'intégration d'un système d'équations différentielles partielles du $\mu^{\text{ième}}$ ordre à *une* inconnue[35]); en particulier, on obtiendra toutes les intégrales premières de l'équation (7) en cherchant les intégrales communes d'un système d'équations différentielles partielles d'ordre un, où $x_1, x_2, \ldots, x_n$, z et les dérivées de z, prises par rapport à $x_1, x_2, \ldots, x_n$, jusqu'à l'ordre $k-1$ inclusivement, seront regardées comme indépendantes[36]).

7. Intégrales complètes. Le système différentiel (1) contenant les dérivées de z_i jusqu'à l'ordre r_i inclus, on entend par *intégrale complète* du système (1) un système de fonctions dépendant de constantes arbitraires $c_1, c_2, \ldots, c_\nu$

$$(8)\qquad \begin{cases} z_1 = f_1(x_1, x_2, \ldots, x_n, c_1, c_2, \ldots, c_\nu), \\ z_2 = f_2(x_1, x_2, \ldots, x_n, c_1, c_2, \ldots, c_\nu), \\ \cdot\ \cdot\ \cdot\ \cdot\ \cdot\ \cdot\ \cdot\ \cdot\ \cdot\ \cdot\ \cdot\ \cdot\ \cdot \\ z_m = f_m(x_1, \ldots, x_n, c_1, \ldots, c_\nu), \end{cases}$$

possédant ce caractère que l'élimination de $c_1, c_2, \ldots, c_\nu$ entre les

35) *A. V. Bäcklund*, Math. Ann. 11 (1877), p. 240.

36) En ce qui concerne les intégrales intermédiaires d'une équation d'ordre k qui sont d'ordre supérieur à k, voir l'article II 22.

équations (8) et les équations

$$(9)\quad \begin{cases} z_{1,\alpha_1\alpha_2\cdots\alpha_n} = \dfrac{\partial^{\alpha_1+\cdots+\alpha_n} f_1}{\partial x_1^{\alpha_1}\ldots\partial x_n^{\alpha_n}}, & \text{où } \alpha_1+\alpha_2+\cdots+\alpha_n \leqq r_1 \\ z_{2,\alpha_1\alpha_2\cdots\alpha_n} = \dfrac{\partial^{\alpha_1+\cdots+\alpha_n} f_2}{\partial x_1^{\alpha_1}\ldots\partial x_n^{\alpha_n}}, & \text{où } \alpha_1+\alpha_2+\cdots+\alpha_n \leqq r_2 \\ \cdots\cdots\cdots & \cdots\cdots\cdots \\ z_{m,\alpha_1\alpha_2\cdots\alpha_n} = \dfrac{\partial^{\alpha_1+\cdots+\alpha_n} f_m}{\partial x_1^{\alpha_1}\ldots\partial x_n^{\alpha_n}}, & \text{où } \alpha_1+\alpha_2+\cdots+\alpha_n \leqq r_m \end{cases}$$

donne toutes les équations (1) et celles-là seulement.

Si l'on désigne par N le nombre des grandeurs

$$(10)\qquad z_1, z_2, \ldots, z_n, z_{i,\alpha_1\alpha_2\cdots\alpha_n}$$

où, pour chacun des indices $i=1, 2, \ldots, m$, les indices $\alpha_1, \alpha_2, \ldots, \alpha_n$ sont égaux chacun, dans $z_{i,\alpha_1\alpha_2\cdots\alpha_n}$, à l'un des nombres $1, 2, \ldots, r_i$ tels que l'on ait $\alpha_1+\alpha_2+\cdots+\alpha_n \leqq r_i$; le nombre ν des constantes arbitraires $c_1, c_2, \ldots, c_\nu$ est donc égal à N diminué du nombre des équations (1)[37]).

Pour un système de Mayer [n° 3], et seulement pour un tel système, il y a coïncidence entre les notions d'intégrale complète et d'intégrale générale. Tout autre système en involution [n° 2] possède un nombre illimité d'intégrales complètes différentes. Convenons de désigner par S un tel système.

Si l'on adjoint à S les équations dérivées jusqu'à un ordre quelconque, on forme ainsi un système en involution S', dont les intégrales complètes renferment plus de ν constantes arbitraires.

Une intégrale complète de ce système en involution, qui se forme par l'adjonction à l'équation différentielle (7) de toutes ses dérivées jusqu'à l'ordre $m+h$ inclus, est appelée une *intégrale complète de rang* h de l'équation (7). Une intégrale complète de rang h de l'équation différentielle d'ordre 2,

$$f\left(x, y, z, \frac{\partial z}{\partial x}, \frac{\partial z}{\partial y}, \frac{\partial^2 z}{\partial x^2}, \frac{\partial^2 z}{\partial x \partial y}, \frac{\partial^2 z}{\partial y^2}\right) = 0,$$

renferme d'après cela $2h+5$ constantes arbitraires[38]).

---

37) *L. Königsberger* [Math. Ann. 44 (1894), p. 17] a montré dans quel cas m fonctions $z_1, z_2, \ldots, z_m$ à mn constantes arbitraires constituent l'intégrale complète d'un système de m équations aux dérivées partielles du premier ordre à m inconnues $z_1, z_2, \ldots, z_m$ et à n variables indépendantes $x_1, x_2, \ldots, x_n$.

38) *G. (J). König*, Math. Ann. 24 (1884), p. 505. Cf. *C. G. J. Jacobi*, mémoire publié par *A. Clebsch* en appendice aux „Vorlesungen über Dynamik, Berlin 1866"; Werke 5, Berlin 1890, p. 404 où il introduit l'intégrale qu'on appelle aujourd'hui *intégrale de Jacobi* avec constantes surnuméraires.

Un système différentiel qui possède au moins *une* intégrale complète est dit, d'après *S. Lie*[39]), *absolument intégrable*; un tel système (1) est caractérisé par ce fait qu'il est contenu dans un système en involution qui, excepté les équations du système différentiel (1), n'embrasse aucune équation dans laquelle ne figurent que les variables (2).

8. Différentes formes du système différentiel le plus général. Tout système différentiel S, en considérant certaines dérivées

$$z_{i,\, \alpha_1 \alpha_2 \cdots \alpha_n}$$

comme des inconnues nouvelles, peut être remplacé par un système différentiel S', aux mêmes variables indépendantes x_i, mais qui renferme seulement les dérivées *premières* des inconnues.

En adjoignant à S les équations dérivées jusqu'à un certain ordre, puis en introduisant certaines dérivées des z_i comme inconnues nouvelles, on peut en particulier remplacer S par un système différentiel *linéaire* par rapport aux dérivées premières,

$$\sum_{k=1}^{k=n} \sum_{s=1}^{s=p} a_{iks} \frac{\partial u_s}{\partial x_k} + a_i = 0 \qquad (i = 1, 2, 3, \ldots), \tag{11}$$

où $u_1, u_2, \ldots, u_p$ représentent les inconnues et les a_i, a_{iks} des fonctions de $x_1, x_2, \ldots, x_n, u_1, u_2, \ldots, u_p$.

Ch. Riquier[40]) a démontré que tout système passif S peut être remplacé par un système passif de forme (11).

D'après *Ch. Riquier*[41]), on peut en outre remplacer tout système passif S, aux inconnues $z_1, z_2, \ldots, z_m$ par m systèmes différentiels $S_1, S_2, \ldots, S_m$ tels que S_ν contienne seulement les x_i, les inconnues $z_1, z_2, \ldots, z_\nu$ et leurs dérivées, et se transforme en un système passif à *une* inconnue z_ν par la substitution d'une quelconque des intégrales $z_1, z_2, \ldots, z_{\nu-1}$ du système différentiel $(S_1, S_2, \ldots, S_{\nu-1})$; l'intégration de S est ainsi ramenée à celle d'une série de systèmes différentiels à n variables indépendantes et à *une* inconnue.

Si l'on pose

$$z = z_1 \xi_1 + z_2 \xi_2 + \cdots + z_m \xi_m,$$

---

39) Ber. Ges. Lpz. 1895, math. p. 71.

40) Ann. Ec. Norm. (3) 10 (1893), p. 359; *C. Bourlet* considère aussi un système de cette espèce: cf. note 7.

A. V. Bäcklund [Math. Ann. 17 (1880), p. 321] et *E. von Weber* [J. reine angew. Math. 118 (1897), p. 154] traitent des cas spéciaux.

41) Mém. présentés Acad. sc. Paris (2) 32 (1902), mém. nº 3, p. 1.

que l'on exprime ensuite, à l'aide des équations

$$z_1 = \frac{\partial z}{\partial \xi_1}, \quad z_2 = \frac{\partial z}{\partial \xi_2}, \ldots, z_m = \frac{\partial z}{\partial \xi_m},$$

les dérivées $z_{i,\, \alpha_1 \alpha_2 \cdots \alpha_n}$ par les dérivées de z, puis que l'on adjoigne au système (1) les relations

$$\frac{\partial^2 z}{\partial \xi_i \partial \xi_k} = 0, \qquad (i, k = 1, 2, \ldots, m),$$

l'intégration du système différentiel (1) sera ramenée à celle d'un système différentiel entre les variables indépendantes

$$x_1, x_2, \ldots, x_n, \xi_1, \xi_2, \ldots, \xi_m$$

et *une* inconnue z; en particulier, tout système différentiel peut donc être remplacé par un système différentiel d'ordre *deux*, à *une* inconnue, linéaire par rapport aux dérivées secondes[42]).

Une autre manière de formuler le problème différentiel le plus général résulte de la théorie des systèmes d'équations différentielles totales.

On dit que k relations entre les variables $x_1, x_2, \ldots, x_\nu$ *satisfont* au système linéaire d'équations différentielles totales indépendantes

$$(12) \qquad \left\{ \begin{array}{l} \sum_{s=1}^{s=\nu} \xi_{1s}(x_1, x_2, \ldots, x_\nu) dx_s = 0, \\ \sum_{s=1}^{s=\nu} \xi_{2s}(x_1, x_2, \ldots, x_\nu) dx_s = 0, \\ \ldots\ldots\ldots\ldots\ldots \\ \sum_{s=1}^{s=\nu} \xi_{rs}(x_1, x_2, \ldots, x_\nu) dx_s = 0, \end{array} \right.$$

où r est un entier positif plus petit que ν, ou bien que ces k relations représentent une *intégrale équivalente* du système (12), lorsque en exprimant, à l'aide de ces relations, k des variables x comme fonctions des $\nu - k$ autres variables x et de leurs différentielles, et en remplaçant dans les équations (12) ces k variables x par leurs expressions ainsi formées, on obtient des identités.

Si l'on écrit les k relations sous la forme

$$x_i = f_i(x_{k+1}, x_{k+2}, \ldots, x_\nu), \qquad (i = 1, 2, \ldots, k)$$

on obtient pour les k fonctions inconnues $f_1, f_2, \ldots, f_k$ un système S de $r(\nu - k)$ équations différentielles partielles du premier ordre. Lorsque,

42) *J. Drach*, C. R. Acad. sc. Paris 125 (1897), p. 598.

par conséquent, les coefficients ξ_{is} ne sont assujettis à aucune équation de condition, le nombre k ne peut pas être inférieur à $\frac{\nu r}{r+1}$; si alors $k(r+1)-r\nu$ des f_i sont choisis arbitrairement, les autres sont définis comme intégrales de S[43]).

Inversement, l'intégration de tout système différentiel S peut se ramener à celle d'un système d'équations différentielles totales. Soient contenues dans S, par exemple, seulement *une* inconnue z et ses dérivées $z_{\alpha_1\cdots\alpha_n}$ jusqu'au $k^{\text{ième}}$ ordre inclus, et soit N le nombre des grandeurs

$$(13) \qquad x_1, x_2, \ldots, x_n, \quad z, z_{1,0\ldots0}, \ldots, z_{\alpha_1\cdots\alpha_n}, \ldots \ldots$$

où les indices $\alpha_1, \alpha_2, \ldots, \alpha_n$ prennent chacun toutes les valeurs $0, 1, 2, \ldots, n$ telles que l'on ait

$$\alpha_1+\alpha_2+\cdots+\alpha_n \leqq k.$$

Chaque intégrale du système différentiel[44]) S est alors définie par un système formé de $N-n$ équations indépendantes entre les variables (13), [système qui comprend les relations S], qui satisfait à toutes les équations différentielles totales de la forme

$$(14) \qquad dz_{\beta_1\cdots\beta_n}=\sum_{i=1}^{i=k} z_{\beta_1\cdots\beta_{i-1},\beta_{i+1},\beta_{i+2},\cdots,\beta_n}\,dx_i,$$

où les indices $\beta_1, \beta_2, \ldots, \beta_n$ prennent chacun toutes les valeurs $0, 1, 2, \ldots, k-1$ telles que l'on ait

$$\beta_1+\beta_2+\cdots+\beta_n \leqq k-1,$$

et qui est *résoluble par rapport aux* $N-k$ *variables* z, $z_{\alpha_1\cdots\alpha_n}$.

**E. Cartan*[45]) a montré qu'en regardant un système différentiel quelconque comme un système d'équations aux différentielles totales, on peut ramener tout système à un système en involution[46]).*

9. Généralisation, due à Lie, de la notion d'intégrale. *S. Lie* affranchit la définition de l'intégrale des restrictions citées[47]) en intro-

---

43) *A. R. Forsyth,* Theory of differential equations, (2e éd.) 1, Londres 1889, chap. 13; (3e éd.) 1, Cambridge 1897.

44) C'est *J. F. Pfaff,* [Abh. Akad. Berlin 1814/5, p. 76] qui, le premier, a donné dans le cas où $k=1$ la définition ci-dessus de l'intégrale.

45) *Ann. Ec. Norm. (3) 21 (1904), p. 153/75. Cf. II 22.*

46) *Id. (3) 18 (1901), p. 241/311. Cf. II 22.*

47) Pour $m=1$, voir *S. Lie* et *F. Engel,* Theorie der Transformationsgruppen 2, Leipzig 1890, p. 77 (chap. 4); *E. Goursat,* Leçons sur l'intégration des équations aux dérivées partielles du premier ordre, Paris 1891, p. 224/54 (chap. 10); *E. von Weber*, Vorlesungen über das Pfaffsche Problem und die Theorie der partiellen Differentialgleichungen erster Ordnung, Leipzig 1900, p. 230/55 (chap. 7).

duisant[48]) la notion d'*élément de surface du* $k^{\text{ième}}$ *ordre* de l'espace R_{n+1} à $n+1$ dimensions avec le point de coordonnées $z, x_1, \ldots, x_n$.

On entend par là un système de valeurs (13), choisi à volonté; les N grandeurs (13) s'appellent elles-mêmes les *coordonnées* de l'élément de surface. Deux éléments infiniment voisins

$$x_i,\ z,\ z_{\alpha_1 \ldots \alpha_n} \quad \text{et} \quad x_i + dx_i,\ z + dz,\ z_{\alpha_1 \ldots \alpha_n} + dz_{\alpha_1 \ldots \alpha_n}$$

sont dits *unis* ou *associés* lorsqu'ils satisfont aux équations (14).

Un faisceau ν fois infini d'éléments de surface du $k^{\text{ième}}$ ordre, qui satisfait aux équations (14) de sorte que chaque élément du faisceau est *uni* avec tous les éléments voisins, s'appelle une *multiplicité* M_ν et, en particulier, une multiplicité $M_\nu{}^\varrho$, si la multiplicité des points $z, x_1, x_2, \ldots, x_n$ qui lui sert de support est infinie ϱ fois; on a d'ailleurs toujours

$$\varrho \leqq \nu, \quad \nu \leqq n.$$

L'inégalité $\nu \leqq n$ a toujours lieu pour $k=1$. Pour $k>1$, elle a lieu seulement quand on fait abstraction de certains systèmes d'équations très particuliers, par exemple des associations dont tous les éléments unis du $k^{\text{ième}}$ ordre renferment le même élément du $(k-1)^{\text{ième}}$ ordre. Les associations n fois infinies d'éléments du $k^{\text{ième}}$ ordre dont les éléments du premier ordre représentent une multiplicité $M_n{}^\varrho$ ne peuvent pas être représentées par les coordonnées (13) dans le cas où $\varrho < n$. *F. Engel*[49]) a cherché les modifications à apporter aux coordonnées des éléments dans le cas où $k = n = 2$.

D'après ce qui précède, une multiplicité $M_\nu{}^\varrho$ est définie par un système de relations, composé de $N-\nu$ équations indépendantes, satisfaisant aux équations différentielles totales (14) entre les N variables (13), système dans lequel se trouvent seulement $n-\varrho+1$ équations en $z, x_1, x_2, \ldots, x_n$. Le système d'équations le plus général de cette espèce se trouvera sans intégration; les $n-\varrho+1$ relations en $z, x_1, \ldots, x_n$

48) Pour $m>1$, voir les travaux de *A. V. Bäcklund*, Math. Ann. 9 (1876), p. 297/320; 11 (1877), p. 199; 13 (1878), p. 69; 15 (1879), p. 39; 17 (1880), p. 285; 19 (1882), p. 387; *E. von Weber*, Math. Ann. 44 (1894), p. 458; *O. Biermann*, Ber. Ges. Lpz. 48 (1896), math. p. 665 *et *J. Beudon*, Ann. Éc. Norm. (3) 13 (1896), supplément p. 6.*

*Les fondements de l'interprétation des équations aux dérivées partielles ont été posés par *G. Monge* [Feuilles d'analyse appl. à la géom., Paris an III, éd. Paris an IX; les éditions suivantes sont publiées sous le titre: Applic. de l'analyse à la géométrie, (3e éd.) Paris 1807; (5e éd.) revue par *J. Liouville*, Paris 1850, p. 421, 432]; *O. Bonnet* [C. R. Acad. sc. Paris 45 (1857), p. 581/5]* et *P. du Bois-Reymond* [Beiträge zur Interpretation der partiellen Differentialgleichungen mit drei Variabeln 1, Leipzig 1864]. Pour l'historique du sujet voir *S. Lie* et *G. Scheffers*, Geometrie der Berührungstransformationen 1, Leipzig 1896, p. 514.

49) Ber. Ges. Lpz. 45 (1893), math. p. 468.

peuvent être choisies arbitrairement. Une multiplicité M_1^0 ou M_1^1, c'est-à-dire un système simplement infini d'éléments de surface du $k^{\text{ième}}$ ordre, dont chacun est uni avec l'élément infiniment voisin, s'appelle une *bande* du $k^{\text{ième}}$ ordre et une multiplicité M_n^n s'appelle une *surface* de l'espace R_{n+1} à $n+1$ dimensions.

*Au lieu de deux indices, on introduira même quand ce sera utile un troisième indice pour indiquer la nature des éléments qui compo-sent une multiplicité M. Ainsi dans le symbole

$$M_{\nu,\sigma}^{\varrho}$$

l'indice ν indiquera l'ordre de la multiplicité d'éléments, l'indice ϱ l'ordre de la multiplicité ponctuelle qui lui sert de support et enfin σ indiquera l'ordre des éléments composants.*

Un élément de surface du *premier* ordre[42])

$$z, x_1, x_2, \ldots, x_n, p_1, p_2, \ldots, p_n$$

est défini par un point $z, x_1, \ldots, x_n$ de l'espace R_{n+1} et par un plan passant par lui,

$$\zeta - z = p_1(\xi_1 - x_1) + p_2(\xi_2 - x_2) + \cdots + p_n(\xi_n - x_n),$$

où $\zeta, \xi_1, \xi_2, \ldots, \xi_n$ désignent les coordonnées courantes. La plus générale des multiplicités M_n^{ϱ} composées d'éléments de surface du premier ordre, c'est-à-dire la plus générale des intégrales équivalentes composées de $n+1$ équations de l'équation différentielle totale

$$dz - p_1\,dx_1 - p_2\,dx_2 - \cdots - p_n\,dx_n = 0,$$

s'obtiendra en adjoignant aux $n - \varrho + 1$ relations arbitraires, non exemptes de z,

$$\Omega_i(z, x_1, \ldots, x_n) = 0 \qquad (i = 1, 2, \ldots, n - \varrho + 1),$$

les ϱ équations qui proviennent de l'élimination de $\lambda_1, \lambda_2, \ldots, \lambda_{n-\varrho+1}$ dans le système

$$1 = \sum_{i=1}^{i=n-\varrho+1} \lambda_i \frac{\partial \Omega_i}{\partial z}; \quad -p_1 = \sum_{i=1}^{i=n-\varrho+1} \lambda_i \frac{\partial \Omega_i}{\partial x_1}, \quad \ldots, \quad -p_n = -\sum_{i=1}^{i=n-\varrho+1} \lambda_i \frac{\partial \Omega_i}{\partial x_n};$$

d'après cela, il existe $n+1$ catégories de multiplicités M_n correspon-dant aux valeurs $\varrho = 0, 1, \ldots, n$; par une transformation de contact [cf. n° **10**] on peut transformer chaque multiplicité M_n^{ϱ} en un élément M_n^n.

Toute multiplicité M_ν, composée d'éléments de surface du $k^{\text{ième}}$ ordre, qui satisfait à un système différentiel S du $k^{\text{ième}}$ ordre à *une* inconnue, autrement dit tout système d'équations composé de $N - \nu$ équations indépendantes entre les N variables (13), qui contient les relations S et vérifie les équations différentielles totales (14), s'appelle une multiplicité *intégrale* M_ν du système différentiel S, ou simplement une *intégrale* de ce système différentiel si ν est égal à n. Une multiplicité intégrale M_ν est en réalité une intégrale de la surface qui sert de support ponctuel à M_ν.

Un système de valeurs (13), qui satisfait aux relations S, est dit un élément de surface *singulier* ou *non singulier* du système différentiel S, selon qu'il vérifie toutes ou non toutes les équations du système S_1 défini au n° 5; une multiplicité intégrale M_ν de S est dite singulière si elle satisfait aux équations S_1.

Une équation du $k^{\text{ième}}$ ordre à *une* inconnue et à n variables indépendantes possède une et seulement une multiplicité intégrale M_n, qui renferme une multiplicité *intégrale* M_{n-1} non singulière, choisie à volonté[50]); cette dernière détermination peut se ramener, par l'introduction de nouvelles variables[51]), à la forme des conditions initiales du n° 2. La même condition est valable pour tout système en involution du $k^{\text{ième}}$ ordre à une inconnue; mais tandis que la multiplicité intégrale M_{n-1} la plus générale d'*une* équation du $k^{\text{ième}}$ ordre est obtenue sans intégration (vu qu'on adjoint l'équation du $k^{\text{ième}}$ ordre aux $N-n$ équations de définition d'une multiplicité M_n choisie à volonté), l'obtention d'une multiplicité intégrale M_{n-1} pour un *système* d'équations du $k^{\text{ième}}$ ordre exige en général certaines intégrations.

Un système en involution du $k^{\text{ième}}$ ordre, à une inconnue et à n variables indépendantes, est, d'après *S. Lie*[52]), caractérisé par cette propriété que chacune de ses multiplicités intégrales M_q $(q < n)$ appartient au moins à *une* multiplicité intégrale M_n.

Intégrale complète d'un système d'équations S entre les N variables (13) désigne maintenant tout faisceau de multiplicités intégrales M_n qui contient un nombre de paramètres tel que chaque élément de surface non singulier de S appartienne à une et seulement à une M_n du faisceau, autrement dit tout système d'équations composé de $N-n$ équations indépendantes entre les N variables (13) et ν constantes arbitraires, qui satisfait aux équations différentielles totales (14), et donnant par l'élimination des constantes toutes les relations S et seulement celles-là. Une intégrale *complète* est, en général, composée de *surfaces* et peut par conséquent être obtenue sous les formes (8), (9); le nombre ν des constantes arbitraires est défini comme au n° 7.

Si l'on entend avec *S. Lie*[53]) par *élément de surface* un système

50) Voir par exemple *A. V. Bäcklund,* Math. Ann. 13 (1878), p. 414.

51) Par exemple *E. Goursat*, Leçons sur l'intégration des équations aux dérivées partielles du second ordre 1, Paris 1896, p. 26.

52) Ber. Ges. Lpz. 47 (1895), math. p. 71.

53) Id. math. p. 111.

de valeurs[54])

$$x_1, x_2, \ldots, x_n, \quad z_1, z_2, \ldots, z_m, \quad p_{11}, \ldots, p_{mn},$$

où l'on a posé pour abréger

$$p_{ik} = \frac{\partial z_i}{\partial x_k},$$

et que l'on qualifie d'*associés* ou d'*unis* deux éléments de surface voisins lorsqu'ils satisfont aux équations

$$dz_i = p_{i1}\,dx_1 + p_{i2}\,dx_2 + \cdots + p_{in}\,dx_n \qquad (i = 1, 2, \ldots, m),$$

les notions de *multiplicité* M_ν $(\nu \leq n)$, de *bande*, de multiplicité intégrale, d'*intégrale*, d'*intégrale complète*, aussi bien que la définition du *système en involution* de *S. Lie*, peuvent s'appliquer sur-le-champ au système différentiel du premier ordre à m inconnues et, par suite, à un système différentiel quelconque, puisque tout système différentiel peut [nº 8] être ramené à cette forme. Une généralisation analogue a conduit *A. V. Bäcklund*[55]) à l'examen, qu'il fait dans les cas simples, des systèmes d'équations qui contiennent les coordonnées des éléments de surface du premier ordre

$$(z, x_i, p_i), \ (z', x_i', p_i'), \ \ldots$$

dans l'espace à *plus de* $n + 1$ dimensions.

10. Transformations des systèmes différentiels. Par une *transformation de contact* des $2n + 1$ variables $z, x_1, \ldots, x_n, p_1, \ldots, p_n$ ou de l'espace $R_{n+1}(z, x_1, \ldots, x_n)$ à $n + 1$ dimensions, on entend [III D 7] une transformation

$$(15) \qquad \begin{cases} z' = \sum(z, x_1, \ldots, x_n, p_1, \ldots, p_n), \\ x_i' = X_i(z, x_1, \ldots, x_n, p_1, \ldots, p_n), \\ p_i' = P_i(z, x_1, \ldots, x_n, p_1, \ldots, p_n), \\ (i = 1, 2, \ldots, n) \end{cases}$$

où les seconds membres, pour tout système de valeurs de

$$z, x_1, x_2, \ldots, x_n, p_1, p_2, \ldots, p_n$$

et de leurs différentielles, satisfont à une identité de la forme

$$dZ - P_1 dX_1 - \cdots - P_n dX_n \equiv \varrho(z, x_1, \ldots, p_n)\,(dz - \sum_{i=1}^{i=n} p_i\,dx_i),$$

où ϱ n'est pas identiquement nul.

54) Un pareil élément est aussi appelé *élément* M_n de l'espace $x_1 \ldots x_n z_1 \ldots z_m$ [cf. *A. V. Bäcklund*, Math. Ann. 17 (1880), p. 286] et, dans le cas $n = 1$, *élément linéaire* de l'espace $(x, z_1, \ldots, z_m)$ [cf. *S. Lie* et *G. Scheffers*, Geometrie der Berührungstransformationen 1, Leipzig 1896, p. 177/480].

55) Math. Ann. 17 (1880), p. 285/328, en partic. p. 305; 19 (1882), p. 387.

Par un *prolongement*, réitéré $k-1$ fois[56]), de la transformation (15) on obtient une formule du type

$$z'_{\alpha_1\cdots\alpha_n} = P_{\alpha_1\cdots\alpha_n}(z, x_1, \ldots, x_n, \ldots, z_{\beta_1\cdots\beta_n})$$

$$(\alpha_1, \alpha_2, \ldots, \alpha_n = 0, 1, 2, \ldots, k; \quad \sum_{i=1}^{i=n} \alpha_i \leqq k; \quad \sum_{i=1}^{i=n} \beta_i \leqq \sum_{i=1}^{i=n} \alpha_i),$$

qui, avec la transformation (15), représente une transformation des N variables (13).

Les transformations de contact prolongées $m-1$ fois sont ainsi caractérisées par ce fait que deux éléments de surface quelconques du $m^{\text{ième}}$ ordre de l'espace $R_{n+1}(z, x_1, \ldots, x_n)$, voisins et unis sont transformés en deux éléments de $R'_{n+1}(z', x_1', \ldots, x_n')$ encore voisins et unis; elles sont les seules, parmi les transformations des N variables (13), de forme finie, réversibles, pour lesquelles toute multiplicité M_ν se change[57]) en une multiplicité M_ν et tout système en involution S en un système en involution S'.

D'un autre côté, *A. V. Bäcklund*[58]) a considéré les *transformations de surfaces*

$$x_i' = X_i(x_1, \ldots, x_n, z_1, \ldots, z_{\beta_1\cdots\beta_n}, \ldots), \quad z' = Z(x_1, \ldots) \quad \left(\sum_{i=1}^{i=n} \beta_i \leqq k\right),$$

en vertu desquelles chaque multiplicité M_n de l'espace $z, x_1, \ldots, x_n$ correspond à une multiplicité M_n des éléments du premier ordre de l'espace $z', x_1', \ldots, x_n'$, mais chaque multiplicité M_n de ce dernier correspond à un certain faisceau de multiplicités M_n du premier, et, à l'aide de celles-ci, il a étudié les relations qui existent entre les systèmes différentiels de l'un et de l'autre espace.

Entre les éléments de surface de deux systèmes en involution du $k^{\text{ième}}$ ordre, à *une* inconnue, peuvent exister des relations en vertu desquelles à chaque intégrale de l'un des systèmes corresponde une et seulement une intégrale de l'autre[59]); d'autre part, dans le cas

56) *S. Lie* et *F. Engel*, Theorie der Transformationsgruppen 2, Leipzig 1890, p. 378/83.

57) *A. V. Bäcklund*, Math. Ann. 9 (1876), p. 297; *F. Engel*, Ber. Ges. Lpz. 42 (1890), math. p. 203. Voir l'article III 35.

58) Math. Ann. 9 (1876), p. 297; 11 (1877), p. 199; 13 (1878), p. 69; 15 (1879), p. 39; 17 (1880), p. 285; 19 (1882), p. 387. Pour les cas les plus simples, voir *P. du Bois-Reymond*, Beiträge zur Interpretation der partiellen Differentialgleichungen mit drei Variabeln 1, Leipzig 1864, p. 166.

59) Voir l'article II 22. On y trouvera des exemples des relations qui existent entre deux systèmes différentiels tels que à chaque intégrale de l'un corresponde un faisceau d'intégrales de l'autre. *E. Delassus*, [Ann. Éc. Norm. (3) 14 (1897),

où $k > 1$, excepté peut-être pour les transformations de contact prolongées réversibles, de forme finie, les relations de cette espèce ne peuvent exister que si *chacun* des deux systèmes en involution consiste en plus d'une équation[60]).

Équations linéaires du premier ordre à une inconnue.

11. Équations linéaires et homogènes. Équations linéaires à second membre. Soit d'abord l'équation *linéaire et homogène* par rapport aux dérivées

$$X(f) = \xi_1 \frac{\partial f}{\partial x_1} + \xi_2 \frac{\partial f}{\partial x_2} + \cdots + \xi_n \frac{\partial f}{\partial x_n} = 0, \tag{16}$$

entre les dérivées d'une fonction inconnue f et les n variables indépendantes $x_1, x_2, \ldots, x_n$, où l'on suppose que $\xi_1, \xi_2, \ldots, \xi_n$ sont des fonctions des seules quantités $x_1, x_2, \ldots, x_n$.

Considérons le système d'équations différentielles ordinaires simultanées [II 15]

$$\frac{dx_1}{\xi_1} = \frac{dx_2}{\xi_2} = \cdots = \frac{dx_n}{\xi_n} \tag{17}$$

et soient

$$\left\{\begin{array}{l} f_1(x_1, x_2, \ldots, x_n) = C_1 \\ f_2(x_1, x_2, \ldots, x_n) = C_2 \\ \ldots\ldots\ldots\ldots \\ f_{n-1}(x_1, x_2, \ldots, x_n) = C_{n-1} \end{array}\right. \tag{18}$$

les formules qui représentent son intégrale générale, $C_1, C_2, \ldots, C_{n-1}$ désignant des constantes arbitraires. Dans ces formules les fonctions $f_1, f_2, \ldots, f_{n-1}$ sont $n-1$ intégrales distinctes du système (17). Elles possèdent cette propriété que leurs différentielles totales sont nulles quels que soient $x_1, x_2, \ldots, x_n$ quand on y remplace $dx_1, dx_2, \ldots, dx_n$ par leurs valeurs proportionnelles tirées du système (17). Ces fonctions constituent donc $n-1$ intégrales de l'équation (16). L'intégrale générale de cette équation est alors

$$f = F(f_1, f_2, \ldots, f_{n-1}),$$

F désignant une fonction arbitraire.

Inversement, si l'on connaît $n-1$ solutions particulières distinctes $f_1, f_2, \ldots f_{n-1}$ de l'équation (16), on peut écrire l'intégrale générale du système (17) sous la forme (18).

---

p. 238] a formulé le principe de la transformation la plus générale de cette espèce.

60) *A. V. Bäcklund,* Math. Ann. 9 (1876), p. 312; 19 (1882), p. 399/406.

L'intégration de l'équation (16) et celle du système (17) sont donc deux problèmes équivalents[61]); le système (17) peut être appelé le système *adjoint* ou *associé* à l'équation (16) [cf. n° **13** et II 16, n° **1**].

Si les quotients

$$\frac{\xi_2}{\xi_1},\ \frac{\xi_3}{\xi_1},\ \ldots,\ \frac{\xi_n}{\xi_1}$$

sont des fonctions régulières dans le voisinage du point analytique $(x_1^0, x_2^0, \ldots, x_n^0)$, l'équation (16) admet un, et un seul, système de $n-1$ solutions particulières[62]),

$$h_1,\ h_2,\ \ldots,\ h_{n-1},$$

qui sont régulières au voisinage de ce point analytique $(x_1^0, x_2^0, \ldots, x_n^0)$ et qui, pour $x_1 = x_1^0$, se réduisent respectivement à $x_2, x_3, \ldots, x_n$.

Ces solutions sont par conséquent de la forme

$$(19)\quad \begin{aligned} h_1 &= x_2 + (x_1 - x_1^0) P_2(x_1 - x_1^0,\ x_2 - x_2^0,\ \ldots,\ x_n - x_n^0), \\ h_2 &= x_3 + (x_1 - x_1^0) P_3(x_1 - x_1^0,\ x_2 - x_2^0,\ \ldots,\ x_n - x_n^0), \\ &\ldots\ldots\ldots\ldots\ldots\ldots\ldots\ldots \\ h_{n-1} &= x_n + (x_1 - x_1^0) P_n(x_1 - x_1^0, x_2 - x_2^0,\ \ldots,\ x_n - x_n^0), \end{aligned}$$

où $P_2, P_3, \ldots, P_n$ désignent des séries entières de $x_1 - x_1^0$, $x_2 - x_2^0, \ldots$, $x_n - x_n^0$.

Les solutions $h_1, h_2, \ldots, h_{n-1}$ s'appellent les *intégrales principales*[63]) de l'équation (16) relativement à $x_1 = x_1^0$.

Si $\Phi(x_2, x_3, \ldots, x_n)$ est une fonction régulière dans le voisinage du point analytique $(x_2^0, x_3^0, \ldots, x_n^0)$, l'expression $\Phi(h_1, h_2, \ldots, h_{n-1})$ est la fonction intégrale de l'équation (16), régulière au voisinage du point analytique $(x_1^0, x_2^0, \ldots, x_n^0)$, qui se réduit à $\Phi(x_2, x_3, \ldots, x_n)$ pour $x_1 = x_1^0$ [n° **1**]. Lorsque les solutions $h_1, h_2, \ldots, h_{n-1}$ sont aussi régulières aux environs du point analytique $(x_1^0, x_2', \ldots, x_n')$, on peut résoudre les $n-1$ équations

$$h_1 = x_2',\ h_2 = x_3',\ \ldots,\ h_{n-1} = x_n'$$

61) *J. L. Lagrange*, Nouv. Mém. Acad. Berlin 10 (1779), éd. 1781, p. 121, 152; 16 (1785), éd. 1787, p. 174; Œuvres 4, Paris 1869, p. 585, 624; 5, Paris 1870, p. 543; *C. G. J. Jacobi*, J. reine angew. Math. 23 (1842), p. 1/104; Werke 4, Berlin 1886, p. 149/255; Historique dans *P. Mansion*, Théorie des équations aux dérivées partielles du premier ordre, Paris 1875, p. 31/58; *S. Lie* et *G. Scheffers*, Geometrie der Berührungstransformationen 1, Leipzig 1896, p. 514/21.

62) *C. J. G. Jacobi*, J. reine angew. Math. 23 (1842), p. 47; Werke 4, Berlin 1886, p. 196.

63) *L. Natani*, J. reine angew. Math. 58 (1861), p. 302.

par des expressions de la forme suivante:

$$x_2 = x_2' + (x_1 - x_1^0) P_2(x_1 - x_1^0, x_2' - x_2^0, \ldots, x_n' - x_n^0),$$
$$x_3 = x_3' + (x_1 - x_1^0) P_3(x_1 - x_1^0, x_2' - x_2^0, \ldots, x_n' - x_n^0),$$
$$\cdots\cdots\cdots\cdots\cdots\cdots$$
$$x_n = x_n' + (x_1 - x_1^0) P_n(x_1 - x_1^0, x_2' - x_2^0, \ldots, x_n' - x_n^0);$$

les seconds membres de ces relations sont alors les intégrales du système d'équations simultanées (17) qui, pour $x_1 = x_1^0$, se réduisent respectivement aux constantes $x_2', x_3', \ldots, x_n'$.

Soit maintenant l'équation *linéaire et non homogène*, ou *à second membre*,

$$(20) \qquad \xi_1 \frac{\partial x_n}{\partial x_1} + \xi_2 \frac{\partial x_n}{\partial x_2} + \cdots + \xi_{n-1} \frac{\partial x_n}{\partial x_{n-1}} = \xi_n,$$

où non seulement il existe un second membre ξ_n, mais où $\xi_1, \xi_2, \ldots, \xi_{n-1}$ et ξ_n dépendent des variables indépendantes $x_1, x_2, \ldots, x_{n-1}$ et de la fonction inconnue x_n.

D'après *J. L. Lagrange*[64]), une relation arbitraire entre les premiers membres $f_1, f_2, \ldots, f_{n-1}$ des intégrales générales de l'équation (16) [où $\xi_1, \xi_2, \ldots, \xi_n$ ont le même sens que dans l'équation (20)], ou entre les solutions particulières $h_1, h_2, \ldots, h_{n-1}$, définit implicitement l'intégrale générale x_n de l'équation (20)[65]). En outre, k relations de cette sorte donnent l'intégrale générale

$$x_{n-k+1}, x_{n-k+2}, \ldots, x_n$$

du système différentiel[66])

$$(21) \quad \xi_1 \frac{\partial x_s}{\partial x_1} + \xi_2 \frac{\partial x_s}{\partial x_2} + \cdots + \xi_{n-k} \frac{\partial x_s}{\partial x_{n-k}} = \xi_s \quad (s = n-k+1, \ldots, n),$$

qui a lieu entre les inconnues $x_{n-k+1}, x_{n-k+2}, \ldots, x_n$ et les variables indépendantes $x_1, x_2, \ldots, x_{n-k}$.

Les équations (17), dans l'espace à n dimensions $R_n(x_1, x_2, \ldots, x_n)$, définissent une courbe dépendant de $n-1$ paramètres arbitraires: cette courbe s'appelle la *courbe intégrale*[67]) du système d'équation simul-

---

64) Nouv. Mém. Acad. Berlin 10 (1779), éd. 1781, p. 152; 16 (1785), éd. 1787, p. 174; Œuvres 4, Paris 1869, p. 624; 5, Paris 1870, p. 543.

65) *M. Hamburger* [J. reine angew. Math. 100 (1887), p. 399] a appliqué cet énoncé à une certaine classe d'équations aux dérivées partielles du premier ordre à plusieurs inconnues. Cf. n° 58.

66) *C. G. J. Jacobi*, J. reine angew. Math. 2 (1827), p. 317; Werke 4, Berlin 1886, p. 1; *J. L. Lagrange*, Nouv. Mém. Acad. Berlin 6 (1775), éd. 1777, p. 253; Œuvres 4, Paris 1869, p. 229; *N. N. Saltykov* [J. math. pures appl. (5) 3 (1897), p. 428] a donné la généralisation pour les systèmes complets [n° 13]; voir aussi *A. Mayer*, Ber. Ges. Lpz. 51 (1899), math. p. 16.

67) Ou *trajectoire* du groupe à un terme $X(f)$; *S. Lie* et *F. Engel*, Theorie der Transformationsgruppen 1, Leipzig 1888, p. 99. Cf. II 23.

tanées (17), ou encore la *courbe caractéristique*[68]) de l'équation (16) ou (20).

La surface intégrale la plus générale de l'équation (20) est donc le lieu de ∞^{n-2} caractéristiques quelconques et la multiplicité intégrale la plus générale du système différentiel (21) est le lieu de ∞^{n-k-1} de ces courbes[69]).

Une surface de l'espace R_n, pour les points de laquelle toutes les fonctions ξ_i ou seulement quelques-unes possèdent des ramifications algébriques, est en général un lieu de singularités (rebroussements) des caractéristiques[70]), ou, dans des cas particuliers, une surface intégrale singulière[71]), non engendrée par les caractéristiques de l'équation (20).

S. Lie[72]) appelle la détermination d'une intégrale particulière f_1 de l'équation (16) une *opération* $n-1$.

Si, dans cette équation, on introduit k solutions connues f_i à la place d'autant de x, $X(f)$ se transforme en une expression de $n-k$ termes et la recherche d'une $(k+1)^{\text{ième}}$ intégrale exige une *opération* $n-k-1$. Par l'introduction des $n-1$ intégrales f_i comme nouvelles variables indépendantes et à l'aide d'une quadrature, $X(f)$ devient le symbole d'une transformation infinitésimale $\frac{\partial f}{\partial x}$ [II 23] de l'espace R_n; inversement, avec cette réduction, l'intégration de (16) se trouve effectuée[73]).

S. Lie a montré le profit que l'on pouvait tirer de cette circonstance que la transformation infinitésimale $X(f)$ appartient à un groupe qui, ou bien se présente sous forme finie[74]), ou bien est donné seulement par ses équations de définition[73]) et ses transformations infinitésimales.

12. Multiplicateur de Jacobi. Le déterminant fonctionnel des fonctions

$$f, f_1, f_2, \ldots, f_{n-1}$$

68) Voir n° **32**, note 182.

69) *S. Lie* et *G. Scheffers*, Geometrie der Berührungstransformationen 1, Leipzig 1896, p. 516.

70) *E. Goursat*, Amer. J. math. 11 (1889), p. 329.

71) *P. du Bois-Reymond*, Beiträge zur Interpretation der partiellen Differentialgleichungen mit drei Variabeln 1, Leipzig 1864, p. 31 et suiv.; *G. Darboux*, Mém. présentés Acad. sc. Paris (2) 27 (1883), p. 77; sur la définition des solutions singulières à l'aide du multiplicateur [n° **12**] voir *C. G. J. Jacobi*, J. reine angew. Math. 27 (1844), p. 236/41; Werke 4, Berlin 1886, p. 358/64; *H. Weber*, J. reine angew. Math. 66 (1866), p. 233 et suiv. Voir II **15**, **22**.

72) Math. Ann. 11 (1877), p. 530.

73) Voir par ex. *S. Lie*, Ber. Ges. Lpz. 47 (1895), math. p. 269.

74) Id. 41 (1889), math. p. 287; *S. Lie* et *F. Engel*, Theorie der Transformationsgruppen 3, Leipzig 1893, p. 607/35.

est, pour chacune de ces fonctions, identique à

$$\varrho X(f).$$

La fonction ϱ, qui dépend du choix des solutions f_i, s'appelle un *multiplicateur de Jacobi*[75]) de l'équation (16) ou du système (17). Il satisfait à l'équation aux dérivées partielles linéaire et non homogène

$$(22) \qquad \frac{\partial(\varrho\xi_1)}{\partial x_1} + \frac{\partial(\varrho\xi_2)}{\partial x_2} + \cdots + \frac{\partial(\varrho\xi_n)}{\partial x_n} = 0.$$

Inversement, si ϱ satisfait à cette équation, il existe toujours $n-1$ solutions f_i de l'équation (16) telles que le déterminant fonctionnel de

$$f, f_1, f_2, \ldots, f_{n-1}$$

soit identique à $\varrho X(f)$. Le quotient de deux multiplicateurs est soit constant, soit solution de l'équation (16).

Si, par l'introduction de nouvelles variables $y_1, y_2, \ldots, y_n$, dont le déterminant fonctionnel par rapport aux variables $x_1, x_2, \ldots, x_n$ est Δ, $X(f)$ se change en $X'(f)$, le quotient $\frac{\varrho}{\Delta}$, exprimé en fonction des variables y_i, est un multiplicateur de

$$X'(f) = 0.$$

Si l'on connaît un multiplicateur ϱ et $n-2$ solutions particulières $f_1, f_2, \ldots, f_{n-2}$, on obtient f_{n-1} par une simple quadrature. C'est à ce théorème que l'on a donné le nom de *principe du dernier multiplicateur*[76]).

D'après *S. Lie*[77]), si la connaissance de ϱ seul n'apporte aucun avantage pour la détermination des solutions particulières

$$f_1, f_2, \ldots, f_{n-2},$$

cela tient à ce que $\varrho X(f)$, à cause de l'équation (22), est la transformation infinitésimale la plus générale, parmi celles en nombre infini du groupe de R_n, qui ne modifie pas les volumes.

La connaissance des invariants intégraux permet aussi, dans certains cas, de simplifier le problème.

---

75) J. reine angew. Math. 27 (1844), p. 199; 29 (1845), p. 213, 333; Werke 4, Berlin 1886, p. 317; voir *G. Boole*, A treatise on differential equations, (2ᵉ éd.) Londres 1865, Supplementary volume, p. 200 (chap. 31); *L. Boltzmann*, Math. Ann. 42 (1893), p. 374.

76) *C. G. J. Jacobi* [Vorles. über Dynamik, professées à Königsberg en 1842/3, publ. par *A. Clebsch*, Berlin 1866; Werke, Supplementband (publ. par *E. Lottner*), Berlin 1884, p. 71/143] indique plusieurs applications du principe du dernier multiplicateur à la Dynamique. Cf. II 16, 15.

77) Ber. Ges. Lpz. 47 (1895), math., p. 293.

78) **H. Poincaré*, Les méthodes nouvelles de la mécanique céleste 3, Paris 1899, p. 1/139 (Texte et note de *E. Goursat*).*

13. Systèmes complets. Considérons μ équations linéaires et homogènes, linéairement indépendantes, entre les dérivées d'une même fonction inconnue f et les variables indépendantes $x_1, x_2, \ldots, x_n$[79])

$$(23) \qquad X_1(f) = 0,\; X_2(f) = 0, \ldots, X_\mu(f) = 0,$$

où

$$X_i(f) \equiv \sum_{k=1}^{k=n} \xi_{ik}\frac{\partial f}{\partial x_k} = 0 \qquad (i = 1, 2, \ldots, \mu).$$

Une intégrale commune à ces équations satisfait aussi à toutes celles qui s'en déduisent par *l'opération dite de la parenthèse* [II 23, 5], savoir[80])

$$(24) \qquad (X_i X_k) = 0 \qquad (i, k = 1, 2, \ldots, \mu),$$

où

$$(X_i X_k) \equiv X_i[X_k(f)] - X_k[X_i(f)]$$

$$\equiv \sum_{s=1}^{s=n} [X_i(\xi_{ks}) - X_k(\xi_{is})]\frac{\partial f}{\partial x_s}\cdot$$

Les équations (24) sont de même forme que les équations (23).

Si les expressions $(X_i X_k)$ sont identiquement nulles, ou si elles sont des combinaisons linéaires et homogènes des $X_s(f)$, alors, et seulement dans ce cas, le système (23) est passif [n° 2]; *A. Clebsch* l'a dans ce cas appelé un *système complet* à μ termes. Dans tout autre cas, par l'adjonction des relations (24) aux équations (23), et par la formation de nouvelles parenthèses, on se ramène au cas précédent.

Lorsque le système (23) est complet, cette propriété n'est pas altérée par le changement des variables indépendantes. Si l'on y remplace les $X_i(f)$ par μ combinaisons linéaires indépendantes quelconques $Y_i(f)$, on peut choisir celles-ci de manière qu'elles constituent ce que *A. Clebsch*[81]) a appellé un *système complet jacobien*.

La propriété caractéristique des systèmes jacobiens est que toutes les parenthèses $(Y_i Y_k)$ sont identiquement nulles. Par exemple, si l'on

---

79) *C. G. J. Jacobi*, ms. posth. publ. par *A. Clebsch*, J. reine angew. Math. 60 (1862), p. 35 et suiv.; Werke 5, Berlin 1890, p. 39 et suiv.; *G. Boole*, Philos. Trans. London 152 (1862), p. 437; *G. Boole*, Differential equations[75]), Suppl. vol. p. 74 (chap. 25, 26); *A. Clebsch*, J. reine angew. Math. 65 (1865), p. 257; *S. Lie* et *F. Engel*, Theorie der Transformationsgruppen 1, Leipzig 1888, p. 82 (chap. 5).

80) Le système d'équations (23), (24) est lié d'une manière *invariante* avec le système (23), comme l'a montré *F. Engel*, Ber. Ges. Lpz. 41 (1889), math. p. 165. Voir dans l'article II 22, les systèmes d'équations de Pfaff.

81) J. reine angew. Math. 65 (1866), p. 259.

résoud le système complet (23) comme il suit

$$\frac{\partial f}{\partial x_k} + \sum_{h=1}^{h=n-\mu} a_{kh} \frac{\partial f}{\partial x_{\mu+h}} = 0 \qquad (k = 1, 2, \ldots, \mu), \tag{25}$$

on a, en désignant par $Y_k(f)$ le premier membre de l'équation (25), la relation

$$Y_i(a_{ks}) - Y_k(a_{is}) \equiv 0 \qquad (i, k = 1, 2, \ldots, \mu;\ s = 1, 2, \ldots, n-\mu), \tag{26}$$

et le système (25) est jacobien.

Parmi les systèmes jacobiens équivalents au système complet (23), le plus général

$$Y_1(f) = 0,\ Y_2(f) = 0, \ldots,\ Y_\mu(f) = 0$$

s'obtient[82]) en choisissant arbitrairement μ fonctions $\varphi_1, \varphi_2, \ldots, \varphi_\mu$, de façon toutefois que le déterminant des μ^2 expressions $X_i(\varphi_k)$ ne soit pas identiquement nul, et en résolvant ensuite les équations

$$X_i(f) = \sum_{k=1}^{k=\mu} X_i(\varphi_k) \cdot Y_k(f) \qquad (i = 1, 2, \ldots, \mu)$$

par rapport aux $Y_k(f)$. La valeur de $Y_k(\varphi_i)$ est alors 1 ou 0, selon que les indices i et k sont égaux ou différents. En supposant

$$\varphi_1 = x_1,\ \varphi_2 = x_2, \ldots,\ \varphi_\mu = x_\mu,$$

on obtient le système (25).

Dans le cas où $\mu = n$, le système (23) n'admet d'autre solution que la solution banale

$$f = \text{const.}$$

Dans le cas où $\mu < n$, introduisons les intégrales

$$x_2, x_3, \ldots, x_\mu, u_{\mu+1}, \ldots, u_n$$

de la première équation du système jacobien (25), comme nouvelles variables indépendantes, dans les $\mu - 1$ autres équations (25), au lieu de $x_2, x_3, \ldots, x_n$: ces $\mu - 1$ équations (25) se transforment ainsi en un système jacobien de $\mu - 1$ termes, débarrassé de x_1; répétons ensuite $\mu - 1$ fois cette opération; nous obtiendrons finalement une équation unique, à $n - \mu + 1$ variables indépendantes, et ses intégrales, exprimées en fonction des x, donneront $n - \mu$ solutions particulières $f_1, f_2, \ldots, f_{n-\mu}$ distinctes du système complet (23) ou (25). Inversement, si le système (23) admet $n - \mu$ solutions indépendantes, ce système est complet. L'intégrale générale du système (23) est une fonction arbitraire des f_i.

---

82) *A. Clebsch*, J. reine angew. Math. 65 (1866), p. 259/60.

Par le système complet (23) se trouve donc définie une *décomposition* de l'espace R_n[83]) en $\infty^{n-\mu}$ multiplicités ponctuelles μ fois étendues

$$(27)\qquad \begin{array}{l} f_1(x_1, x_2, \ldots, x_n) = c_1, \\ f_2(x_1, x_2, \ldots, x_n) = c_2, \\ \cdot\quad\cdot\quad\cdot\quad\cdot\quad\cdot\quad\cdot\quad\cdot\quad\cdot \\ f_{n-\mu}(x_1, x_2, \ldots, x_n) = c_{n-\mu}, \end{array}$$

que l'on appelle les *caractéristiques* du système complet (23). Inversement, à chaque décomposition (27) de l'espace R_n correspond un système complet (23) bien déterminé. Tout point P de l'espace R_n se trouve sur une et sur une seule caractéristique, qui contient aussi les caractéristiques [n° **11**] passant par P de toutes les équations aux dérivées partielles de la forme

$$\sum \varrho_s X_s(f) = 0.$$

$\infty^{n-\mu-1}$ caractéristiques quelconques du système complet engendrent la surface intégrale la plus générale

$$\varphi(f_1, f_2, \ldots, f_{n-1}) = 0$$

du système (23).

Les transformations infinitésimales

$$X_1(f),\quad X_2(f),\quad \ldots,\quad X_\mu(f)$$

laissent invariantes[83]), isolément, les fonctions $f_1, f_2, \ldots, f_{n-\mu}$, et par suite aussi toutes les caractéristiques et les surfaces intégrales du système complet (23).

On dit[84]) que le système complet (23) *admet la transformation infinitésimale* $A(f)$, lorsque $A(f)$ transforme chaque solution, chaque caractéristique, chaque surface intégrale du système complet (23) en une solution, une caratéristique, une surface intégrale de ce même système complet (23). Pour cela, il faut et il suffit que toutes les parenthèses $(X_i A)$ soient des combinaisons linéaires des $X_s(f)$. *S. Lie*[85]) a montré les simplifications qui se produisent dans l'intégration d'un système complet, quand il admet des transformations infinitésimales connues pour les groupes.

83) *S. Lie* et *F. Engel*, Theorie der Transformationsgruppen 1, Leipzig 1888, p. 95/136.

84) *S. Lie*, Math. Ann. 11 (1877), p. 494; 24 (1884), p. 542; *S. Lie* et *F. Engel*, Theorie der Transformationsgruppen 1, Leipzig 1888, p. 136 (chap. 8); *A. Mayer*, Ber. Ges. Lpz. 45 (1893), math. p. 697.

85) Math. Ann. 11 (1877), p. 494 et suiv.; 25 (1885), p. 71; Ber. Ges. Lpz. 45 (1893), math. p. 343; 47 (1895), math. p. 506; voir *S. Lie*, Vorlesungen über Differentialgleichungen mit bekannten infinitesimalen Transformationen, publ. par *G. Scheffers*, Leipzig 1891.

La matrice fonctionnelle à $n-\mu$ lignes des f_i et la matrice à μ lignes des coefficients ξ_{ik} sont correspondantes[86]); le quotient ϱ de deux déterminants complémentaires de ces deux matrices s'appelle un *multiplicateur de Lie*[87]) du système complet (23); pour $\mu=1$, il coïncide avec le multiplicateur de Jacobi, et, pour $\mu=n-1$, il coïncide avec le multiplicateur d'Euler [nº **14**]. Si le système complet (23) est un système jacobien, ϱ est un multiplicateur de Jacobi de chacune[88]) des équations (23); quand on connaît $n-\mu-1$ solutions et un multiplicateur de Lie d'un système jacobien, on obtient la dernière solution du système par une simple quadrature[89]).

14. Systèmes d'équations aux différentielles totales. Soient $n-\mu$ systèmes de n fonctions linéairement indépendantes

$$\eta_{k1}, \eta_{k2}, \ldots, \eta_{kn} \qquad (k=1, 2, \ldots, n-\mu),$$

telles que l'on ait

$$\sum_{s=1}^{s=n} \xi_{is}\eta_{ks} \equiv 0 \qquad (i=1, 2, \ldots, \mu;\ k=1, \ldots, n-\mu);$$

le système différentiel (23) et le système d'équations aux différentielles totales

$$(28) \qquad \nabla_1=0,\ \nabla_2=0,\ \ldots,\ \nabla_{n-\mu}=0,$$

où l'on a posé

$$(28a) \qquad \nabla_k=\sum_{s=1}^{s=n}\eta_{ks}dx_s \qquad (k=1, 2, \ldots, n-\mu),$$

se déterminent l'un par l'autre[90]) et sont dits *adjoints.* Si le système jacobien (25) est équivalent au système (23), les équations

$$(29) \qquad dx_{\mu+h}=\sum_{k=1}^{k=\mu}a_{kh}dx_k \qquad (h=1, 2, \ldots, n-\mu)$$

sont équivalentes aux équations (28). Si f est une solution du système

86) Voir par ex. *P. Gordan*, Vorlesungen über Invariantentheorie 1, publ. par *G. Kerschensteiner* 1, Leipzig 1885, p. 95.

87) Math. Ann. 11 (1877), p. 501.

88) *A. Mayer*, Math. Ann. 12 (1877), p. 132.

89) Id. 12 (1877), p. 140; sur la relation entre les solutions, le multiplicateur de *S. Lie* et transformations infinitésimales que permet un système complet, voir *S. Lie*, Math. Ann. 11 (1877), p. 506; Ber. Ges. Lpz. 47 (1895), math. p. 313.

90) Cette relation a été étudiée d'abord par *G. Boole*, Philos. Trans. London 152 (1862), p. 437; *G. Boole*, Differential equations[75]), Suppl. vol., p. 74 (chap. 25); voir *A. Mayer*, Math. Ann. 5 (1872), p. 448, l'explication de ceci se trouve dans *F. Engel*, Ber. Ges. Lpz. 41 (1889), math. p. 158.

différentiel (23), df est une *combinaison intégrable* linéaire

$$\sum \varrho_s \nabla_s$$

des expressions différentielles ∇_s, et inversement; f est dit alors aussi une *intégrale des équations aux différentielles totales* (28).

Dans le cas où le système (23) est complet, et dans ce cas seulement, le système (28) admet $n-\mu$ intégrales indépendantes (ou combinaisons intégrables indépendantes) et est dit *complètement intégrable*; les relations (27) définissent, pour des valeurs arbitraires des c_i, un équivalent intégral [n° 8] du système (28) et sont appelées *l'intégrale générale* du système (28).

En particulier, quand on a $\mu = n-1$, le système adjoint à (23) comprend *une* équation aux différentielles totales qui est *exacte*, c'est-à-dire qui prend la forme $dF=0$ lorsqu'on multiplie son premier membre par une fonction ϱ, *le multiplicateur d'Euler*[91]).

Soit

$$X(f) = \sum_{i=1}^{i=n} \xi_i \frac{\partial f}{\partial x_i}$$

une transformation infinitésimale arbitraire [II 23, 4] et désignons par ∇ une expression différentielle quelconque

$$\nabla = \sum_{i=1}^{i=n} \eta_i dx_i;$$

la *fonction caractéristique* Δ représentée par l'expression

$$\Delta = \sum_{i=1}^{i=n} \xi_i \eta_i$$

sera un invariant simultané de la transformation infinitésimale $X(f)$ et de ∇[92]); en d'autres termes, si, par un changement de variables arbitraire, $X(f)$ se transforme en

$$X'(f) = \sum_{i=1}^{i=n} \xi_i' \frac{\partial f}{\partial x_i'}$$

et ∇ en

$$\sum_{i=1}^{i=n} \eta_i' dx_i',$$

91) *J. Collet*, Ann. Éc. Norm. (1) 7 (1870), p. 59; *H. Laurent*, Nouv. Ann. math. (3) 6 (1887), p. 19; *A. R. Forsyth*, Theory of differential equations 1, Cambridge 1890, chap. 1.

92) *F. Engel*, Ber. Ges. Lpz. 48 (1896), math. p. 414.

$\varDelta$ se transformera en même temps en

$$\sum_{i=1}^{i=n} \xi_i' \eta_i'.$$

D'après cela, le système (28) est lié de façon invariante avec son système adjoint (23) ou, ce qui revient au même, avec le *groupe adjoint des transformations infinitésimales*

$$(30) \qquad \varrho_1 X_1(f) + \varrho_2 X_2(f) + \cdots + \varrho_\mu X_\mu(f).$$

Désignons par le symbole $X\nabla$ l'expression suivante:

$$X\nabla = \sum_{i=1}^{i=n} \eta_i d\xi_i + \sum_{i=1}^{i=n} X(\eta_i) dx_i = d\varDelta + \sum_{i=1}^{i=n} \sum_{k=1}^{k=n} \xi_i \left(\frac{\partial \eta_k}{\partial x_i} + \frac{\partial \eta_i}{\partial x_k}\right) dx_k.$$

On dit[93]) que l'expression différentielle ∇, ou que l'équation $\nabla = 0$, *admet la transformation infinitésimale* $X(f)$ lorsque $X\nabla$ est identiquement nul ou peut se représenter sous la forme

$$\varrho \cdot \nabla.$$

De même, on dit que le système (28) admet la transformation infinitésimale $X(f)$, quand toutes les expressions $X\nabla_s$ peuvent être mises sous la forme

$$\sum_{k=1}^{k=n-\mu} \varrho_{sk} \nabla_k.$$

La condition nécessaire et suffisante pour que le système (28) soit complètement intégrable est que ce système admette toutes les transformations du groupe adjoint (30). Les conditions pour qu'il en soit ainsi s'expriment[94]), en ce qui concerne la forme résolue (29), par les identités (26) et en ce qui concerne la forme non résolue, par ce fait que les $n - \mu$ formes bilinéaires

$$\sum_{i=1}^{i=n} \sum_{k=1}^{k=n} H_{ik}^{(s)} u_i v_k \qquad (s = 1, 2, \ldots, n - \mu),$$

où

$$H_{ik}^{s} = \frac{\partial \eta_{si}}{\partial x_k} - \frac{\partial \eta_{sk}}{\partial x_i} \qquad (i, k = 1, 2, \ldots, n;\ s = 1, 2, \ldots, n - \mu),$$

s'évanouissent[95]) en vertu des relations

$$\sum_{i=1}^{i=n} \eta_{si} u_i = 0, \quad \sum_{k=1}^{k=n} \eta_{sk} v_k = 0, \qquad (s = 1, 2, \ldots, n - \mu),$$

93) *S. Lie*, Archiv for Math. og Naturvidenskab (Christiania) 2 (1877), p. 156; Ber. Ges. Lpz. 48 (1896), math. p. 405; *F. Engel*, id. 48 (1896), math. p. 413 et suiv.; 41 (1889), math. p. 157 et suiv.

94) Elles furent données par *F. Deahna*, J. reine angew. Math. 20 (1840), p. 340.

95) *G. Frobenius*, J. reine angew. Math. 82 (1877), p. 267; *A. Voss* [Math. Ann. 16 (1880), p. 556] a donné une interprétation géométrique pour $n = 3$, $\mu = 2$.

ou, en d'autres termes, par ce fait que, dans les $n-\mu$ matrices symétriques-gauches

$$\begin{vmatrix} 0 & H_{12}^{(s)} & H_{13}^{(s)} \dots & H_{1n}^{(s)} & \eta_{11} \dots \eta_{n-\mu,1} \\ \cdot & \cdot & \cdot & \cdot & \cdot \\ H_{n,1}^{(s)} & H_{n,2}^{(s)} & H_{n,3}^{(s)} \dots & 0 & \eta_{1n} \dots \eta_{n-\mu,n} \\ -\eta_{11} & \dots & \dots & -\eta_{1n} & 0 \dots 0 \\ \cdot & \cdot & \cdot & \cdot & \cdot \\ -\eta_{n-\mu,1} & \dots & \dots & -\eta_{n-\mu,n} & 0 \dots 0 \end{vmatrix} \quad (s=1,2,\dots,n-\mu),$$

tous les déterminants principaux d'ordre $2n-2\mu+2$ sont identiquement nuls.

15. Méthode d'intégration de Jacobi[96]. Si [n° **13**], à l'aide des fonctions arbitraires $\varphi_1, \varphi_2, \dots, \varphi_\mu$, on a remplacé le système complet (23) par un système jacobien équivalent

$$(31) \qquad Y_1(f)=0, \quad Y_2(f)=0, \dots, Y_\mu(f)=0,$$

et que ψ_1 représente une intégrale de l'équation $Y_1(f)=0$ qui ne soit pas uniquement fonction de $\varphi_2, \varphi_3, \dots, \varphi_\mu$, toutes les fonctions

$$\psi_2 = Y_2(\psi_1), \quad \psi_3 = Y_2(\psi_2), \quad \dots, \quad \psi_\nu = Y_2(\psi_{\nu-1})$$

seront alors aussi des intégrales de l'équation $Y_1(f)=0$. Si ψ_ν est la première de ces fonctions telle que $Y_2(\psi_\nu)$ puisse se mettre sous la forme

$$X(\varphi_2, \varphi_3, \dots, \varphi_\mu, \psi_1, \psi_2, \dots, \psi_\nu),$$

il existe toujours une fonction χ_1 des mêmes quantités qui satisfait aussi à l'équation $Y_2(f)=0$; elle est définie comme une intégrale arbitraire du système simultané

$$\frac{d\varphi_2}{1} = \frac{d\psi_1}{\psi_2} = \frac{d\psi_2}{\psi_3} = \dots = \frac{d\psi_{\nu-1}}{\psi_\nu} = \frac{d\psi_\nu}{\chi}.$$

Les fonctions

$$\chi_2 = Y_3(\chi_1), \quad \chi_3 = Y_3(\chi_2), \quad \dots\dots$$

sont alors aussi des intégrales des deux premières équations (31). On obtient de même une intégrale commune aux trois premières équations (31) et, en continuant de la même manière, on obtient finalement, après être parti de la fonction ψ_1 et par l'intégration de certains systèmes simultanés, au moins *une* solution du système jacobien (31).

---

96) J. reine angew. Math. 60 (1862), p. 26; Werke 5, Berlin 1890, p. 29; Vorles. über Dynamik, publ. par *A. Clebsch*, Berlin 1866; Werke, Supplementband (publ. par *E. Lottner*), Berlin 1884, p. 256/63; *A. Clebsch*, J. reine angew. Math. 65 (1866), p. 260.

En prenant pour base une forme normale particulière du système complet (23), *A. Weiler*[97]) a donné un procédé d'intégration analogue, généralement plus avantageux.

16. Intégrales principales. Si, pour opérer la première des réductions à l'aide desquelles, d'après le n° **13**, on établit l'existence des solutions d'un système jacobien, on emploie les intégrales principales[98]) relativement à $x_1 = x_1^0$ [n° **11**] de la première équation (25), et que l'on procède d'une manière analogue à l'égard des réductions ultérieures, on arrive, lorsque les a_{ik} sont réguliers dans le domaine de

$$x_1^0, x_2^0, \ldots, x_n^0,$$

à $n - \mu$ intégrales

$$h_1, h_2, \ldots, h_{n-\mu}$$

qui sont des fonctions régulières dans ce domaine et qui, pour

$$(32) \qquad x_1 = x_1^0, \quad x_2 = x_2^0, \quad \ldots, \quad x_\mu = x_\mu^0,$$

se réduisent respectivement à $x_{\mu+1}, x_{\mu+2}, \ldots, x_n$. On les appelle les *intégrales principales* du système complet (23) ou du système adjoint (28), relativement à $x_1 = x_1^0$, $x_2 = x_2^0, \ldots, x_\mu = x_\mu^0$. L'expression

$$\Phi(h_1, h_2, \ldots, h_{n-\mu})$$

est alors la solution du système complet (23) ou du système adjoint (25) qui, pour les valeurs (32), se réduit[99]) à la fonction arbitraire $\Phi(x_{\mu+1}, x_{\mu+2}, \ldots, x_n)$. Si les équations

$$f_i(x_1, x_2, \ldots, x_n) = f_i(x_1^0, x_2^0, \ldots, x_n^0) \quad (i = 1, 2, \ldots, n - \mu),$$

qui représentent les caractéristiques du système complet (23) [n° **13**], sont mises sous la forme

$$(33) \quad h_s(x_1, x_2, \ldots, x_n, x_1^0, x_2^0, \ldots, x_\mu^0) = x_{\mu+s}^0 \quad (s = 1, 2, \ldots, n - \mu),$$

les fonctions h_s sont les intégrales principales. Les fonctions

$$x_{\mu+s} = h_s(x_1^0, x_2^0, \ldots, x_n^0, x_1, x_2, \ldots, x_\mu)$$

des variables $x_1, x_2, \ldots, x_\mu$ sont régulières dans le voisinage du point

97) Z. Math. Phys. 8 (1863), p. 264; 20 (1875), p. 271; 39 (1894), p. 355; voir *A. Clebsch*, J. reine angew. Math. 65 (1866), p. 257; *A. Mayer*, Math. Ann. 9 (1876), p. 347.

98) *H. Grassmann* [n° **19**]; *L. Natani*, J. reine angew. Math. 58 (1861), p. 302; *S. Lie* et *F. Engel*, Theorie der Transformationsgruppen 1, Leipzig 1888, p. 82 (chap. 5).

99) Voir aussi *Ch. Méray*, Ann. Éc. Norm. (3) 7 (1890), p. 217; sur le rapport des intégrales principales avec les équations finies du groupe de μ termes $Y_1(f)$, $Y_2(f), \ldots, Y_\mu(f)$ [II 23] voir *F. Schur*, J. reine angew. Math. 108 (1891), p. 313.

analytique $(x_1^0, x_2^0, \ldots, x_\mu^0)$ et, pour les valeurs (32), se réduisent respectivement aux constantes $x_{\mu+s}^0$; elles satisfont identiquement au système (29) et, par conséquent, si les $x_{\mu+s}^0$ sont des constantes arbitraires, elles constituent, à cause de (26), l'intégrale générale du système différentiel *passif*[100])

$$(34) \qquad \frac{\partial x_{\mu+h}}{\partial x_k} = a_{kh} \qquad (h = 1, 2, \ldots, n-\mu;\ k = 1, 2, \ldots, \mu).$$

Tout *système de Mayer* [n° **3**] peut être amené à la forme (34), de sorte que son intégration est ramenée à celle d'un système complet[101]).

17. Transformation de Lie-Mayer. Si, dans le système jacobien (25), on introduit avec *S. Lie*[102]) et *A. Mayer*[103]) des variables $y_1, y_2, \ldots, y_\mu$ à la place des variables $x_1, x_2, \ldots, x_\mu$, au moyen des relations

$$(35) \qquad x_1 = x_1^0 + y_1, \quad x_2 = x_2^0 + y_1 y_2, \quad \ldots, \quad x_\mu = x_\mu^0 + y_1 y_\mu,$$

et si l'on désigne par $[a_{ik}]$ le coefficient dans lequel se transforme alors a_{ik}, une des équations transformées est

$$(36) \qquad \frac{\partial f}{\partial y_1} + \sum_{h=1}^{h=n-\mu} ([a_{1h}] + y_2[a_{2h}] + \cdots + y_\mu[a_{\mu h}]) \frac{\partial f}{\partial x_{\mu+h}} = 0.$$

Regardons, avec *S. Lie*, les variables $y_2, y_3, \ldots, y_\mu$ comme des paramètres, et les variables $y_1, x_{\mu+1}, \ldots, x_n$ comme les coordonnées d'un point arbitraire de l'une des multiplicités ponctuelles $M_{n-\mu+1}$, en nombre $\infty^{\mu-1}$ et $n-\mu+1$ fois étendues dont les équations se déduisent de (35) par l'élimination de y_1 et qui forment un *faisceau* avec l'*axe* (32); déterminons ensuite, sur chacune des ces $\infty^{\mu-1}$ multiplicités $M_{n-\mu+1}$, celle des caractéristiques de l'équation (36) lui appartenant qui contient un point fixe P de l'axe [n° **11**]: les $\infty^{\mu-1}$ caractéristiques ainsi obtenues engendreront[104]) la caractéristique du système jacobien (25) et il en résulte que les $n-\mu$ intégrales principales de l'équation (36) relativement à $y_1 = 0$ se transforment directement, après

---

100) *A. Mayer*, Math. Ann. 5 (1872), p. 448; *J. C. Bouquet*, Bull. sc. math. (1) 3 (1872), p. 265; *Ch. Méray*, Ann. Éc. Norm. (3) 7 (1890), p. 217; *C. Bourlet*, Ann. Éc. Norm. (3) 8 (1891), supplément, p. 6 et suiv; *E. Delassus*, Ann. Éc. Norm. (3) 14 (1897), p. 109, en partic. p. 129.

101) *C. Bourlet*, Ann. Éc. Norm. (3) 8 (1891), p. 15; *S. Lie* et *F. Engel*, Theorie der Transformationsgruppen 1, Leipzig 1888, p. 171/83.

102) Forhandlinger Videnskabs-Selskabet Christiania 1872, éd. 1873, p. 28/34.

103) Math. Ann. 5 (1872), p. 458 suiv., où une transformation un peu plus générale que (25) est appliquée au système adjoint (29).

104) Par une considération analogue, *P. du Bois-Reymond* [Beiträge zur Inter-

l'élimination des y au moyen de (35), en les intégrales principales du système jacobien (25) relativement à $x_1 = x_1^0$, $x_2 = x_2^0, \ldots, x_\mu = x_\mu^0$.

L'intégration du système complet (23) ou (25) est ainsi ramenée à celle d'une seule équation (36), ou à celle du système simultané adjoint de $n - \mu + 1$ équations différentielles ordinaires[105]).

De chaque solution de (25) résulte, à l'aide de (35), une de ces équations (36) et, de chaque intégrale de celles-ci, au moins *une* solution de (25), obtenue par des procédés algébriques[106]). L'intégration d'un système complet de μ termes, ayant q intégrales connues, exige successivement une opération $n - \mu - q$, $n - \mu - q - 1, \ldots, 2, 1$.

Problème de Pfaff.

18. Historique; méthode de réduction de Pfaff. Tandis que *L. Euler*[107]) regardait comme inadmissible une équation aux différentielles totales

$$(37) \qquad a_1(x_1, x_2, \ldots, x_n)dx_1 + \cdots + a_n(x_1, x_2, \ldots, x_n)dx_n = 0$$

qui n'est pas exacte, c'est-à-dire qui ne peut être satisfaite par *une* relation de la forme

$$f(x_1, x_2, \ldots, x_n) = \text{const},$$

G. Monge[108]) remarque[109]) que l'équation (37) est toujours vérifiée à l'aide de $n - 1$ équations entre $x_1, x_2, \ldots, x_n$ quelquefois à l'aide de moins de $n - 1$ de ces équations. En démontrant que, pour $n = 2m$ ou $n = 2m - 1$, l'expression Δ, où

$$\Delta = a_1(x_1, x_2, \ldots, x_n)dx_1 + \cdots + a_n(x_1, x_2, \ldots, x_n)dx_n,$$

---

pretation der partiellen Differentialgleichungen mit drei Variabeln 1, Leipzig 1864, § 1; J. reine angew. Math. 70 (1869), p. 299; Math. Ann. 12 (1877), p. 123] avait déjà ramené l'intégration d'une équation aux différentielles totales exacte à celle d'un système d'équations différentielles ordinaires.

105) *F. Schur* [Ber. Ges. Lpz. 44 (1892), math. p. 177] ramène l'intégration de la forme *non réduite* (23) à celle d'un système de n équations différentielles ordinaires.

106) *A. Mayer*, Math. Ann. 5 (1872), p. 463; voir *E. Goursat*, Leçons sur l'intégration des équations aux dérivées partielles du premier ordre, Paris 1891, p. 64/5; *E. Delassus*, Leçons sur la théorie analytique des équations aux dérivées partielles du premier ordre, Paris 1897, p. 60/3.

107) Institutiones calculi differentialis, imprimé Berlin, éd. St Pétersbourg 1755, p. 263/78; Institutiones calculi integralis 3, St. Pétersbourg 1770, p. 7 et suiv.

108) Mém. Acad. sc. Paris 1784, p. 502, en partic. p. 535.

109) **I. Newton* [Methodus fluxionum, Opuscula 1, Lausanne et Genève 1744, p. 83] avait déjà remarqué que l'équation (37) est vérifiée par $n - 1$ équations entre les variables (Note de *G. Eneström*).*

peut être mise sous la forme

$$F_1 df_1 + F_2 df_2 + \cdots + F_m df_m,$$

renfermant seulement m éléments différentiels, et par conséquent peut déjà être annulée à l'aide de m équations de la forme

$$\psi(f_1, f_2, \ldots, f_m) = 0, \quad \frac{\frac{\partial \psi}{\partial f_1}}{F_1} = \frac{\frac{\partial \psi}{\partial f_2}}{F_2} = \cdots = \frac{\frac{\partial \psi}{\partial f_m}}{F_m},$$

J. F. Pfaff[110]) a jeté les bases de la théorie de l'équation (37).

On a donné à cette équation (37) le nom de *équation de Pfaff* et l'on a appelé son premier membre *expression de Pfaff*. Le problème qui a pour objet l'intégration de l'équation (37) par *le moins de relations possible* entre $x_1, x_2, \ldots, x_n$ ou, ce qui revient au même, la mise de Δ sous la forme qui renferme *le moins d'éléments différentiels possible*, s'appelle le *problème de Pfaff*.

Dans le cas où $n = 2m$, *J. F. Pfaff* introduit, à la place des variables $x_1, x_2, \ldots, x_n$, de nouvelles variables $t, y_1, \ldots, y_{n-1}$, de sorte qu'on ait identiquement

$$(38) \qquad \Delta = M(t, y_1, y_2, \ldots, y_{n-1}) \sum_{i=1}^{i=n-1} b_i(y_1, y_2, \ldots, y_{n-1}) dy_i.$$

Considérées comme fonctions de $t, y_1, \ldots, y_{n-1}$, les anciennes variables $x_1, x_2, \ldots, x_n$ satisfont alors à un système d'équations différentielles[111]) de la forme

$$(39) \qquad \sum_{k=1}^{k=n} a_{ik} \frac{\partial x_k}{\partial t} + \varrho a_i = 0 \qquad (i = 1, 2, \ldots, n),$$

où

$$(40) \qquad \begin{cases} a_1 \dfrac{\partial x_1}{\partial t} + a_2 \dfrac{\partial x_2}{\partial t} + \cdots + a_n \dfrac{\partial x_n}{\partial t} = 0, \\ a_{ik} = -a_{ki} = \dfrac{\partial a_i}{\partial x_k} - \dfrac{\partial a_k}{\partial x_i}. \end{cases}$$

Si, comme *J. F. Pfaff* le suppose, le déterminant $|a_{ik}|$ n'est pas identiquement nul, les variables $y_1, y_2, \ldots, y_{n-1}$, considérées comme fonctions de $x_1, x_2, \ldots, x_n$, sont alors les intégrales de l'équation différentielle

$$(41) \qquad \eta_1 \frac{\partial f}{\partial x_1} + \eta_2 \frac{\partial f}{\partial x_2} + \cdots + \eta_n \frac{\partial f}{\partial x_n} = 0$$

---

110) Abh. Akad. Berlin 1814/5, éd. 1818, math. Klasse, p. 76; cf. *C. F. Gauss*, Göttingische gelehrte Anzeigen 1815, p. 1025; Werke 3, Göttingue 1876, p. 231.

111) Cf. *C. G. J. Jacobi*, J. reine angew. Math. 2 (1827), p. 347; Werke 4, Berlin 1886, p. 19; *A. Mayer*, Math. Ann. 17 (1880), p. 523.

ou du système adjoint simultané

$$(42) \qquad \frac{dx_1}{\eta_1} = \frac{dx_2}{\eta_2} = \cdots = \frac{dx_n}{\eta_n},$$

où $\varrho, y_1, y_2, \ldots, y_n$ désignent les solutions du système

$$(43) \qquad \sum_{k=1}^{k=n} a_{ik}\eta_k + \varrho a_i = 0 \qquad (i = 1, 2, \ldots, n).$$

Pour résoudre ce système (43), fixons 2ν indices quelconques $\alpha_1, \alpha_2, \ldots, \alpha_{2\nu}$ et désignons par $\beta_1, \beta_2, \ldots, \beta_{2\nu}$ une permutation de ces indices, provenant de T transpositions [I 2, 3], définissons l'*agrégat de Pfaff* $(\alpha_1, \alpha_2, \ldots, \alpha_{2\nu})$[112]) au moyen des équations

$$(\alpha_1, \alpha_2, \ldots, \alpha_{2\nu}) = (-1)^T (\beta_1, \beta_2, \ldots, \beta_{2\nu}),$$
$$(\alpha_1, \alpha_2, \ldots, \alpha_{2\nu}) = \sum (\alpha_1, \alpha_2)(\alpha_3, \alpha_4, \ldots, \alpha_{2\nu}),$$

où la somme $\sum$ est étendue aux $2\nu - 1$ termes obtenus en permutant circulairement les indices $\alpha_2, \alpha_3, \ldots, \alpha_{2\nu}$ un nombre de fois égal successivement à $0, 1, 2, \ldots, 2\nu - 2$. Si l'on pose alors

$$(i, k) = -(k, i) = a_{ik},$$
$$(0, i) = -(i, 0) = a_i \quad \text{pour} \quad i, k = 1, 2, \ldots, n,$$
$$P = (1, 2, \ldots, 2m);$$
$$\Pi_k = (1, 2, \ldots, k-1, 0, k+1, \ldots, 2m),$$

les fonctions η_k, ϱ seront respectivement proportionnelles aux expressions Π_k, $-P$.

Si l'on choisit pour les nouvelles variables $y_1, y_2, \ldots, y_{n-1}$ les intégrales principales[113]) de l'équation (41) qui correspondent à $x_n = 0$, les coefficients $b_1, b_2, \ldots, b_{n-1}$ qui figurent dans le second membre de l'identité (38) seront proportionnels aux fonctions

$$a_1(y_1, y_2, \ldots, y_{n-1}, 0),\ a_2(y_1, y_2, \ldots, y_{n-1}, 0),\ \ldots,\ a_{n-1}(y_1, y_2, \ldots, y_{n-1}, 0).$$

Dans le cas où $n = 2m - 1$, on emploie la réduction précédente pour les $n - 1$ premiers termes de Δ, où x_n est considérée comme

112) Ces expressions, appelées en anglais *pfaffians,* se trouvent déjà dans *J. F. Pfaff,* Abh. Akad. Berlin 1814/5, éd. 1818, math. Klasse p. 76/135; le symbole $(\alpha_1, \alpha_2, \ldots, \alpha_{2\nu})$ est dû à *C. G. J. Jacobi*; cf. *A. Cayley,* J. reine angew. Math. 38 (1849), p. 93, Papers 1, Cambridge 1889, p. 410; J. reine angew. Math. 57 (1860), p. 273; Papers 4, Cambridge 1891, p. 359; Quart. J. pure appl. math. 26 (1893), p. 195; Papers 13, Cambridge 1897, p. 405.

113) *C. G. J. Jacobi,* J. reine angew. Math. 17 (1837), p. 156; Werke 4, Berlin 1886, p. 120 et suiv.; *J. P. M. Binet,* C. R. Acad. sc. Paris 15 (1842), p. 74.

constante; on modifie en dernier lieu[114]) le coefficient de dx_n. Dans tous les cas, l'emploi répété des deux réductions donne pour Δ une expression renfermant m éléments différentiels.

19. Méthode de Grassmann. Théorème fondamental. *H. Grassmann*[115]) a étendu l'application de la réduction de Pfaff au cas où les équations linéaires (43) ne sont pas indépendantes. Si $\varkappa$, $\varkappa_1$, $\varkappa_2$ désignent respectivement les rangs[116]) des trois matrices

$$(A)\ \begin{matrix} a_{11} & \dots & a_{1n} \\ \cdot & \cdot & \cdot \\ a_{n1} & \dots & a_{nn} \\ a_1 & \dots & a_n \end{matrix}\ ; \qquad (B)\ \begin{matrix} a_{11} & \dots & a_{1n} & a_1 \\ \cdot & \cdot & \cdot & \cdot \\ a_{n1} & \dots & a_{nn} & a_n \\ a_1 & \dots & a_n & 0 \end{matrix}\ ; \qquad (C)\ \begin{matrix} a_{11} & \dots & a_{1n} \\ \cdot & \cdot & \cdot \\ a_{n1} & \dots & a_{nn} \end{matrix}$$

et si $\varkappa$ est un nombre pair 2λ, alors $\varkappa_1$ et $\varkappa_2$ sont aussi égaux à 2λ; si maintenant $\varkappa$ est un nombre impair $2\lambda - 1$, alors $\varkappa_1$ est égal à 2λ et $\varkappa_2$ à $2\lambda - 2$[117]); le nombre $\varkappa$ est au plus égal à n et, d'après *G. Frobenius*[118]), on l'appelle la *classe de l'expression de Pfaff* Δ. Le cas où $\varkappa = 2\lambda$ peut être caractérisé par les conditions

$$(44)\quad \begin{cases} (1, 2, \dots, 2\lambda) \gtrless 0, \\ (1, 2, \dots, 2\lambda - 1, 0) \gtrless 0, \\ (1, 2, \dots, 2\lambda, \varrho, \sigma) = 0 \quad \text{pour } \varrho, \sigma = 0, 2\lambda + 1, \dots, n, \end{cases}$$

et le cas où $\varkappa = 2\lambda - 1$ peut être caractérisé par les conditions

$$(45)\quad \begin{cases} (1, 2, \dots, 2\lambda - 2) \gtrless 0, \\ (0, 1, 2, \dots, 2\lambda - 1) \gtrless 0, \\ (1, 2, \dots, 2\lambda - 2, \varrho, \sigma) = 0 \quad \text{pour } \varrho, \sigma = 2\lambda - 1, 2\lambda, \dots, n. \end{cases}$$

Une expression Δ, avec n variables et $\varkappa = n$, est dite *sans conditions.* Lorsque $\varkappa$ est égal à 1, l'expression Δ est une différentielle exacte; lorsque $\varkappa$ est égal à 2, l'équation $\Delta = 0$ est dite *exacte.*

---

114) *C. F. Gauss,* Göttingische gelehrte Anzeigen 1815, p. 1028; Werke 3, Göttingue 1876, p. 233.

115) Die Ausdehnungslehre, Berlin 1862; Werke 1², publ. par *F. Engel,* Leipzig 1896, p. 345, 379; comparez la note de *F. Engel*, id. p. 482 et suiv.; voir aussi *C. F. Gauss*[114]); *G. Darboux*, Bull. sc. math. (2) 6 (1882), p. 14, 49; *A. R. Forsyth*, Theory of differential equations 1, Cambr. 1890, chap. 4.

116) C'est-à-dire les ordres des mineurs d'ordre le plus élevé qui ne sont pas identiquement nuls [I 2, nº 26].

117) *G. Frobenius,* J. reine angew. Math. 82 (1877), p. 230; ces énoncés se trouvent déjà implicitement dans *H. Grassmann.*

118) J. reine angew. Math. 82 (1877), p. 291.

Soient $n - \varkappa + 1$ systèmes de solutions linéairement indépendants $\eta_1, \eta_2, \ldots, \eta_n, \varrho$ des équations (43), par conséquent autant d'équations de la forme

(46) $$X_0(f) = 0, \quad X_1(f) = 0, \ldots, X_{n-\varkappa}(f) = 0;$$

$n - \varkappa$ d'entre elles, par exemple les suivantes

(47) $$X_1(f) = 0, \quad X_2(f) = 0, \ldots, X_{n-\varkappa}(f) = 0$$

correspondent aux $n - \varkappa$ systèmes de solutions des équations

(48) $$\sum_{k=1}^{k=n} a_k \eta_k = 0, \quad \sum_{k=1}^{k=n} a_{ik} \eta_k = 0 \qquad (i = 1, 2, \ldots, n).$$

D'après *H. Grassmann*, pour que l'identité (38) ait lieu, il faut que $y_1, y_2, \ldots, y_{n-1}$ fonctions de $x_1, x_2, \ldots, x_n$, satisfassent, pour $\varkappa$ pair, à une équation aux dérivées partielles du système (46), mais n'appartenant pas à (47), et, pour $\varkappa$ impair, à une équation du système (47). L'usage de l'*intégrale principale* permet, ici aussi, de connaître immédiatement, d'après leur forme, les relations de $b_1, b_2, \ldots, b_{n-1}$ dans l'identité (38) [cf. n° **18**]. L'emploi répété de ce procédé, qui est toujours applicable sauf dans le cas $\varkappa = 2\lambda - 1 = n$, donne pour Δ une forme $\sigma\Delta_1$, où Δ_1 représente une expression sans conditions, contenant $2\lambda - 1$ variables, et peut par conséquent [n° **18**] être réduit à une forme renfermant λ éléments différentiels. Si donc $\varkappa$ est égal à 2λ ou à $2\lambda - 1$, Δ possède une forme réduite

(49) $$M(df_\lambda - \varphi_1 \, df_1 - \varphi_2 \, df_2 - \cdots - \varphi_{\lambda-1} \, df_{\lambda-1}),$$

où $f_1, f_2, \ldots, f_\lambda, \varphi_1, \varphi_2, \ldots, \varphi_{\lambda-1}$ sont indépendants, et inversement[119]); M peut être exprimé en fonction des φ, f ou non, selon que $\varkappa$ est un nombre impair ou pair.

Appelons

$$y_1, y_2, \ldots, y_{n-1}$$

les intégrales d'une équation aux dérivées partielles du premier ordre, linéaire et homogène, qui soit une combinaison linéaire des équations (46), mais non des équations (47); dans le cas de $\varkappa$ impair et après l'introduction des nouvelles variables $t, y_1, y_2, \ldots, y_{n-1}$, l'expression Δ prendra la forme[120])

$$d\psi(t, y_1, \ldots, y_{n-1}) + \sum_{i=1}^{i=n-1} \psi_i(y_1, y_2, \ldots, y_{n-1}) \, dy_i.$$

119) *H. Grassmann*, Die Ausdehnungslehre, Berlin 1862; Werke 1^2, publ. par *F. Engel*, Leipzig 1896, p. 355, 483; cf. *C. G. J. Jacobi*, J. reine angew. Math. 29 (1845), p. 242; Werke 4, Berlin 1886, p. 426; *L. Natani*, J. reine angew. Math. 58 (1861), p. 314.

120) Pour $n = \varkappa = 2\lambda - 1$ cf. *C. G. J. Jacobi*, J. reine angew. Math. 29

On a ainsi le *théorème fondamental*[121]) qui suit: selon que le rang $\varkappa$ de la matrice (A) est égal à 2λ ou à $2\lambda - 1$, l'expression Δ de Pfaff peut prendre l'une ou l'autre des deux *formes normales*

$$(50) \qquad \varpi_1 d\xi_1 + \varpi_2 d\xi_2 + \cdots + \varpi_\lambda d\xi_\lambda,$$

$$(51) \qquad d\xi_\lambda - \varpi_1 d\xi_1 - \varpi_2 d\xi_2 - \cdots - \varpi_{\lambda-1} d\xi_{\lambda-1},$$

où les ϖ, ξ désignent, dans chaque cas, $\varkappa$ fonctions des variables *indépendantes* $x_1, x_2, \ldots, x_n$[122]).

Si, en identifiant l'expression Δ avec l'une ou l'autre de ces formes normales, on exprime les a_i, a_{ik} à l'aide des ϖ_i, ξ_i[123]), on arrive au théorème inverse, s'énonçant comme il suit: si $\varkappa$ est pair, $\xi_1, \xi_2, \ldots, \xi_\lambda, \frac{\varpi_2}{\varpi_1}, \ldots, \frac{\varpi_\lambda}{\varpi_1}$[124]) sont des intégrales du système (46); si $\varkappa$ est impair, les fonctions $\xi_1, \xi_2, \ldots, \xi_{\lambda-1}, \varpi_1, \varpi_2, \ldots, \varpi_{\lambda-1}$[125]) sont des intégrales de ce même système (46); dans l'un et dans l'autre cas, les $\varkappa$ fonctions ϖ, ξ et aussi les fonctions M, f, φ de la forme réduite (49) sont des intégrales du système (47); les deux systèmes d'équations (46) et (47) sont donc complets [n° **13**].

Si l'on introduit $\varkappa$ solutions arbitraires $y_1, y_2, \ldots, y_\varkappa$ du système complet (47) à la place d'autant de variables x, comme nouvelles variables dans Δ, on obtient une expression sans conditions par rapport aux variables $y_1, y_2, \ldots, y_{\varkappa-1}$ du système (46), Δ prend la forme $\varrho\Delta_1$ quand $\varkappa$ est pair, et la forme $d\varphi + \Delta_1$ quand $\varkappa$ est impair, Δ_1 représentant une expression sans conditions par rapport à $y_1, y_2, \ldots, y_{\varkappa-1}$ et φ s'obtenant par une quadrature[126]).

(1845), p. 213; Werke 4, Berlin 1886, p. 424; *G. Darboux*, Bull. sc. math. (2) 6 (1882), p. 23; *E. von Weber* [Vorles. über das Pfaffsche Problem[47]), p. 159] a désigné cette réduction de Δ sous le nom de *réduction de Jacobi.*

121) Il fut seulement *énoncé* par *A. Clebsch* [J. reine angew. Math. 60 (1862), p. 193], en 1876 aussi par *S. Lie* [Archiv for Math. og Naturvidenskab (Christiania) 2 (1877), p. 338], au moyen de deux propositions auxiliaires tirées de la théorie de *A. Clebsch*, et démontré directement par *G. Frobenius* [J. reine angew. Math. 82 (1877), p. 230]; cf. n° **23**; plus tard par *G. Darboux*, Bull. sc. math. (2) 6 (1882), p. 26/7 et par *F. Engel*, Ber. Ges. Lpz. 48 (1896), math. p. 413.

122) *E. von Weber* [Vorles. über das Pfaffsche Problem[47]), p. 216/8] formule ce fait d'une façon plus précise en se plaçant au point de vue fonctionnel.

123) *A. Clebsch*, J. reine angew. Math. 60 (1862), p. 205, 222.

124) *C. G. J. Jacobi*, J. reine angew. Math. 17 (1837), p. 155; 29 (1845), p. 252; Werke 4, Berlin 1886, p. 120, 437.

125) Pour $n = \varkappa = 3$ comparez *C. G. J. Jacobi*, J. reine angew. Math. 29 (1845), p. 241; Werke 4, Berlin 1886, p 425; *S. Lie* et *G. Scheffers*, Geometrie der Berührungstransformationen 1, Leipzig 1896, p. 198 et suiv.

126) *G. Frobenius*, J. reine angew. Math. 82 (1877), p. 314.

20. Équivalents intégraux; la forme normale la plus générale. Que $\varkappa$ soit égal à 2λ ou à $2\lambda-1$, l'équation de Pfaff $\Delta=0$ est satisfaite par λ, et ne l'est pas par moins de λ relations entre les $\varkappa$ fonctions ϖ, ξ de forme normale[127]); l'équivalent intégral le plus général de cette espèce résulte de l'élimination des ϱ_i entre les équations

$$\varphi_s(\xi_1, \xi_2, \ldots, \xi_\lambda) = 0,$$

$$\sum_{k=1}^{k=q} \varrho_k \frac{\partial \varphi_k}{\partial \varphi_i} = \varpi_i \qquad (s=1,2,\ldots,q;\ i=1,2,\ldots,\lambda);$$

q est un nombre arbitraire au plus égal à λ; les φ_s sont arbitraires.

Pour $\varkappa$ impair, on prendra $\varpi_\lambda = -1$. Lorsque $\varkappa$ est pair, $\Delta=0$ peut aussi être satisfait par les relations

$$\varpi_1=0,\ \varpi_2=0,\ \ldots,\ \varpi_\lambda=0.$$

En dehors de cela, il peut encore exister éventuellement des *équivalents intégraux singuliers* au moyen desquels ou bien tous les a_i, ou bien tous les déterminants d'ordre $\varkappa$ [c'est-à-dire à $\varkappa$ lignes et $\varkappa$ colonnes] de la matrice (A) disparaissent[128]).

D'une forme normale spéciale (50) ou (51) on tire la forme réduite la plus générale[129])

(52) $$\varpi_1'd\xi_1' + \varpi_2'd\xi_2' + \cdots + \varpi_\lambda'd\xi_\lambda',$$

ou

(53) $$d\xi_\lambda' - \varpi_1'd\xi_1' - \varpi_2'd\xi_2' - \cdots - \varpi_{\lambda-1}'\xi_{\lambda-1}'$$

à l'aide d'une transformation de contact[129]) homogène de 2λ variables ϖ_i, ξ_i, ou à l'aide d'une transformation de contact de la forme[130])

(54) $$\xi_\lambda' = \xi_\lambda + \Omega,$$

$$\varpi_i' = \frac{\Pi_i}{\xi_i'} = \Xi_i \qquad (i=1,2,\ldots,\lambda-1),$$

127) *S. Lie* et *F. Engel*, Theorie der Transformationsgruppen 2, Leipzig 1890, p. 77/114.

128) *F. Engel*, dans *H. Grassmann*, Werke 1², Leipzig 1896, p. 472 et suiv.; cf. *E. von Weber*, Vorles. über das Pfaffsche Problem[47]), p. 246/55; *E. Cartan*, Ann. Éc. Norm. (3) 16 (1899), p. 239. Sur les conditions nécessaires et suffisantes pour que r relations données entre les x annulent l'expression ∇, ou bien la réduisent à une expression à $n-r$ variables de la classe indiquée ci-dessus, et sur le problème corrélatif de réduire r relations données par le plus petit nombre d'équations à un équivalent intégral de $\Delta=0$, voyez *E. von Weber* [Vorles. über das Pfaffsche Problem[47]), p. 318/32] et *E. Cartan* [Ann. Éc. Norm. (3) 16 (1899), p. 239] (voir aussi n° 26). Le dernier problème admet aussi éventuellement des solutions singulières [*E. Cartan*, id. p. 285].

129) *A. Clebsch*, J. reine angew. Math. 60 (1862), p. 196, 220; *S. Lie* [Archiv for Math. og Naturvidenskab (Christiania) 2 (1877), p. 343 et suiv.] montre, indépendamment du théorème fondamental, qu'on ne peut pas identifier deux formes normales de classes différentes.

où les Ω, Π_i, Ξ_i représentent des fonctions de $\xi_1, \xi_2, \ldots, \xi_{\lambda-1}\, \varpi_1, \varpi_2, \ldots, \varpi_{\lambda-1}$.

De même, d'une forme réduite spéciale (49) on tire la forme réduite la plus générale

$$M'(df_\lambda' - \varphi_1' df_1' - \cdots - \varphi_{\lambda-1}' df_{\lambda-1}')$$

à l'aide d'une transformation de contact ordinaire des $2\lambda - 1$ variables $f_\lambda, f_1, f_2, \ldots, f_{\lambda-1}, \varphi_1, \varphi_2, \ldots, \varphi_{\lambda-1}$.

Pour ξ_1' (et aussi pour f_1' dans le cas où $\varkappa$ est pair) on peut prendre une intégrale arbitraire du système (46); quand $\varkappa$ est impair, on peut prendre pour f_1' une solution quelconque de (47), et, par conséquent, si l'on a

$$\varkappa - 2\lambda - 1 = n,$$

une fonction arbitraire de $x_1, x_2, \ldots, x_n$.

21. Transformations d'une expression de Pfaff[131]). La classe $\varkappa$ est *le seul invariant* de l'expression de Pfaff Δ pour une transformation arbitraire de $x_1, x_2, \ldots, x_n$. Autrement dit: si l'on dit qu'une expression Δ' entre les variables $x_1', x_2', \ldots, x_n'$ est *équivalente à* Δ lorsque Δ peut être changé en Δ' par une transformation des variables, les conditions nécessaires et suffisantes pour l'équivalence de Δ et de Δ' consistent en ce que Δ' soit aussi (comme l'expression Δ elle-même) de classe $\varkappa$. Si, dans cette supposition, l'expression (52) ou (53), où les ϖ', ξ' représentent des fonctions de x_1', $x_2', \ldots, x_n'$, est la forme normale la plus générale de Δ', si de plus (50) ou (51) est une forme spéciale de Δ, on obtiendra la transformation la plus générale de Δ' en Δ en résolvant par rapport à $x_1', x_2', \ldots, x_n'$ les $\varkappa$ relations

$$\xi' = \xi, \quad \varpi' = \varpi$$

et $n - \varkappa$ équations arbitraires entre $x_1, x_2, \ldots, x_n$. Le seul invariant de l'équation de Pfaff $\Delta = 0$ est le rang 2λ de la matrice (B) [n° **19**]; c'est-à-dire que si pour Δ et Δ' ce nombre est le même et si d'une part

$$\sum_{i=1}^{i=\lambda} F_i df_i$$

est une forme réduite de Δ à λ termes [n° **19**], si, d'autre part,

$$\sum_{i=1}^{i=\lambda} F_i' df_i'$$

130) *S. Lie* et *F. Engel,* Theorie der Transformationsgruppen 2, Leipzig 1890, p. 135; cf. id. p. 125 et suiv.

131) *G. Frobenius,* J. reine angew. Math. 82 (1877), p. 302/15.

est la forme la plus générale de cette espèce de Δ', on aura

$$\Delta' = \varrho \Delta$$

pour tout changement des variables qui implique les équations

$$f_i' = f_i \qquad (i = 1, 2, \ldots, \lambda),$$

$$\frac{F_1'}{F_1} = \frac{F_2'}{F_2} = \cdots = \frac{F_\lambda'}{F_\lambda}.$$

Si Δ' représente Δ exprimé en fonction de $x_1', x_2', \ldots, x_n'$, on obtient, d'après ce qui précède, la transformation la plus générale de l'expression Δ de Pfaff, ou la transformation *en elle-même* de l'équation de Pfaff $\Delta = 0$.

22. Méthode de réduction de Clebsch et Lie. L'ordre et le nombre des opérations nécessaires à l'établissement de la forme normale de Δ peuvent se circonscrire considérablement. *L. Natani*[132]) et *A. Clebsch*[121]), suivant une idée[133]) de *C. G. J. Jacobi*, choisissent pour ξ_1, dans l'expression (50) ou (51), une intégrale arbitraire du système complet (46) et éliminent, au moyen de la relation $\xi_1 = c_1$, un des x de Δ, de sorte que ξ_i, ϖ_i, Δ se changent respectivement en $\xi_i^{(1)}$, $\varpi_i^{(1)}$, $\Delta^{(1)}$. $\Delta^{(1)}$ est alors une expression de classe $\varkappa - 2$, à $n - 1$ variables[134]) et possède la forme normale

$$\sum_{i=2}^{i=\lambda} \varpi_i^{(1)} d\xi_i^{(1)} \quad \text{ou} \quad d\xi_\lambda^{(1)} - \sum_{i=2}^{i=\lambda-1} \varpi_i^{(1)} d\xi_i^{(1)};$$

$\xi_2^{(1)}$ est une intégrale arbitraire qui, pour $\Delta^{(1)}$, appartient au système complet à $n-1$ variables indépendantes, à $n - \varkappa + 2$ termes, analogue au système (46) et qui se change en ξ_2 lorsqu'on remplace la constante c_1 par ξ_1. L'élimination de l'un des x de $\Delta^{(1)}$ au moyen de l'équation $\xi_1^{(1)} = c_2$ conduit de même à une expression $\Delta^{(2)}$ de classe $\varkappa - 4$ et à $n - 2$ variables, etc. On obtient, dans le cas de $\varkappa$ pair, à l'aide de $\lambda = \frac{1}{2}\varkappa$ réductions pareilles, les fonctions $\xi_1, \xi_2, \ldots, \xi_\lambda$, d'où l'on déduit $\varpi_1, \varpi_2, \ldots, \varpi_\lambda$ par l'identification de Δ avec (50). Lorsque $\varkappa$ est impair, $\lambda - 1$ réductions donnent les fonctions $\xi_1, \xi_2, \ldots, \xi_{\lambda-1}$ et une expression $\Delta^{(\lambda-1)}$ de classe 1, c'est-à-dire une différentielle exacte, d'où l'on déduit ξ_λ par quadrature et les ϖ_i comme précédemment.

---

132) J. reine angew. Math. 58 (1861), p. 318.

133) Id. 27 (1844), p. 253; Werke 4, Berlin 1886, p. 438; cf. *A. Cayley*, J. reine angew. Math. 57 (1860), p. 273; Papers 4, Cambridge 1891, p. 359.

134) *E. von Weber* [Vorles. über das Pfaffsche Problem[47]), p. 195/202] a donné une démonstration directe de cette proposition; cf. *F. Engel*, Ber. Ges. Lpz. 48 (1896), math. p. 413.

A. Clebsch obtient successivement une intégrale $\xi_1, \xi_2^{(1)}, \xi_3^{(2)}, \ldots\ldots$ des systèmes complets successifs au moyen de la méthode de Jacobi [nº **15**]. D'après la méthode du nº **17**, cette détermination exige, pour $\varkappa = 2\lambda$, les opérations successives $\varkappa - 1, \varkappa - 3, \ldots, 3, 1$, et, pour $\varkappa = 2\lambda - 1$, les opérations successives $\varkappa - 1, \varkappa - 3, \ldots, 4, 2$ plus une quadrature[135]). Soit $(x_1^0, x_2^0, \ldots, x_n^0)$ un point où tous les coefficients a_i de Δ sont réguliers et où, pour $\varkappa$ pair, l'agrégat de Pfaff (44), pour $\varkappa$ impair, l'agrégat (45) ne sont pas nuls: le système complet (46) se résoudra par rapport aux dérivées

$$\frac{\partial f}{\partial x_\varkappa}, \quad \frac{\partial f}{\partial x_{\varkappa+1}}, \quad \ldots, \quad \frac{\partial f}{\partial x_n},$$

et les coefficients de la forme résolue seront réguliers au point $(x_1^0, x_2^0, \ldots, x_n^0)$; la transformation du nº **17** s'exprime par

$$(55) \qquad x_{\varkappa+s} = x_{\varkappa+s}^0 + (x_\varkappa - x_\varkappa^0) y_{\varkappa+s} \qquad (s = 1, 2, \ldots, n - \varkappa).$$

S. Lie[136]) applique cette transformation, non pas au système complet (46), mais directement à Δ, où les $y_{\varkappa+s}$ sont considérés comme des constantes; il transforme ainsi Δ en une expression sans conditions Δ', aux $\varkappa$ variables $x_1, x_2, \ldots, x_\varkappa$, de cette forme normale qui se déduit de Δ par de simples éliminations (sauf dans le cas de $\varkappa$ impair, où il faut encore une quadrature) et il emploie de nouveau le procédé analogue pour les expressions de Pfaff qui proviennent de Δ' par les réductions successives de la méthode de *A. Clebsch*.

23. Méthode de Frobenius[137]). L'expression différentielle

$$\sum_{i=1}^{i=n} \sum_{k=1}^{k=n} a_{ik}\, dx_i\, \delta x_k$$

s'appelle *le covariant bilinéaire* de l'expression de Pfaff Δ. Si l'on

135) Si, dans le cas où $\varkappa$ est impair, on choisit pour ξ_1 une fonction qui satisfait au système (47), mais non au système (46), et par suite, dans le cas où $\varkappa = 2\lambda - 1 = n$, une fonction arbitraire, alors $\Delta^{(1)}$ est de la classe $\varkappa - 1$ et la méthode précédente conduit, à l'aide d'opérations successives $\varkappa, \varkappa - 2, \ldots, 3, 1$, à la forme de *H. Grassmann* à $\frac{1}{2}(\varkappa + 1)$ termes; cf. *A. Clebsch*, J. reine angew. Math. 60 (1862), p. 224/8.

136) Forhandlinger Videnskabs-Selskabet Christiania 1873, éd. 1874, p. 320/43; Archiv for Math. og Naturvidenskab (Christiania) 2 (1877), p. 338/79.

137) J. reine angew. Math. 82 (1877), p. 230, comparez aussi *G. Morera*, Atti Accad. Torino 18 (1882/3), p. 521; sur l'introduction de deux systèmes différents de différentielles, comparez *J. P. M. Binet*, C. R. Acad. sc. Paris 15 (1842), p. 74; *L. Natani*, J. reine angew. Math. 58 (1861), p. 307; un exposé de la théorie de *G. Frobenius* au moyen des méthodes symboliques a été fait par *E. Cartan*, Ann. Éc. Norm. (3) 16 (1899), p. 239.

soumet les variables x_i à une transformation quelconque

$$x_i' = \varphi_i(x_1, x_2, \ldots, x_n)$$

et, par suite, les deux systèmes de différentielles dx_i et δx_i aux transformations

$$dx_i' = \sum_{k=1}^{k=n} \frac{\partial \varphi_i}{\partial x_k} dx_k, \quad \delta x_i' = \sum_{k=1}^{k=n} \frac{\partial \varphi_i}{\partial x_k} \delta x_k \qquad (i = 1, 2, \ldots, n),$$

les trois expressions différentielles

$$(56) \qquad \sum_{i=1}^{i=n} a_i dx_i, \quad \sum_{i=1}^{i=n} a_i \delta x_i, \quad \sum_{i=1}^{i=n} \sum_{k=1}^{k=n} a_{ik} dx_i \delta x_k$$

se transforment simultanément en les suivantes

$$\sum_{i=1}^{i=n} a_i' dx_i', \quad \sum_{i=1}^{i=n} a_i' \delta x_i', \quad \sum_{i=1}^{i=n} \sum_{k=1}^{k=n} a_{ik}' dx_i' \delta x_k' \quad \left(\text{où } a_{ik}' = \frac{\partial a_i'}{\partial x_k'} - \frac{\partial a_k'}{\partial x_i'}\right).$$

Si en outre Δ est représenté sous la forme

$$(57) \qquad \sum_{i=1}^{i=r} F_i(x_1, x_2, \ldots, x_n)\, df_i(x_1, x_2, \ldots, x_n),$$

les trois expressions (56) sont nulles identiquement en vertu des relations

$$\sum_{k=1}^{k=n} f_{ik} dx_k = 0, \quad \sum_{k=1}^{k=n} f_{ik} \delta x_k = 0 \qquad (i = 1, 2, \ldots, r),$$

où l'on a posé pour abréger

$$f_{ik} = \frac{\partial f_i}{\partial x_k} \qquad (i = 1, 2, \ldots, r;\ k = 1, 2, \ldots, n)$$

et inversement. Le problème qui consiste à trouver toutes les propriétés invariantes de Δ dans une transformation arbitraire des x, ou à mettre l'expression Δ sous une forme (57) renfermant le plus petit nombre possible r de termes différentiels, conduit donc d'abord au *problème purement algébrique* [I B 2, n° 3] que voici: indiquer les invariants du système de formes

$$(58) \qquad \sum_{i=1}^{i=n} a_i u_i, \quad \sum_{i=1}^{i=n} a_i v_i, \quad \sum_{i=1}^{i=n} \sum_{k=1}^{k=n} a_{ik} u_i v_k \qquad (\text{où } a_{ik} = -a_{ki}),$$

pour les transformations linéaires congruentes arbitraires des deux groupes de variables u et v[138]), ou bien amener à s'annuler les trois

138) Voir aussi *G. Morera*, Atti Accad. Torino 18 (1882/3), p. 383.

formes (58) en employant le plus petit nombre possible r de couples de relations

$$\sum_{k=1}^{k=n} f_{ik} u_k = 0; \quad \sum_{k=1}^{k=n} f_{ik} v_k = 0 \qquad (i = 1, 2, \ldots, r),$$

où les a_i, a_{ik}, f_{ik} représentent des constantes. Le rang $\varkappa$ de la matrice (A) [n° **19**] apparaît comme le seul invariant du système de formes (58). Si l'on désigne en outre par 2λ le rang de la matrice (B) [n° **19**] et par (B_μ) la matrice

$$(B_\mu) \quad \left\| \begin{matrix} 0 & a_{12} \ldots a_{1n} & a_1 & f_{11} \ldots f_{\mu 1} \\ \cdot & \cdot \quad \cdot \quad \cdot & \cdot & \cdot \quad \cdot \quad \cdot \\ a_{n1} & a_{n2} \ldots 0 & a_n & f_{1n} \ldots f_{\mu n} \\ a_1 & a_2 \ldots a_n & 0 & 0 \ldots 0 \\ f_{11} & f_{12} \ldots f_{1n} & 0 & 0 \ldots 0 \\ \cdot & \cdot \quad \cdot \quad \cdot & \cdot & \cdot \quad \cdot \quad \cdot \\ f_{\mu 1} & f_{\mu 2} \ldots f_{\mu n} & 0 & 0 \ldots 0 \end{matrix} \right\|,$$

alors r est égal à λ et les constantes f_{ik} se déterminent par ce fait que (B_λ) possède aussi le rang 2λ. Si l'on a déterminé les f_{hi} ($h < \mu$) de manière que les matrices (B_1), (B_2), ..., ($B_{\mu-1}$) soient toutes du rang 2λ, et que l'on annule tous les déterminants d'ordre $2\lambda + 1$ de (B_μ), on obtient entre les inconnues $f_{\mu 1}, f_{\mu 2}, \ldots, f_{\mu n}$ un système de $n - 2\lambda + \mu$ équations linéaires et homogènes; si les a_i, a_{ik}, f_{ik} prennent leurs significations antérieures, ces équations se changent en un système complet[139]) de $n - 2\lambda + \mu$ termes, aux inconnues f_μ et aux variables indépendantes $x_1, x_2, \ldots, x_n$, qui, outre $f_1, f_2, \ldots, f_{\mu-1}$, possède encore $2\lambda - 2\mu + 1$ intégrales, pour les valeurs de μ égales ou inférieures à λ. Il résulte ainsi à nouveau du théorème de *H. Grassmann* que Δ peut être réduit à λ éléments différentiels et non à un nombre moindre. Le système complet pour f_λ s'obtient aussi en annulant tous les déterminants d'ordre $\lambda + 1$ du schéma

$$\left\| \begin{matrix} a_1 & a_2 & \ldots & a_n \\ f_{11} & f_{12} & \ldots & f_{1n} \\ \cdot & \cdot & \cdot & \cdot \\ f_{\lambda 1} & f_{\lambda 2} & \ldots & f_{\lambda n} \end{matrix} \right\|.$$

Inversement, si l'on exprime avec *J. Zantschewsky*[140]) que l'on obtient de cette façon pour f_λ un système *complet* à $n - \lambda$ termes, on retombe

139) *G. Frobenius,* J. reine angew. Math. 82 (1877), p. 286/7, 291/7; cf. *M. Hamburger,* Archiv Math. Phys. (1) 60 (1877), p. 203.

140) Ann. Éc. Norm. (3) 13 (1896), p. 267.

sur le procédé ci-dessus pour la détermination de $f_1, f_2, \ldots, f_{\lambda-1}$. On retrouve plus simplement encore ce procédé en écrivant, d'après le n° **14**, les conditions pour que le système

$$\Delta = 0,\ df_1 = 0, \ldots, df_{\lambda-1} = 0$$

soit complètement intégrable[141]).

Soit P l'agrégat de Pfaff $(1, 2, \ldots, 2\lambda)$ [n° **19**] et soit P_{ik} le symbole défini par les équations

$$(-1)^{i+k+1} P_{ik} = (1, 2, \ldots, i-1, i+1, \ldots, k-1, k+1, \ldots, 2\lambda) \quad (\text{où } i<k)$$

$$P_{ik} = -P_{ki};\quad P_{ii} = 0 \qquad (i, k = 1, 2, \ldots, 2\lambda);$$

posons en outre

$$(59)\qquad (\varphi f) = \sum_{i=1}^{i=2\lambda} \sum_{k=1}^{k=2\lambda} \frac{P_{ik}}{P} \frac{\partial \varphi}{\partial x_k} \frac{\partial f}{\partial x_i},\qquad (f) = \sum_{i=1}^{i=2\lambda} \sum_{k=1}^{k=2\lambda} a_i \frac{P_{ik}}{P} \frac{\partial f}{\partial x_k};$$

on pourra alors écrire le système complet auquel f_μ satisfait, dans le cas où $k = 2\lambda$, de la manière suivante[142]):

$$(60)\qquad \begin{cases} 0 = (f) = X_0 f,\quad X_1 f = 0,\ \ldots,\ X_{n-\varkappa} f = 0 \qquad [\text{cf. n° } \mathbf{19}], \\ \qquad (f_1 f) = 0,\ (f_2 f) = 0,\ \ldots,\ (f_{\mu-1} f) = 0 \end{cases}$$

Si l'on a déterminé $f_1, f_2, \ldots, f_\lambda$, on obtient pour Δ une forme normale

$$(61)\qquad F_1 df_1 + F_2 df_2 + \cdots + F_\lambda df_\lambda,$$

où $F_1, F_2, \ldots, F_\lambda$ seront déterminés par la comparaison de cette expression avec Δ. Le système complet pour f_1 est identique au système (46); en éliminant $\mu - 1$ des x_i du système complet (60) au moyen des équations

$$f_1 = c_1,\ f_2 = c_2,\ \ldots,\ f_{\mu-1} = c_{\mu-1},$$

on retombe pour la détermination successive de $f_1, f_2, \ldots, f_{\mu-1}$ sur la méthode du n° **22**[143]).

Dans le cas où $\varkappa = 2\lambda - 1$, le système complet auquel f_μ doit satisfaire s'écrit

$$X_1 f = 0,\ X_2 f = 0,\ \ldots,\ X_{n-\varkappa} f = 0,$$
$$[f_1 f] = 0,\ [f_2 f] = 0,\ \ldots,\ [f_{\mu-1} f] = 0\ ^{144)},$$

141) Cf. *E. von Weber,* Vorles. über das Pfaffsche Problem[47]), p. 285/97.

142) Pour $\varkappa = 2\lambda = n$, cf. *L. Natani,* J. reine angew. Math. 58 (1861), p. 321; *A. Clebsch,* id. 60 (1862), p. 243; 61 (1863), p. 146.

143) *A. Clebsch* [J. reine angew. Math. 60 (1862), p. 232/42] suit la marche inverse dans le cas où $n = \varkappa$.

144) *L. Natani,* J. reine angew. Math. 58 (1861), p. 312/4; *M. Hamburger,* Archiv Math. Phys. (1) 60 (1877), p. 203/15.

en posant

$$(62) \qquad [\varphi f] = -\sum_{i=1}^{i=\varkappa}\sum_{k=1}^{k=\varkappa}\frac{Q_{ik}}{Q}\frac{\partial\varphi}{\partial x_k}\frac{\partial f}{\partial x_i},$$

où Q désigne l'agrégat $(0, 1, 2, \ldots, 2\lambda - 1)$ et où les Q_{ik} sont définis comme les P_{ik}. On obtient une forme réduite (61) par les opérations successives $\varkappa, \varkappa - 2, \ldots, 3, 1$ [cf. note 128].

Pour obtenir[145]) aussi une *forme normale* dans le cas où $\varkappa = 2\lambda - 1$, on peut ou bien déterminer f_λ de manière que l'expression

$$\Delta' = \Delta - df_\lambda$$

soit de la classe $2\lambda - 2$[146]) et ramener Δ', d'après ce qui précède, à une forme normale, ou bien trouver $\lambda - 1$ fonctions

$$f_1, f_2, \ldots, f_{\lambda-1}$$

de façon que la matrice $(C_{\lambda-1})$, qui provient de $(B_{\lambda-1})$ par la suppression de la $(n+1)^{\text{ième}}$ ligne et de la $(n+1)^{\text{ième}}$ colonne, possède le rang $2\lambda - 2$; f_1 est alors une intégrale arbitraire du système (46), et le système complet auquel f_μ doit satisfaire provient du système (46) par adjonction des relations

$$\sum_{i=1}^{i=\varkappa-1}\sum_{k=1}^{k=\varkappa-1}\frac{P'_{ik}}{P'}\frac{\partial f_h}{\partial x_k}\frac{\partial f}{\partial x_i} = 0 \qquad (h = 1, 2, \ldots, \mu - 1),$$

où P' désigne l'agrégat $(1, 2, \ldots, 2\lambda - 2)$ et où les P'_{ik} sont définis comme les P_{ik}. Si $f_1, f_2, \ldots, f_{\lambda-1}$ sont déterminés, on trouve pour Δ une forme normale

$$df_\lambda + F_1 df_1 + F_2 df_2 + \cdots + F_{\lambda-1} df_{\lambda-1},$$

où f_λ s'obtient par une quadrature et ensuite les F_i par comparaison de cette expression avec Δ. La méthode peut être ramenée à celle du n° 22.

24. Théorie des transformations de contact considérée comme cas particulier de la théorie du problème de Pfaff. Introduisons les $\varkappa$ fonctions ϖ, ξ de la forme normale (50) ou (51) à la place d'autant de variables x, comme nouvelles variables indépendantes[147]);

145) *G. Frobenius*, J. reine angew. Math. 82 (1877), p. 304/12.

146) Sur le changement de la classe par soustraction d'une différentielle ou multiplication par une fonction des x (notamment quand les a_i sont homogènes), cf. *G. Frobenius*, J. reine angew. Math. 86 (1879), p. 1/7 et *E. von Weber*, Vorles. über das Pfaffsche Problem[47]), p. 134/41, 175/86.

147) Cf. *E. von Weber*, Vorles. über das Pfaffsche Problem[47]), p. 353/71; pour $\varkappa = 2\lambda = n$ cf. *A. Clebsch*, J. reine angew. Math. 60 (1862), p. 243; 61 (1863), p. 146.

nous obtiendrons respectivement pour (f), (φf), $[\varphi f]$ les expressions suivantes:

$$\sum_{s=1}^{s=\lambda} \varpi_s \frac{\partial f}{\partial \varpi_s}, \quad \sum_{s=1}^{s=\lambda} \left[\frac{\partial \varphi}{\partial \varpi_s}\frac{\partial f}{\partial \xi_s} - \frac{\partial \varphi}{\partial \xi_s}\frac{\partial f}{\partial \varpi_s}\right],$$

$$\sum_{s=1}^{s=\lambda-1} \left[\frac{\partial \varphi}{\partial \varpi_s}\left(\frac{\partial f}{\partial \xi_s} + \varpi_s \frac{\partial f}{\partial \xi_\lambda}\right) - \frac{\partial f}{\partial \varpi_s}\left(\frac{\partial \varphi}{\partial \xi_s} + \varpi_s \frac{\partial \varphi}{\partial \xi_\lambda}\right)\right].$$

Pour l'expression de Pfaff

$$p_1 dx_1 + p_2 dx_2 + \cdots + p_n dx_n,$$

aux $2n$ variables $x_1, x_2, \ldots, x_n, p_1, p_2, \ldots, p_n$ les symboles (59) ont donc la signification suivante[148]):

$$(63) \qquad (f) = \sum_{s=1}^{s=n} p_s \frac{\partial f}{\partial p_s}, \quad (\varphi f) = \sum_{s=1}^{s=n} \left[\frac{\partial \varphi}{\partial p_s}\frac{\partial f}{\partial x_s} - \frac{\partial \varphi}{\partial x_s}\frac{\partial f}{\partial p_s}\right].$$

Pour l'expression de Pfaff

$$dz - p_1 dx_1 - \cdots - p_n dx_n,$$

on a

$$(64) \qquad [\varphi f] = \sum_{s=1}^{s=n} \left[\frac{\partial \varphi}{\partial p_s}\left(\frac{\partial f}{\partial x_s} + p_s \frac{\partial f}{\partial z}\right) - \frac{\partial f}{\partial p_s}\left(\frac{\partial \varphi}{\partial x_s} + p_s \frac{\partial \varphi}{\partial z}\right)\right].$$

En utilisant les résultats du numéro **23**, on arrive maintenant sans difficulté aux propositions suivantes[149]), qui sont dues à *S. Lie*:

Pour que $2n$ fonctions indépendantes $X_1, X_2, \ldots, X_n, P_1, P_2, \ldots, P_n$ des variables $x_1, x_2, \ldots, x_n, p_1, p_2, \ldots, p_n$ satisfassent à l'identité

$$(65) \quad P_1 dX_1 + P_2 dX_2 + \cdots + P_n dX_n = p_1 dx_1 + p_2 dx_2 + \cdots + p_n dx_n,$$

et que par conséquent les seconds membres représentent une *transformation de contact homogène*

$$x_i' = X_i, \quad p_i' = P_i \qquad (i = 1, 2, \ldots, n),$$

il est nécessaire et suffisant qu'elles satisfassent aux identités

$$(66) \; (X_i X_k) = (P_i P_k) = (P_i X_k) = 0, \; (P_i X_i) = 1 \quad (i, k = 1, 2, \ldots, n; \; i \gtrless k),$$

et que les X_i soient homogènes, de degré nul, par rapport aux p et les P_i homogènes du premier degré. Si X_1 est une fonction arbitraire

148) Avec ce sens, le symbole (φf) se trouve déjà dans *S. D. Poisson*, J. Éc. polyt. (1) cah. 15 (1809), p. 266.

149) Cf. III 35 et *S. Lie* et *F. Engel*, Theorie der Transformationsgruppen 2, Leipzig 1890, p. 114/46; *A. Mayer*, Math. Ann. 8 (1875), p. 304; *E. von Weber*, Vorles. über das Pfaffsche Problem [47]), p. 398/403.

de $x_1, x_2, \ldots, x_n, p_1, p_2, \ldots, p_n$ et homogène, de degré nul, par rapport à $p_1, p_2, \ldots, p_n$, on peut déterminer $n-1$ autres fonctions $X_2, X_3, \ldots, X_n$ de telle façon qu'il existe une identité de la forme (65) et par là, pour chaque indice μ de la suite $1, 2, \ldots, n-1$, la fonction $X_{\mu+1}$ est une intégrale du système complet à $\mu+1$ termes,

$$(67)\qquad \sum_{s=1}^{s=n} p_s \frac{\partial f}{\partial p_s} = 0,\ (X_1, f) = 0, \ldots, (X_\mu, f) = 0,$$

dont les solutions $X_1, X_2, \ldots, X_\mu$ sont connues, et par conséquent s'obtient par une opération $2n - 2\mu - 1$.

Pour que $2n+2$ fonctions

$$\varrho, Z, X_1, X_2, \ldots, X_n, P_1, P_2, \ldots, P_n$$

des variables $z, x_1, x_2, \ldots, x_n, p_1, p_2, \ldots, p_n$ satisfassent à l'identité

$$(68)\qquad dZ - \sum_{i=1}^{i=n} P_i dX_i = \varrho\left(dz - \sum_{i=1}^{i=n} p_i dx_i\right),$$

où ϱ est différent de zéro, et que, par conséquent, les équations

$$z' = Z;\quad x_i' = X_i,\ p_i' = P_i \qquad (i = 1, 2, \ldots, n)$$

représentent une transformation de contact, il est nécessaire et suffisant que les identités suivantes aient lieu:

$$(69)\ \begin{cases} [X_i X_k] = [X_i Z] = [P_i X_k] = [P_i P_k] = 0 & (i, k = 1, 2, \ldots, n; i \gtrless k), \\ [P_i X_i] = \varrho, & [P_i Z] = \varrho P_i, \end{cases}$$

$$(70)\quad [\varrho X_i] + \varrho \frac{\partial X_i}{\partial z} = [\varrho P_i] + \varrho \frac{\partial P_i}{\partial z} = [\varrho Z] + \varrho \frac{\partial Z}{\partial z} - \varrho^2 \equiv 0\ ^{150)}.$$

Si X_1 est donné arbitrairement, on peut déterminer les fonctions $X_2, \ldots, X_n, Z$ de telle façon qu'il existe une identité (68) et par là $X_{\mu+1}$ est une solution du système complet

$$(71)\qquad [X_1, f] = 0,\ [X_2, f] = 0, \ldots, [X_\mu, f] = 0,$$

dont les solutions $X_1, X_2, \ldots, X_\mu$ sont déjà connues; si donc on a déterminé $X_1, X_2, \ldots, X_n$ par les opérations successives $2n-1$, $2n-3, \ldots, 3$, on obtiendra Z par une opération 1 et les fonctions $P_1, P_2, \ldots, P_n, \varrho$ par la résolution d'équations linéaires.

Pour que $2n$ fonctions indépendantes $X_1, X_2, \ldots, X_n, P_1, P_2, \ldots, P_n$ des $2n$ variables $x_1, x_2, \ldots, x_n, p_1, p_2, \ldots, p_n$ satisfassent à

150) Ces trois dernières identités résultent de l'identité de Mayer [cf. n° **25**] en utilisant les relations (69).

une identité de la forme

$$(72)\qquad d\Omega(x_1\ldots x_n p_1\ldots p_n)+\sum_{i=1}^{i=n}P_i dX_i=\sum_{i=1}^{i=n}p_i dx_i,$$

il est nécessaire et suffisant qu'elles satisfassent aux conditions (66). Si X_1 est donné arbitrairement, on peut déterminer $X_2, \ldots, X_n$ de manière qu'une identité (72) ait lieu et par là $X_{\mu+1}$ est une solution du système jacobien

$$(73)\qquad (X_1 f)=0,\ (X_2 f)=0,\ \ldots,\ (X_\mu f)=0,$$

qui possède les intégrales $X_1, X_2, \ldots, X_\mu$; $X_{\mu+1}$ se trouvera donc par une opération $2n-2\mu$, quant à Ω, il s'obtiendra ensuite par une quadrature et les expressions $P_1, P_2, \ldots, P_n$ qui figurent dans l'identité (72) par la résolution d'équations linéaires.

25. L'identité de Jacobi et l'identité de Mayer. Les parenthèses (63) satisfont aux identités

$$(74)\qquad (f(\varphi\psi))+(\varphi(\psi f))+(\psi(f\varphi))\equiv 0;$$

$$(75)\qquad ((f)\varphi)+(f(\varphi))+(\varphi f)=((f\varphi)).$$

La première s'appelle l'*identité de Jacobi*[151]); la dernière est un cas particulier de l'*identité de Mayer*[152]):

$$[f[\varphi\psi]]+[\varphi[\psi f]]+[\psi[f\varphi]]=\frac{\partial f}{\partial z}[\varphi\psi]+\frac{\partial\varphi}{\partial z}[\psi f]+\frac{\partial\psi}{\partial z}[f\varphi].$$

De l'identité (74) résulte le *théorème de Poisson*[153]), en vertu duquel, connaissant deux solutions ψ et χ de l'équation aux dérivées partielles linéaire, homogène, $(\varphi f)=0$, on peut en obtenir une troisième de la forme $(\psi\chi)$[154]).

Les identités (74), (75) subsistent encore lorsque les parenthèses ont la signification (59); d'après *A. Clebsch*[155]), elles servent alors, dans le cas où $\varkappa=2\lambda=n$, à déduire d'intégrales connues de l'équation

151) J. reine angew. Math. 60 (1862), p. 42; Werke 5, Berlin 1890, p. 46; voyez une explication précise dans *S. Lie* et *F. Engel*, Theorie der Transformationsgruppen 2, Leipzig 1890, p. 278/80.

152) Math. Ann. 9 (1876), p. 370; comparez aussi *E. Goursat*, Leçons sur l'intégration des équations aux dérivées partielles du premier ordre, Paris 1891, p. 336/8.

153) J. Éc. polyt. (1) cah. 15 (1809), p. 281/2; *C. G. J. Jacobi*, J. reine angew. Math. 60 (1862), p. 43; Werke 5, Berlin 1890, p. 47. Généralisation due à *H. Laurent*, J. math. pures appl. (2) 17 (1872), p. 422; voir *E. Goursat*, Leçons sur l'intégration des équations aux dérivées partielles du premier ordre, Paris 1891, p. 349/50 (note II).

154) Sur la portée de ce théorème, notamment pour la Dynamique, voir *J. Bertrand*, J. math. pures appl. (1) 17 (1852), p. 393.

155) J. reine angew. Math. 60 (1862), p. 246; 61 (1863), p. 160.

aux dérivées partielles $(f) = 0$ de nouvelles intégrales et aussi à démontrer la proposition de *C. G. J. Jacobi*[156]) relative au multiplicateur de cette équation.

26. Généralisation de la théorie de Frobenius[157]). Si les fonctions $f_1, f_2, \ldots, f_\mu$ sont données arbitrairement et si l'on élimine de Δ, au moyen des relations

$$f_1 = c_1, \; f_2 = c_2, \ldots, f_\mu = c_\mu,$$

μ des variables x, Δ se transforme en une expression de Pfaff à $n - \mu$ variables et de classe

$$\sigma + \sigma' - 2\mu,$$

σ, σ' désignant respectivement les rangs des matrices (B_μ), (C_μ)[158]), et c'est σ qui est le plus petit nombre tel que Δ puisse être mis sous la forme

$$F_1 df_1 + F_2 df_2 + \cdots + F_\mu df_\mu + F_{\mu+1} df_{\mu+1} + \cdots + F_\sigma df_\sigma;$$

σ' est égal à σ ou à $\sigma - 1$; dans ce dernier cas, on peut obtenir que F_σ soit identique à 1.

Au moyen d'un théorème sur les déterminants de *J. J. Sylvester*[159]), on peut remplacer les schémas (B_μ), (C_μ) par des matrices dont les éléments sont certaines parenthèses formées avec $f_1, f_2, \ldots, f_\mu$. On obtient ainsi, par exemple, cette proposition:

L'expression de Pfaff

$$dz - p_1 dx_1 - \cdots - p_n dx_n$$

se réduit, au moyen des relations

$$(76) \qquad f_i(z, x_1, x_2, \ldots, x_n, p_1, p_2, \ldots, p_n) = 0 \qquad (i = 1, 2, \ldots, \mu),$$

à une expression à $2n + 1 - \mu$ variables et de classe

$$2(\varrho + n - \mu) + 1 \quad \text{ou} \quad 2(\varrho + n - \mu) + 2,$$

quand la matrice

$$(77) \qquad \| [f_i f_k] \| \qquad (i, k = 1, 2, \ldots, \mu)$$

possède le rang 2ϱ au moyen de (76) et quand le symbole [ ] a la signification (64). Pour que, par conséquent, les équations (76)

---

156) J. reine angew. Math. 29 (1845), p. 236; Werke 4, Berlin 1886, p. 420; comparez II 16, 15.

157) *E. von Weber*, Vorles. über das Pfaffsche Problem[47]), p. 318/32; *E. Cartan*, Ann. Éc. Norm. (3) 16 (1899), p. 239.

158) (C_μ) provient de (B_μ) par la suppression de la $(n+1)^{\text{ième}}$ ligne et de la $(n+1)^{\text{ième}}$ colonne.

159) London Edinb. Dublin philos. mag. (4) 2 (1851), p. 279; cf. *G. Frobenius*, J. reine angew. Math. 86 (1879), p. 54.

définissent un élément $M_{2n+1-\mu}$ [n° **9**], il est nécessaire et suffisant que $2\mu - 2n - 2$ soit le rang de la matrice (77)[160]; pour que $\mu = n + 1$ relations (76) représentent un élément M_n, il est nécessaire et suffisant que toutes les expressions $[f_i f_k]$ disparaissent au moyen de (76); en d'autres termes: si les $n + 1$ équations de définition d'un élément M_n comprennent la relation

$$\varphi(z, x_1, x_2, \ldots, x_n, p_1, p_2, \ldots, p_n) = 0,$$

elles permettent la transformation infinitésimale[161])

$$[\varphi f].$$

27. Rapports entre les expressions de Pfaff et les transformations infinitésimales[162]). La transformation infinitésimale la plus générale

$$X(f) = \sum_{i=1}^{i=n} \xi_i \frac{\partial f}{\partial x_i}$$

qui satisfait aux conditions [cf. n° **14**]

$$0 = \sum_{i=1}^{i=n} a_i \xi_i = A, \qquad X\Delta = 0$$

a la forme [cf. n° **19**],

$$(78) \qquad \varrho_1 X_1(f) + \varrho_2 X_2(f) + \cdots + \varrho_{n-\varkappa} X_{n-\varkappa}(f),$$

où les ϱ_i désignent des fonctions arbitraires; la transformation infinitésimale la plus générale qui, pour $\varkappa$ pair, satisfait aux conditions[163])

$$0 = A, \qquad X\Delta = \varrho\Delta,$$

160) *A. V. Bäcklund*, Math. Ann. 11 (1877), p. 412.

161) *S. Lie* et *F. Engel*, Theorie der Transformationsgruppen 2, Leipzig 1890, p. 77/114; pour l'expression de Pfaff

$$p_1 dx_1 + p_2 dx_2 + \cdots + p_n dx_n$$

il y a des théorèmes analogues [cf. *S. Lie* et *F. Engel*[161]) et *E. von Weber*, Vorles. über das Pfaffsche Problem[47]), p. 324/5].

162) *S. Lie*, Archiv for Math. og Naturvidenskab (Christiania) 2 (1877), p. 156; Ber. Ges. Lpz. 48 (1896), math. p. 405; *F. Engel*, id. math. p. 413; cf. *E. von Weber*, Vorles. über das Pfaffsche Problem[47]), p. 332/71.

163) L'ensemble des transformations infinitésimales qui satisfont à l'équation

$$X\Delta = \varrho\Delta$$

a été donné dans des cas particuliers par *G. Vivanti* [Rend. Circ. mat. Palermo 12 (1898), p. 1], et en général par *E. von Weber* [id. p. 133]; cf. *F. Engel*, Ber. Ges. Lpz. 51 (1899), math. p. 296. Sur les *transformations de contact* infinitésimales, cf. *S. Lie* et *F. Engel*, Theorie der Transformationsgruppen 2, Leipzig 1890, p. 250/92 et l'article III 35.

et, pour $\varkappa$ impair, à la condition[164])

$$X\Delta = d\Lambda,$$

a la forme

$$\rho_0 X_0(f) + \rho_1 X_1(f) + \cdots + \rho_{n-\varkappa} X_{n-\varkappa}(f); \tag{79}$$

on obtient ainsi cette proposition que les deux systèmes différentiels (46) et (47) sont complets et sont liés avec Δ d'une manière invariante; en s'appuyant sur la théorie de l'invariance, on a alors une base simple pour établir la théorie du problème de Pfaff[165]). Par exemple, la méthode de réduction [nos **18, 19**] de Pfaff-Grassmann résulte immédiatement de ce fait[166]) que, dans tous les cas, l'équation $\Delta = 0$ de Pfaff se change en elle-même [n° **21**] par toutes les transformations du groupe à un terme [II 23] qui résulte d'une transformation infinitésimale laquelle est de la forme (79) ou (78) suivant que $\varkappa = 2\lambda$ ou que $\varkappa = 2\lambda - 1$.

---

164) Sur la transformation infinitésimale la plus générale, qui satisfait à une équation de la forme $X\Delta \equiv d\Omega$, cf. *E. von Weber,* Vorles. über das Pfaffsche Problem[47]), p. 332/44.

165) *F. Engel*, Ber. Ges. Lpz. 51 (1899), math. p. 296/315; *E. von Weber*, Vorles. über das Pfaffsche Problem[47]), p. 344/53; voir aussi les formules analogues de *G. Darboux*, Bull. sc. math. (2) 6 (1882), p. 49 et suiv.

166) *V. (W.) de Tannenberg,* C. R. Acad. sc. Paris 120 (1895), p. 674.

II 22. ÉQUATIONS NON LINÉAIRES DU PREMIER ORDRE. ÉQUATIONS D'ORDRE PLUS GRAND QUE UN.

Exposé, d'après l'article allemand de **E. VON WEBER** (Wurzbourg), par **E. GOURSAT** (Paris).

Équations non linéaires du premier ordre.

1. Méthodes de Lagrange et de Pfaff. Variation des constantes. *L. Euler*[1]) avait déjà intégré plusieurs types spéciaux d'équations aux dérivées partielles non linéaires de la forme

$$f(x, y, z, p, q) = 0, \tag{1}$$

où

$$p = \frac{\partial z}{\partial x}, \quad q = \frac{\partial z}{\partial y}.$$

J. L. Lagrange[2]) réussit à ramener l'intégration de l'équation générale (1) à l'intégration de systèmes d'équations différentielles ordinaires. Pour cela, il cherche à adjoindre à l'équation (1) une seconde relation

$$\varphi(x, y, z, p, q) = c,$$

telle que les valeurs de p et de q déduites de ces deux relations rendent complètement intégrable l'équation aux différentielles totales

$$dz = p\,dx + q\,dy;$$

---

1) Institutiones calculi integralis 3, St Pétersbourg 1770, p. 74/178. Des recherches sur les équations, qui ne renferment pas z, du second degré en p et q, sont dues à *V. Z. Elliot* [Ann. Éc. Norm. (3) 9 (1892), p. 329].

2) Nouv. Mém. Acad. Berlin 3 (1772), éd. 1774, p. 353/72; Œuvres 3, Paris 1869, p. 549/75. *D'après *S. F. Lacroix* [Traité du calcul différentiel et du calcul intégral, (2e éd.) 2, Paris 1814, p. 548 (où est exposée la méthode de *P. Charpit*)], l'intégration de l'équation (1) aurait été ramenée pour la première fois à l'intégration du système (2) par *P. Charpit*, dans un mémoire inédit présenté en 1784 à l'Académie des sciences de Paris. Voir la note de *S. F. Lacroix* ajoutée à *J. E. Montucla*, Histoire des mathématiques (2e éd.) 3, Paris an X, p. 349. Il y a lieu de mentionner que *S. F. Lacroix* est le seul auteur qui cite *P. Charpit*.* Voir aussi *C. G. J. Jacobi* [J. reine angew. Math. 23 (1842), p. 3; Werke 4, Berlin 1886, p. 151; Vorles. über Dynamik, publ. par *A. Clebsch*, Berlin 1866; Werke, Supplementband publ. par *E. Lottner*, Berlin 1884, p. 168 et suiv.]; *S. Lie* et *G. Scheffers*, Geometrie der Berührungstransformationen 1, Leipzig 1896, p. 514, 516 et suiv.

l'intégration de cette dernière équation donnera une intégrale complète

$$V(x, y, z, c) = c',$$

d'où l'on pourra déduire toutes les intégrales de l'équation (1) par des différentiations et des éliminations[3]). La fonction φ doit être une intégrale première, distincte de f, du système d'équations différentielles simultanées[4])

$$(2) \qquad \frac{dx}{\frac{\partial f}{\partial p}} = \frac{dy}{\frac{\partial f}{\partial q}} = \frac{dz}{p\frac{\partial f}{\partial p} + q\frac{\partial f}{\partial q}} = \frac{-dp}{\frac{\partial f}{\partial x} + p\frac{\partial f}{\partial z}} = \frac{-dq}{\frac{\partial f}{\partial y} + q\frac{\partial f}{\partial z}}.$$

J. F. Pfaff[5]) parvint le premier à ramener l'intégration de l'équation aux dérivées partielles du premier ordre à n variables

$$(3) \qquad F(z, x_1, x_2, \ldots, x_n, p_1, p_2, \ldots, p_n) = 0,$$

où

$$p_1 = \frac{\partial z}{\partial x_1}, \; p_2 = \frac{\partial z}{\partial x_2}, \ldots, \; p_n = \frac{\partial z}{\partial x_n},$$

à l'intégration d'équations différentielles ordinaires. Pour trouver l'intégrale la plus générale de l'équation (3), il suppose cette équation résolue par rapport à p_n et mise sous la forme

$$(4) \qquad p_n + \psi(z, x_1, \ldots, x_n, p_1, \ldots, p_{n-1}) = 0,$$

et il considère l'équation aux différentielles totales

$$(5) \qquad dz - p_1 dx_1 - p_2 dx_2 - \cdots - p_{n-1} dx_{n-1} + \psi dx_n = 0.$$

Il est clair que toute solution de cette équation (5) qui n'établit qu'une relation entre $z, x_1, x_2, \ldots, x_n$ donnera une solution de l'équation (4) et inversement. L'expression

$$\nabla = dz - p_1 dx_1 - \cdots - p_{n-1}\, dx_{n-1} + \psi dx_n$$

étant ramenée à une forme réduite où figurent seulement n différentielles [II 21, **18**], on sait y satisfaire de la façon la plus générale en établissant n relations, d'où l'on tirera $z, p_1, p_2, \ldots, p_{n-1}$ en fonction de $x_1, x_2, \ldots, x_n$.

Le premier système auxiliaire de Pfaff [II 21, **18**] est ici

$$(6) \qquad \frac{dx_i}{dx_n} = \frac{\partial \psi}{\partial p_i}, \quad \frac{dp_i}{dx_n} = -\frac{\partial \psi}{\partial x_i} - p_i \frac{\partial \psi}{\partial z} \qquad (i = 1, 2, \ldots, n-1),$$

$$\frac{dz}{dx_n} = p_1 \frac{\partial \psi}{\partial p_1} + p_2 \frac{\partial \psi}{\partial p_2} + \cdots + p_{n-1} \frac{\partial \psi}{\partial p_{n-1}} - \psi$$

3) *J. L. Lagrange*, Mémoires déjà cités note 2 et Nouv. Mém. Acad. Berlin 5 (1774), éd. Berlin 1776, p. 239/58; Œuvres 4, Paris 1869, p. 62/88; Leçons sur le calcul des fonctions, professées à l'Ecole polytechnique en l'an VII, publ. Séances des Écoles normales (nouv. éd.) Paris an IX; réimpr. J. Éc. polyt. (1) cah. 12, Paris an XII; (2e éd.) Paris 1806; Œuvres 10, Paris 1884, p. 350 et suiv.

4) *Le cas où l'on peut exprimer p et q en fonction d'un paramètre variable λ et de x, y, z a été considéré par *X. Antomari* [Bull. Soc. math. France 19 (1890/1), p. 154].*

5) Abh. Akad. Berlin 1814/5, éd. 1818, math. Klasse p. 76; voir *C. F. Gauss*, Göttingische gelehrte Anzeigen 1815, p. 1025; Werke 3, Göttingue 1876, p. 231.

et son intégration est équivalente à celle du système

$$(7)\qquad \frac{dx_k}{dt}=\frac{\partial F}{\partial p_k},\quad \frac{dp_k}{dt}=-\frac{\partial F}{\partial x_k}-p_k\frac{\partial F}{\partial z},\qquad (k=1,2,\ldots,n),$$

$$\frac{dz}{dt}=p_1\frac{\partial F}{\partial p_1}+p_2\frac{\partial F}{\partial p_2}+\cdots+p_n\frac{\partial F}{\partial p_n}.$$

En effet ce dernier système admet F pour intégrale et l'élimination de p_n et de dt entre les équations (3) et (7) conduit précisément aux équations (6).

C. G. J. Jacobi[6]) avait aussi été conduit au système (7) en remarquant que toute intégrale z de l'équation (3) et ses dérivées partielles $p_1, p_2, \ldots, p_n$ forment un système d'intégrales des équations différentielles

$$\sum_{h=1}^{h=n}\frac{\partial F}{\partial p_h}\frac{\partial z}{\partial x_h}=\sum_{h=1}^{h=n}p_h\frac{\partial F}{\partial p_h},$$

$$\sum_{h=1}^{h=n}\frac{\partial F}{\partial p_h}\frac{\partial p_i}{\partial x_h}=-\frac{\partial F}{\partial x_i}-p_i\frac{\partial F}{\partial z},\qquad (i=1,2,\ldots,n),$$

et par conséquent ces fonctions $(z, p_1, p_2, \ldots, p_n)$ sont définies par l'équation (3), jointe à n autres relations[7]) entre les intégrales de l'équation linéaire et homogène

$$\sum_{h=1}^{h=n}\left[\frac{\partial F}{\partial p_h}\left(\frac{\partial f}{\partial x_h}+p_h\frac{\partial f}{\partial z}\right)-\left(\frac{\partial F}{\partial x_h}+p_h\frac{\partial F}{\partial z}\right)\frac{\partial f}{\partial p_h}\right]=0.$$

Quand on connaît une intégrale complète de l'équation (4), on peut ramener l'expression ∇ de Pfaff à la forme réduite sans aucune intégration. Pour que la fonction

$$(8)\qquad z=\Phi(x_1, x_2, \ldots, x_n, a_1, a_2, \ldots, a_n),$$

dépendant de n constantes arbitraires $a_1, a_2, \ldots, a_n$, soit une intégrale complète de l'équation (4), il faut et il suffit que les équations

$$(9)\qquad z=\Phi,\ p_1=\frac{\partial\Phi}{\partial x_1},\ \ldots,\ p_{n-1}=\frac{\partial\Phi}{\partial x_{n-1}}$$

puissent être résolues par rapport à $a_1, a_2, \ldots, a_n$, et qu'en portant les expressions obtenues dans la relation $p_n=\frac{\partial\Phi}{\partial x_n}$ on retrouve précisément l'équation (4). Lorsqu'il en est ainsi, l'expression ∇ de Pfaff prend la forme

$$\frac{\partial\Phi}{\partial a_1}da_1+\frac{\partial\Phi}{\partial a_2}da_2+\cdots+\frac{\partial\Phi}{\partial a_n}da_n,$$

6) J. reine angew. Math. 2 (1827), p. 317; Werke 4, Berlin 1886, p. 1.

7) *L. Boltzmann* [Sitzgsb. Akad. Wien 72 II (1875), p. 471] a montré comment on devait choisir ces relations de façon que $p_1, p_2, \ldots, p_n$ soient les dérivées partielles de z.

où ne figurent plus que n différentielles. Il s'ensuit que, connaissant une intégrale complète quelconque Φ de l'équation (4), pour en déduire l'intégrale générale, il suffit de satisfaire à la relation

$$(10)\qquad \frac{\partial \Phi}{\partial a_1} d a_1 + \frac{\partial \Phi}{\partial a_2} d a_2 + \cdots + \frac{\partial \Phi}{\partial a_n} d a_n = 0$$

en établissant n relations distinctes entre les variables $z, x_1, x_2, \ldots, x_n, a_1, a_2, \ldots, a_n$. Pour cela, on établit r relations distinctes $(r < n)$ quelconques

$$(11)\qquad \varphi_s(a_1, a_2, \ldots, a_n) = 0 \qquad (s = 1, 2, \ldots, r)$$

entre $a_1, a_2, \ldots, a_n$ et on élimine les paramètres $a_1, a_2, \ldots, a_n$ et $\lambda_1, \lambda_2, \ldots, \lambda_r$ entre les équations (11) et (12)

$$(12)\qquad \frac{\partial \Phi}{\partial a_i} = \lambda_1 \frac{\partial \varphi_1}{\partial a_i} + \lambda_2 \frac{\partial \varphi_2}{\partial a_i} + \cdots + \lambda_r \frac{\partial \varphi_r}{\partial a_i} \quad (i = 1, 2, \ldots, n).$$

On a donné à cette méthode le nom de méthode de la variation des constantes de Lagrange[7a]).

La surface intégrale ainsi obtenue représente l'enveloppe des ∞^{n-r} surfaces qui, parmi les surfaces (8), satisfont aux conditions (11). En donnant à r les valeurs $1, 2, \ldots, n$, on obtient n catégories de surfaces intégrales, qui ne sont pas essentiellement distinctes[8]).

Les relations

$$(13)\quad z = \Phi, \qquad p_i = \frac{\partial \Phi}{\partial x_i}, \quad \frac{\partial \Phi}{\partial a_i} + b_i \frac{\partial \Phi}{\partial a_n} = 0 \qquad (i = 1, 2, \ldots, n-1),$$

où $a_1, a_2, \ldots, a_n, b_1, b_2, \ldots, b_{n-1}$ désignent des constantes arbitraires, représentent l'intégrale générale du premier système auxiliaire de Pfaff (6) [cf. n° 3].

2. Méthode de Cauchy. *A. L. Cauchy*[9]) a montré, *par une méthode directe, indépendante de celle de *J. F. Pfaff**, qu'il suffisait, pour intégrer l'équation (3), d'intégrer le système d'équations différentielles (6) ou le système équivalent (7). Si les équations

$$(14)\quad z = f(x_1, x_2, \ldots, x_n), \; p_i = f_i(x_1, x_2, \ldots, x_n) \qquad (i = 1, 2, \ldots, n)$$

où l'on a posé, pour abréger, $f_i = \frac{\partial f}{\partial x_i}$, définissent une intégrale de l'équation (3), on introduit, au lieu de $x_1, x_2, \ldots, x_n$, de nouvelles

7a) Cf. notes 2 et 3, en partic. Œuvres 10, Paris 1884, p. 349.

8) Les cas exceptionnels où l'élimination des paramètres $a_1, a_2, \ldots, a_n, \lambda_1, \lambda_2, \ldots, \lambda_r$ conduit à plus d'une relation entre z et $x_1, x_2, \ldots, x_n$ ont été considérés par *G. Darboux*, Mém. présentés Acad. sc. Paris (2) 27 (1883), mém. n° 2, p. 98. [Cf. n° 5].

9) Bull. Soc. philom. Paris (3) fasc. 6 (1819), p. 10; C. R. Acad. sc. Paris 14 (1842), p. 740, 769, 881, 952, 1026; Œuvres (1) 6, Paris 1888, p. 423, 431, 444, 459, 467.

*On pourra voir aussi un mémoire de *H. Lemonnier* [Bull. Soc. math. France 10 (1881/2), p. 223].*

variables[10]) $t, u_2, \ldots, u_n$, choisies de telle façon que $x_1, x_2, \ldots, x_n$, considérées comme fonctions du paramètre t, vérifient les n premières équations (7), quand on attribue aux variables $u_2, \ldots, u_n$ des valeurs constantes; en tenant compte de ce que les équations (14) définissent une intégrale de l'équation (3), *A. L. Cauchy* prouve que $p_1, p_2, \ldots, p_n$ et z, considérées comme fonctions de t, vérifient aussi les dernières équations (7). Les équations (14) qui définissent une intégrale peuvent donc être remplacées par un système équivalent

$$(15)\begin{cases} x_i = \xi_i(t, x_1^0, x_2^0, \ldots, x_n^0, z^0, p_1^0, p_2^0, \ldots, p_n^0), \\ z = \zeta(t, x_1^0, x_2^0, \ldots, x_n^0, z^0, p_1^0, p_2^0, \ldots, p_n^0), \\ p_i = \varpi_i(t, x_1^0, \ldots, x_n^0, z^0, p_1^0, p_2^0, \ldots, p_n^0) \qquad (i = 1, 2, \ldots, n), \end{cases}$$

ξ_i, ζ, ϖ_i désignant les intégrales du système (7) qui, pour $t = 0$, prennent les valeurs x_i^0, z^0, p_i^0 respectivement; x_i^0, z^0, p_i^0 sont des fonctions des variables $u_2, \ldots, u_n$ auxquelles se réduisent x_i, z, p_i pour $t = 0$. L'élimination des paramètres $t, u_2, \ldots, u_n$ entre les relations (15) conduirait inversement aux relations (14) qui définissent l'intégrale.

Pour que les équations (15), où x_i^0, z^0, p_i^0 sont des fonctions de $n-1$ paramètres $u_2, \ldots, u_n$, définissent une intégrale de l'équation (3), il faut et il suffit que les fonctions x_i, z, p_i des n paramètres t, u vérifient la relation (3) et l'équation

$$(16) \qquad dz - p_1 dx_1 - p_2 dx_2 - \cdots - p_n dx_n = 0.$$

Or, pour des accroissements quelconques des variables t, u, on a une identité de la forme[11])

$$(17) \qquad \delta\zeta - \varpi_1 \delta\xi_1 - \varpi_2 \delta\xi_2 - \cdots - \varpi_n \delta\xi_n =$$
$$\varrho\Big(\delta z^0 - \sum_{i=1}^{i=n} p_i^0 \delta x_i^0\Big) + \sigma \cdot \delta F(z^0, x_1^0, x_2^0, \ldots, x_n^0, p_1^0, p_2^0, \ldots, p_n^0).$$

Si donc les fonctions x_i^0, z^0, p_i^0 des paramètres u vérifient les relations

$$(18) \qquad F(z^0, x_1^0, x_2^0, \ldots, x_n^0, p_1^0, p_2^0, \ldots, p_n^0) = 0,$$

$$(19) \qquad \delta z^0 - p_1^0 \delta x_1^0 - p_2^0 \delta x_2^0 - \cdots - p_n^0 \delta x_n^0 = 0,$$

les fonctions $x_1, x_2, \ldots, x_n, z, p_1, p_2, \ldots, p_n$ des variables t, u satisfont identiquement aux équations (3) et (16), et par conséquent définissent

10) *A. M. Ampère* [J. Éc. polyt. (1) cah. 17 (1815), p. 549/611; (1) cah. 18 (1820), p. 1/34] avait employé aussi un changement de variables dans le cas de $m = 2$. Sa méthode repose sur la considération des fonctions arbitraires entrant dans l'intégrale générale [voir II 21, 4]. Elle a été étendue au cas de m quelconque par *E. Padova* dans *D. Chelini*, Collectanea mathematica, publ. par *L. Cremona* et *E. Beltrami*, Milan 1881, p. 105.

11) Voir aussi *J. P. M. Binet*, C. R. Acad. sc. Paris 14 (1842), p. 654.

une intégrale, dont on mettrait les équations sous la forme ordinaire (14) en éliminant les paramètres t et u.

L'intégration de l'équation (3) est donc ramenée à la détermination de $2n+1$ fonctions

$$x_1^0, x_2^0, \ldots, x_n^0, z^0, p_1^0, p_2^0, \ldots, p_n^0$$

de $n-1$ paramètres satisfaisant aux deux relations (18) et (19). En d'autres termes, il s'agit de satisfaire de la façon la plus générale à l'équation de Pfaff (19) en ajoutant à l'équation (18) $n+1$ relations nouvelles entre les variables $x_1^0, x_2^0, \ldots, x_n^0, z^0, p_1^0, p_2^0, \ldots, p_n^0$; la solution de ce problème n'exige aucune intégration [II 21, **9**]. Si l'on prend, par exemple, les $n+1$ relations

$$(20)\quad x_n^0 = \text{const.},\ z^0 = \varphi(x_1^0, \ldots, x_{n-1}^0),\ p_i^0 = \frac{\partial \varphi}{\partial x_i^0}\quad (i=1, 2, \ldots, n-1),$$

l'élimination de t, x_i^0, z^0, p_i^0 entre les équations (15), (18) et (20) conduit à l'intégrale qui, pour $x_n = x_n^0$, se réduit à une fonction donnée $\varphi(x_1, x_2, \ldots, x_{n-1})$. On a ainsi la solution du *problème de Cauchy* [II 21, **2**].

On peut encore procéder comme il suit, pour obtenir cette intégrale. Soient

$$(21)\quad \begin{cases} X_k(z, x_1, \ldots, x_n, p_1, \ldots, p_{n-1}),\ Z(z, x_1, \ldots, x_n, p_1, \ldots, p_{n-1}), \\ P_k(z, x_1, \ldots, x_n, p_1, \ldots, p_{n-1}), \qquad (k=1, 2, \ldots, n-1) \end{cases}$$

les intégrales dites *intégrales principales* du système (6) relativement à la valeur initiale $x_n = x_n^0$ qui prennent respectivement les valeurs x_k^0, z^0, p_k^0 pour $x_n = x_n^0$. On élimine x_i^0, z^0, p_i^0 entre les équations (18), (20) et les suivantes

$$(22)\quad X_k = x_k^0,\quad Z = z^0,\quad P_k = p_k^0,\qquad (k=1, 2, \ldots, n-1).$$

3. Première méthode de Jacobi[12]. Cette méthode peut être considérée comme un cas spécial de la méthode de Cauchy[13]. Elle repose sur cette remarque que l'expression ∇ de Pfaff prend la forme normale

$$(23)\qquad \nabla = \varrho\left(dZ - \sum_{h=1}^{h=n-1} P_h\, dX_h\right)$$

après la première réduction de Pfaff, quand on emploie les intégrales principales du premier système auxiliaire (6) [Voir II 21, **18**]. On a ainsi trois cas à distinguer:

---

12) J. reine angew. Math. 17 (1837), p. 97/162; Werke 4, Berlin 1886, p. 59/127; *J. math. pures appl. (1) 3 (1838), p. 60/96, 161/201.*

13) Voir les remarques de *A. L. Cauchy*, C. R. Acad. sc. Paris 14 (1842), p. 881; Œuvres (1) 6, Paris 1888, p. 444; Exercices d'Analyse et de phys. math. 2, Paris 1841, p. 239.

α) La fonction ψ n'est pas indépendante de z;

β) La fonction ψ est indépendante de z[14]), sans être homogène et du premier ordre par rapport à $p_1, p_2, \ldots, p_n$;

γ) La fonction ψ est indépendante de z, homogène et du premier ordre par rapport à $p_1, p_2, \ldots, p_n$.

Dans le cas (β), on a $\varrho = 1$ dans la formule (23), les fonctions X_i, P_i sont les intégrales principales, relativement à $x_n = x_n^0$, du système canonique[15])

$$(24) \qquad \frac{dx_k}{dx_n} = \frac{\partial \psi}{\partial p_k}, \quad \frac{dp_k}{dx_n} = -\frac{\partial \psi}{\partial x_k} \qquad (k = 1, 2, \ldots, n-1)$$

tandis que Z a la forme $z - U$[16]), où U représente l'intégrale[17])

$$(25) \qquad \int_{x_n^0}^{x_n} \left(p_1 \frac{\partial \psi}{\partial p_1} + \cdots + p_{n-1} \frac{\partial \psi}{\partial p_{n-1}} - \psi\right) dx_n,$$

cette intégrale étant calculée en remplaçant x_k et p_k par leurs valeurs tirées des relations

$$X_k = a_k, \; P_k = b_k \qquad (k = 1, 2, \ldots, n-1)$$

14) *C. G. J. Jacobi* donne deux méthodes pour remplacer toute équation (3) par une autre ne contenant pas explicitement l'inconnue. La première consiste à définir z par une relation

$$V(z, x_1, x_2, \ldots, x_n) = 0,$$

ce qui remplace l'équation (3) par une équation entre les variables $x_1, x_2, \ldots x_n$ et les dérivées de la fonction inconnue V; *C. G. J. Jacobi*, J. reine angew. Math. 23 (1842), p. 18; Werke 4, Berlin 1886, p. 166; voir aussi *E. Goursat*, Leçons sur l'intégration des équations aux dérivées partielles du premier ordre, Paris 1891, p. 27; *E. Delassus*, Leçons sur la théorie analytique des équations aux dérivées partielles du premier ordre, Paris 1897, p. 48/54; *L. Königsberger* [J. reine angew. Math. 109 (1892), p. 838] a étendu cette méthode aux équations d'ordre supérieur. Sur la seconde méthode, voir *C. G. J. Jacobi* [J. reine angew. Math. 60 (1862), p. 1; Werke 5, Berlin 1890, p. 1; Vorlesungen über Dynamik publ. par *A. Clebsch*, Berlin 1866; Werke, Supplementband (publié par *E. Lottner*), Berlin 1884, p. 237/47]; *A. Mayer*, Math. Ann. 9 (1876), p. 366; *P. Mansion*, Théorie des équations aux dérivées partielles du premier ordre, Paris 1875, p. 4/5.

15) *W. R. Hamilton*, Philos. Trans. London 124 (1834), p. 247; 125 (1835), p. 95; voir aussi *V. G. Imšeneckij*, Archiv Math. Phys. (1) 50 (1869), p. 428.

16) L'expression $p_1 dx_1 + p_2 dx_2 + \cdots + p_n dx_n$ devient aussi une différentielle exacte, quand on y remplace $p_1, p_2, \ldots, p_n$ par les fonctions de $x_1, x_2, \ldots, x_n$ tirées de l'équation (3) et des relations $X_1 = a_1$, $X_2 = a_2, \ldots, X_{n-1} = a_{n-1}$; voir *A. Cayley*, Math. Ann. 11 (1877), p. 194; Papers 10, Cambridge 1896, p. 134.

17) Cette quadrature s'effectue immédiatement quand on connaît déjà une intégrale complète de l'équation (3); voir *A. Mayer*, Math. Ann. 6 (1873), p. 166; *E. Goursat*, Leçons sur l'intégration des équations aux dérivées partielles du premier ordre, Paris 1891, p. 140/4.

en fonction de x_n, des constantes a_i, b_i, et remplaçant ensuite dans l'intégrale a_i, b_i par X_i et P_i respectivement.

Dans le cas (γ), on a $Z = z$, les P_k et les X_k sont des fonctions homogènes des p_i, d'ordres 1 et 0 respectivement, et l'expression de Pfaff

$$\nabla_1 = p_1 dx_1 + \cdots + p_{n-1} dx_{n-1} - \psi dx_n$$

possède la forme normale

$$P_1 dX_1 + P_2 dX_2 + \cdots + P_{n-1} dX_{n-1}.$$

Ces résultats sont bien d'accord avec ce fait[18]) que l'expression ∇ est de classe $2n$ dans le cas (α) et de classe $2n-1$ dans les cas (β) et (γ), tandis que ∇_1 est de classe $2n-1$ dans le cas (β) et de classe $2n-2$ dans le cas (γ) [II 21, **19**].

Dans le cas (β), l'élimination de $p_1, p_2, \ldots, p_{n-1}$ entre les relations

$$X_1 = a_1,\ X_2 = a_2,\ \ldots,\ X_{n-1} = a_{n-1},\ Z = a_n$$

conduira à une intégrale complète de la forme

$$z = a_n + \Psi(x_1, x_2, \ldots, x_n;\ a_1, a_2, \ldots, a_{n-1}); \tag{26}$$

il peut d'ailleurs se faire que cette élimination conduise à plusieurs relations[19]) entre $x_1, x_2, \ldots, x_n, z$; c'est ce qui aura toujours lieu, par exemple, dans le cas (γ).

On peut aussi écrire la formule (23)

$$\nabla = \varrho\left[d\Big(Z - \sum_{k=1}^{k=n} P_k X_k\Big) + \sum_{k=1}^{k=n} X_k dP_k\right],$$

et l'on obtiendra toujours une intégrale complète[20]) de la forme (26) en éliminant $p_1, p_2, \ldots, p_{n-1}$ entre les relations

$$P_1 = a_1,\ P_2 = a_2,\ \ldots,\ P_{n-1} = a_{n-1}$$

et l'équation

$$Z - P_1 X_1 - \cdots - P_{n-1} X_{n-1} = a_n.$$

Dans le cas (γ), on peut écrire une intégrale complète sous la

18) *G. Morera*, Reale Ist. Lombardo *Rendic* (2) 16 (1883), p. 637/45, 691/700; cf. *E. von Weber*, Vorlesungen über das Pfaffsche Problem und die Theorie der partiellen Differentialgleichungen erster Ordnung, Leipzig 1900, p. 408/21.

19) *J. A. Serret*, Ann. Éc. Norm. (1) 3 (1866), p. 153.

20) *A. Mayer*, Math. Ann. 3 (1871), p. 435; la méthode est identique à la méthode du n° 2, où l'on aurait remplacé φ par

$$a_n + a_1 x_1^0 + \cdots + a_{n-1} x_{n-1}^0$$

dans les équations (20); *G. Darboux* [C. R. Acad. sc. Paris 79 (1874), p. 1488; 80 (1875), p. 160; Bull. sc. math. (1) 8 (1875), p. 249] a donné une autre méthode. Voir aussi *J. Bertrand*, C. R. Acad. sc. Paris 82 (1876), p. 641; *J. Farkas*, id. 98 (1884), p. 352.

forme

(27) $$z = a_{n-1} V(x_1, x_2, \ldots, x_n, a_1, a_2, \ldots, a_{n-2}) + a_n.$$

Si

$$z = \Psi(x_1, x_2, \ldots, x_n, a_1, \ldots, a_{n-1}) + a_n$$

est une intégrale complète de l'équation (4), de la forme (26), les équations[21])

(28) $$p_i = \frac{\partial \Psi}{\partial x_i}, \quad b_i = \frac{\partial \Psi}{\partial a_i}, \qquad (i = 1, 2, \ldots, n-1)$$

représentent inversement l'intégrale générale du système canonique (24).

4. Théorie de Hamilton-Jacobi[21]). Les équations différentielles de la dynamique sont un cas particulier des équations du n° **3**, et leur étude a été le point de départ des recherches de *C. G. J. Jacobi.*

Soient

$$q_1, q_2, \ldots, q_n$$

des fonctions de la variable t, et soient

$$q_1', q_2', \ldots, q_n'$$

leurs dérivées; pour que la première variation de l'intégrale

$$S = \int_{\tau}^{t} V(t, q_1, q_2, \ldots, q_n, q_1', q_2', \ldots, q_n') dt$$

soit nulle, lorsque les variations de t et de $q_1, q_2, \ldots, q_n, q_1', q_2', \ldots, q_n'$ sont nulles pour les limites de l'intégrale, il faut et il suffit que les q_i vérifient le système d'équations différentielles du second ordre

(29) $$\frac{d}{dt}\left(\frac{\partial V}{\partial q_s'}\right) - \frac{\partial V}{\partial q_s} = 0, \qquad (s = 1, 2, \ldots, n).$$

Soit

$$H(t, q_1, q_2, \ldots, q_n, p_1, p_2, \ldots, p_n)$$

la fonction obtenue en remplaçant dans

$$p_1 q_1' + p_2 q_2' + \cdots + p_n q_n' - V,$$

$q_1', q_2', \ldots, q_n'$ par leurs valeurs déduites des équations

(30) $$p_1 = \frac{\partial V}{\partial q_1'}, \quad p_2 = \frac{\partial V}{\partial q_2'}, \quad \ldots, \quad p_n = \frac{\partial V}{\partial q_n'}.$$

---

21) *W. R. Hamilton*, Philos. Trans. London **124** (1834), p. 247; **125** (1835), p. 95; *C. G. J. Jacobi*, Vorlesungen über Dynamik, publ. par *A. Clebsch*, Berlin 1866; Werke, Supplementband (publié par *E. Lottner*), Berlin 1884, p. 143/63; (mém. posth.) Werke 5, Berlin 1890, p. 217/395; voir *A. Cayley* [Report Brit. Assoc. 27, Dublin 1857, éd. Londres 1858, p. 1/42] et les Traités classiques de mécanique, par exemple *F. Tisserand*, Mécanique céleste 1, Paris 1889, p. 11/7 (introduction); *P. Painlevé*, Leçons sur l'intégration des équations différentielles de la mécanique et applications (lithographié), Paris 1895, p. 193/9.

Les équations (29), le système canonique

$$(31)\qquad \frac{dq_s}{dt}=\frac{\partial H}{\partial p_s},\quad \frac{dp_s}{dt}=-\frac{\partial H}{\partial q_s}\qquad (s=1,2,\ldots,n)$$

et l'équation aux dérivées partielles

$$(32)\qquad \frac{\partial z}{\partial t}+H\left(t,q_1,\ldots,q_n,\frac{\partial z}{\partial q_1},\ldots,\frac{\partial z}{\partial q_n}\right)=0$$

sont liés par les relations suivantes:

D'une part, on déduit l'intégrale générale des équations (29) de l'intégrale générale du système (31) en éliminant $p_1, p_2, \ldots, p_n$; inversement, on déduit l'intégrale générale du système canonique de l'intégrale générale des équations (29) en éliminant $q_1', q_2', \ldots, q_n'$ au moyen des formules (30).

Supposons, d'autre part, que l'on ait intégré le système (31), et soient

$$(33_1)\qquad q_i=\varkappa_i(t,\tau,q_1^0,\ldots,q_n^0,p_1^0,\ldots,p_n^0),\qquad (i=1,2,\ldots,n),$$

$$(33_2)\qquad p_i=\varpi_i(t,\tau,q_1^0,\ldots,q_n^0,p_1^0,\ldots,p_n^0),\qquad (i=1,2,\ldots,n)$$

les formules qui représentent respectivement les intégrales du système (31) se réduisant respectivement aux valeurs q_i^0, p_i^0 pour $t=\tau$.

On obtient alors une intégrale complète de l'équation (32) de la forme

$$z=\Omega(t,q_1,q_2,\ldots,q_n,q_1^0,q_2^0,\ldots,q_n^0)+c,$$

en opérant comme il suit:

En remplaçant, dans V, les quantités $q_1', q_2', \ldots, q_n'$ par leurs expressions tirées des formules (30), l'intégrale S prend la forme

$$S=\int_\tau^t\left(p_1\frac{\partial H}{\partial p_1}+p_2\frac{\partial H}{\partial p_2}+\cdots+p_n\frac{\partial H}{\partial p_n}-H\right)dt.$$

Pour calculer cette intégrale, on doit supposer $p_1,p_2,\ldots,p_n,q_1,q_2,\ldots,q_n$ remplacés par leur valeurs (33), et, après la quadrature effectuée, on remplace inversement $p_1^0,p_2^0,\ldots,p_n^0,p_1,p_2,\ldots,p_n$ par leurs expressions déduites des formules (33), de façon que le résultat ne renferme plus que[22])

$$q_1,q_2,\ldots,q_n,\quad q_1^0,q_2^0,\ldots,q_n^0.$$

La fonction ainsi obtenue est la fonction Ω.

22) Sur la signification de cette élimination au point de vue de la théorie des fonctions, voir *E. von Weber*, Vorles. über das Pfaffsche Problem[18]), p. 524/8. La fonction Ω, considérée comme fonction des variables τ, $q_1^0, q_2^0, \ldots, q_n^0$, satisfait à une équation aux dérivées partielles toute pareille à l'équation (32). Voir *W. R. Hamilton*, Philos. Trans. London 125 (1835), p. 100; *C. G. J. Jacobi*, Werke, Supplementband, Berlin 1884, p. 150; Werke 5, Berlin 1890, p. 294. Cf. note 21.

Les équations (33) peuvent alors s'écrire sous la forme équivalente[23])

$$\frac{\partial \Omega}{\partial q_i} = p_i, \quad \frac{\partial \Omega}{\partial q_i^0} = -p_i^0 \quad (i = 1, 2, \ldots, n).$$

Plus généralement, si

$$z = \Phi(t, q_1, \ldots, q_n, c_1, \ldots, c_n) + c$$

est une intégrale complète quelconque de l'équation (32), l'intégrale générale du système (31) est représentée par les formules

$$\frac{\partial \Phi}{\partial q_i} = p_i, \quad \frac{\partial \Phi}{\partial c_i} = \gamma_i \quad (i = 1, 2, \ldots, n). \tag{34}$$

L'intégration du système (29), celle du système (31), ou l'intégration de l'équation (32) constituent donc trois problèmes complètement équivalents[24]).

Soient t le temps, et $q_1, q_2, \ldots, q_n$ les paramètres de Lagrange d'un système à n degrés de liberté; soient en outre

$$T(t, q_1, q_2, \ldots, q_n, q_1', q_2', \ldots, q_n')$$

l'énergie cinétique du système,

$$U(t, q_1, q_2, \ldots, q_n)$$

la fonction des forces et enfin

$$V = T + U.$$

Ceci posé, les équations (29) sont identiques aux équations différentielles du mouvement dues à *J. L. Lagrange*, et la résolution du problème de dynamique est ramenée à la recherche d'une intégrale complète de *l'équation aux dérivées partielles d'Hamilton* (32).

Si les liaisons du système sont indépendantes de t, T est homogène par rapport aux q_i, et, en tenant compte des relations (30), H est identique à $T - U$ et s'appelle, d'après *C. G. J. Jacobi*, la *fonction d'Hamilton*, tandis que Ω est, d'après *W. R. Hamilton*, la *fonction principale* du problème de dynamique.

Considérons en même temps deux problèmes de dynamique, le problème que l'on peut appeler *non troublé*, avec la fonction de Hamilton H, dont l'intégrale générale est donnée par les équations (34),

---

23) *W. R. Hamilton* [Philos. Trans. London 124 (1834), p. 244 et suiv.] démontre ce théorème en calculant la variation $\delta\zeta$; voir aussi *C. G. J. Jacobi*, Werke, Supplementband, Berlin 1884, p. 168; Werke 5, Berlin 1890, p. 294; *E. J. Routh*, A treatise on the dynamics of a system of rigid bodies, (6e éd.) 2, Londres 1905; trad. par *A. Schepp*, Die Dynamik der Systeme starrer Körper 2, Leipzig 1898, p. 363; **N. N. Saltykov*, Bull. sc. math. (2) 27 (1903), p. 283.*

24) Pour l'application de cette théorie au problème des isopérimètres, voir *C. G. J. Jacobi*, Werke 5, Berlin 1890, p. 465.

et le problème que l'on peut appeler *troublé*, où la fonction de Hamilton est $H + H_1$. Supposons que l'on résolve les équations (34) par rapport à

$$p_1, p_2, \ldots, p_n, \; q_1, q_2, \ldots, q_n,$$

et que l'on prenne pour nouvelles variables $c_1, c_2, \ldots, c_n$ et $\gamma_1, \gamma_2, \ldots, \gamma_n$; H_1 se change alors en une fonction

$$H_1'(t, c_1, c_2, \ldots, c_n, \gamma_1, \gamma_2, \ldots, \gamma_n)$$

et les équations différentielles du problème troublé

$$\frac{dq_s}{dt} = \frac{\partial(H + H_1)}{\partial p_s}, \quad \frac{dp_s}{dt} = -\frac{\partial(H + H_1)}{\partial q_s}$$

se changent en un nouveau système canonique

$$(35) \qquad \frac{dc_s}{dt} = -\frac{\partial H_1'}{\partial \gamma_s}, \quad \frac{d\gamma_s}{dt} = \frac{\partial H_1'}{\partial c_s} \quad (s = 1, 2, \ldots, n).$$

Ces équations définissent les variations que les quantités

$$c_1, c_2, \ldots, c_n, \; \gamma_1, \gamma_2, \ldots, \gamma_n$$

(qui sont constantes dans le mouvement non troublé) subissent au cours du temps par suite de l'adjonction de la *fonction perturbatrice* H_1. Les quantités $c_1, c_2, \ldots c_n, \gamma_1, \gamma_2, \ldots, \gamma_n$ sont les *éléments canoniques* du mouvement non troublé[25]); on peut prendre par exemple pour éléments canoniques les intégrales principales du système (31) relativement à $t = 0$[26]).

La transformation définie par les formules (34) entre les deux systèmes (p, q) et (c, γ) constitue une *transformation de contact*[27]), et les dérivées partielles des c, γ par rapport aux p, q satisfont à la relation caractéristique d'une telle transformation[28]).

Si l'on considère les p, q comme fonctions des c, γ, il existe des

25) *W. R. Hamilton*, Philos. Trans. London 125 (1835), p. 102 et suiv.; *C. G. J. Jacobi*, Werke, Supplementband, Berlin 1884, p. 249; Werke 5, Berlin 1890, p. 338; sur les autres théories des perturbations (*J. L. Lagrange*, *P. S. Laplace*, *S. D. Poisson*, etc.) voir *A. Cayley* [Report. Brit. Assoc. 27, Dublin 1857, éd. Londres 1858, p. 1/42; Papers 3, Cambridge 1890, p. 156/204.

26) *J. L. Lagrange* [Mécanique analytique, (3e éd.) publ. par *J. Bertrand* 1, Paris 1853, p. 305/16; Œuvres 11, Paris 1888, p. 351/64] avait déjà considéré ces éléments et les équations correspondantes (35).

27) *S. Lie*, Archiv for Math. og Naturvidenskab (Christiania) 2 (1877), p. 129.

28) *W. R. Hamilton* [Philos. Trans. London 125 (1835), p. 313 et suiv.]; *C. G. J. Jacobi*[25]); *W. F. Donkin* [Philos Trans. London 125 (1835), p. 313 et suiv.]; *J. Liouville* [J. math. pures appl. (1) 20 (1855), p. 134]; *E. Bour*, J. Éc. polyt. (1) cah. 39 (1862), p. 157; *E. Schering*, Abh. Ges. Gött. 18 (1873), math. mém. n° 1, p. 3; 19 (1874), math. mém. n° 1, p. 3. Voir aussi n° 9.

relations simples[29]) entre les dérivées des c, γ par rapport aux p, q, et celles des p, q par rapport aux c, γ.

La *substitution canonique*[30]) la plus générale, c'est-à-dire le changement de variables le plus général

$$\bar{q}_i = Q_i(t, q_1, q_2, \ldots, q_n, p_1, p_2, \ldots, p_n), \quad \bar{p}_i = P_i(t, p_1, p_2, \ldots, p_n)$$

qui change tout système canonique (31) en un nouveau système canonique, a été obtenu par *S. Lie*[31]); lorsque P et Q sont indépendants de t, c'est une transformation de contact, donnant lieu à une identité de la forme

$$d\,W(x_1, x_2, \ldots, x_n, p_1, p_2, \ldots, p_n) + \sum P_i\,d\,Q_i = \sum p_i\,dq_i.$$

5. Équations à trois variables. Courbes caractéristiques[32]). Dans le cas d'une équation à trois variables (1), la méthode de la variation des constantes s'interprète géométriquement. Soit

$$\Phi(x, y, z, a, b) = 0$$

une intégrale complète de l'équation (1); la surface intégrale la plus générale V est l'enveloppe des ∞^1 surfaces de la famille

$$\Phi = 0,$$

obtenues en établissant entre les paramètres a, b une relation de forme quelconque[33])

$$b = \varphi(a).$$

Chacune de ces surfaces coupe la surface infiniment voisine suivant

---

29) *C. G. J. Jacobi*, J. reine angew. Math. 30 (1846), p. 117; Werke 4, Berlin 1886, p. 137; 5, Berlin 1890, p. 317.

30) *C. G. J. Jacobi*, Werke 4, Berlin 1886, p. 136; 5, Berlin 1890, p. 369; *E. Schering*, Abh. Ges. Gött. 19 (1874), math. mém. n° 1, p. 3.

31) Archiv for Math. og Naturvidenskab (Christiania) 2 (1877), p. 129/56. Il détermine aussi la transformation la plus générale qui transforme un système canonique *déterminé* en un nouveau système canonique.

32) Pour tout ce qui concerne ce numéro 5, voir *G. Darboux*, Mém. présentés Acad. sc. Paris (2) 27 (1883), p. 1/80.

33) Cette interprétation géométrique de la méthode la variation des constantes a été donnée par *G. Monge*, Feuilles d'analyse appliquée à la géométrie, à l'usage de l'Ecole polytechnique, Paris an III, éd. Paris an IX; les éditions suivantes sont publiées sous le titre: Application de l'analyse à la géométrie, (4ᵉ éd.) Paris 1809, p. 367 et suiv.; (5ᵉ éd.) revue par *J. Liouville*, Paris 1850, p. 421, 432. Voir aussi *P. du Bois-Reymond*, Beiträge zur Interpretation der partiellen Differentialgleichungen mit drei Variabeln, Leipzig 1864, sections 1 et 3; *S. Lie* et *G. Scheffers*, Geometrie der Berührungstransformationen 1, Leipzig 1896, p. 492 et suiv. (chap. 11); *G. Darboux*, Mém. présentés Acad. sc. Paris (2) 27 (1883), p. 20.

une *courbe caractéristique*[34]), et la surface enveloppe V est engendrée par ∞^1 courbes caractéristiques, qui ont à leur tour une enveloppe, *l'arête de rebroussement*[35]) de V. Par chaque point de V il passe une courbe caractéristique et une seule.

Toute équation (1) possède ∞^3 courbes caractéristiques (et seulement ∞^2 si l'équation est linéaire en p et q), qui sont représentées par les relations

$$(36) \qquad \Phi(x, y, z, a, b) = 0, \quad \frac{\partial \Phi}{\partial a} + \frac{\partial \Phi}{\partial b} c = 0,$$

où a, b, c sont trois constantes arbitraires.

La condition nécessaire et suffisante pour que deux caractéristiques infiniment voisines se coupent est exprimée par la relation[36])

$$db - c\,da = 0.$$

Toute famille de ∞^1 courbes caractéristiques, dont chacune coupe la caractéristique infiniment voisine, engendre une surface intégrale; en particulier, toutes les caractéristiques issues d'un point P forment une *surface intégrale à point conique*[37]) P.

Les tangentes à ces ∞^1 courbes caractéristiques au point P sont les génératrices du *cône élémentaire*[38]) de sommet P. Ce cône correspond à une certaine équation de Monge[39])

$$(37) \qquad \varphi(x, y, z, dx, dy, dz) = 0;$$

---

34) Le nom de *caractéristique* a été employé par *G. Monge* [Applic. analyse à géom.[33]), (4e éd.) p. 29; (5e éd.), p. 33].

35) *G. Monge* [Applic. analyse à géom.[33]), (4e éd.) p. 30; (5e éd.), p. 34]; *G. Darboux*, Mém. présentés Acad. sc. Paris (2) 27 (1883), p. 36.

36) Sur la liaison entre cette équation et l'équation de Monge (37), et surtout sur les rapports entre une équation quelconque de Pfaff non intégrable et une équation de Monge, voir *S. Lie*, Ber. Ges. Lpz. 49 (1897), math. p. 407 et suiv. *Pour qu'une famille de courbes dépendant de trois paramètres a_1, a_2, a_3 soit composée des caractéristiques d'une équation aux dérivées partielles (1), il faut et il suffit que la condition qui exprime que deux courbes infiniment voisines de cette famille se rencontrent soit de la forme

$$A_1\,da_1 + A_2\,da_2 + A_3\,da_3 = 0,$$

le premier membre de cette relation n'admettant pas de facteur intégrant.*

37) *P. du Bois-Reymond*, Beiträge zur Interpretation[33]), p. 62; la surface intégrale à point conique a été déjà considérée par *O. Bonnet*, C. R. Acad. sc. Paris 45 (1857), p. 581.

38) *O. Bonnet* [C. R. Acad. sc. Paris 45 (1857), p. 581]; *S. Lie* et *G. Scheffers*, Berührungstransf.[2]) 1, p. 510 (section 3).

39) *G. Monge*, Hist. Acad. sc. Paris 1784, M. p. 502/35; *G. Darboux*, Mém. présentés Acad. sc. Paris (2) 27 (1883), p. 17; *S. Lie* et *G. Scheffers*, Berührungstransf.[2]) 1, p. 249 (chap. 7); *P. du Bois-Reymond*, Beiträge zur Interpretation[33]), p. 22; *S. Lie*, Ber. Ges. Lpz. 49 (1897), math. p. 687.

on peut aussi le définir, en partant de l'équation (1) elle-même, comme l'enveloppe des ∞^1 plans représentés par l'équation

$$(38) \qquad \zeta - z = p(\xi - x) + q(\eta - y)$$

dont les coefficients p et q vérifient la relation (1). Dans le cas particulier d'une équation linéaire, ce cône se réduit à une droite, et dans ce cas seulement.

Les arêtes de rebroussement des surfaces intégrales vérifient l'équation de Monge (37); inversement toute courbe non caractéristique satisfaisant à l'équation (37) est l'arête de rebroussement[40]) d'une surface intégrale, *qui est le lieu des courbes caractéristiques tangentes à cette courbe*.

S. Lie a donné à de pareilles courbes le nom de *courbes intégrales*[41]) de l'équation (1). Si une courbe intégrale est tangente à une surface intégrale de l'équation (1), le contact est au moins du second ordre. En particulier, si les ∞^3 droites d'un complexe sont des courbes intégrales, les courbes caractéristiques situées sur une surface intégrale sont des lignes asymptotiques de cette surface[42]).

Toute surface intégrale V de l'équation (1) peut être définie géométriquement par la propriété suivante: elle est tangente en chacun de ses points au cône élémentaire ayant son sommet en ce point. De même, sur chaque surface intégrale, la génératrice de contact du plan

---

*Les équations de Monge à plus de trois variables

$$f(x_1, x_2, \ldots, x_n, dx_1, dx_2, \ldots, dx_n) = 0,$$

ou les systèmes d'équations de Monge, n'ont pas encore été étudiés d'une façon systématique. Voir à ce sujet, *J. A. Serret*, J. math. pures appl. (1) 13 (1848), p. 353; *G. Darboux*, id. (2) 18 (1873), p. 236; (4) 3 (1887), p. 305; *J. Hadamard*, Ann. Éc. Norm. (3) 18 (1901), p. 337/42; *E. Goursat*, Bull. Soc. math. France 33 (1905), p. 201; *P. Zervos*, C. R. Acad. sc. Paris 140 (1905), p. 1013; 146 (1908), p. 1080; Atti del quarto congresso internazionale dei matematici in Roma 1908, vol. 2, Rome 1909, p. 94; *M. Bottasso*, C. R. Acad. sc. Paris 140 (1905), p. 1579. Pour les systèmes linéaires d'équations de Monge, voir n° **33**.*

40) Il y a aussi ∞^2 surfaces intégrales sans arête de rebroussement apparente [cf. *G. Darboux*, Mém. présentés Acad. sc. Paris (2) 27 (1883), p. 47.

41) Math. Ann. 5 (1872), p. 151; voir *P. du Bois-Reymond*, Beiträge zur Interpretation[33]), chap. 7, 8, 11; *G. Darboux*, Mém. présentés Acad. sc. Paris (2) 27 (1883), p. 36/58; **E. Delassus*, Bull. sc. math. (2) 22 (1898), p. 318.*

42) *S. Lie*, Math. Ann. 5 (1872), p. 154, 189; il considère aussi (p. 192, 196) les équations aux dérivées partielles du premier ordre pour lesquelles les courbes caractéristiques sont des lignes de courbure ou des lignes géodésiques. Voir *S. Lie* et *G. Scheffers*, Berührungstransf.[2]) 1, p. 369, 636 (chap. 9 et 14); *P. du Bois-Reymond*, Beiträge zur Interpretation[33]), p. 127.

tangent à la surface avec le cône élémentaire est tangente à la courbe caractéristique de la surface qui passe par ce point. L'équation (1) peut encore s'interpréter autrement: si l'on fait correspondre au plan P ayant pour équation

$$z = ax + by + c$$

la courbe Γ intersection de ce plan avec la surface

$$f(x, y, z, a, b) = 0,$$

le point de contact de tout plan tangent à une surface intégrale est situé sur la courbe Γ relative à ce plan. En chaque point d'une surface intégrale, la tangente à la caractéristique est conjuguée de la tangente à la courbe Γ du plan tangent en ce point[43]).

Pour plus de symétrie, il convient d'associer à une courbe caractéristique la développable caractéristique circonscrite à une surface intégrale tout le long de cette caractéristique[44]).

Si l'équation (1) n'est pas linéaire, à toute courbe caractéristique est associée une seule développable caractéristique; si l'équation est linéaire, toute courbe caractéristique appartient à ∞^1 développables caractéristiques.

L'ensemble d'une courbe caractéristique et de la développable caractéristique associée dépend de trois paramètres arbitraires; un pareil ensemble est formé par un système de cinq fonctions x, y, z, p, q d'une variable indépendante, défini par les relations

$$\Phi = 0, \quad \frac{\partial V}{\partial a} + \frac{\partial V}{\partial b} c = 0, \quad \frac{\partial \Phi}{\partial x} + \frac{\partial \Phi}{\partial z} p = 0, \quad \frac{\partial \Phi}{\partial y} + \frac{\partial \Phi}{\partial z} q = 0,$$

où $\Phi = 0$ est une intégrale complète. On retrouve aussi les équations différentielles (2) en partant de la propriété géométrique énoncée plus haut des caractéristiques[45]). On arrive encore à ces mêmes équations

---

43) *G. Darboux*, Mém. présentés Acad. sc. Paris (2) 27 (1883), p. 23 et suiv. *G. Monge*, Applic. analyse à géom.[33]), (4e éd.) p. 374; (5e éd.) p. 430.

44) Ce caractère dualistique [cf. *G. Darboux*, Mém. présentés Acad. sc. Paris (2) 27 (1883), p. 27] se présente en particulier quand on emploie comme coordonnées d'un élément les *coordonnées connexes de A. Clebsch*, c'est-à-dire les coordonnées homogènes d'un point (x_1, x_2, x_3, x_4) et d'un plan (u_1, u_2, u_3, u_4) liées par la relation

$$u_1 x_1 + u_2 x_2 + u_3 x_3 + u_4 x_4 = 0$$

et que l'on considère une équation aux dérivées partielles du premier ordre comme la *coïncidence principale* d'un connexe de l'espace; à ce point de vue, il n'y a pas lieu de distinguer les éléments de contact à distance finie ou à l'infini. Voir *A. Clebsch*, Vorles. über Geometrie, publ. par *F. Lindemann*, (1re éd.) 1, Leipzig 1876, p. 924 et suiv.; trad. par *Ad. Benoist* 3, Paris 1883, p. 335 et suiv.

45) *G. Darboux*, Mém. présentés Acad. sc. Paris (2) 27 (1883), p. 26.

en écrivant que le problème de Cauchy est indéterminé pour une courbe caractéristique. Il faut pour cela que les équations

$$\frac{\partial f}{\partial x} + p\frac{\partial f}{\partial z} + r\frac{\partial f}{\partial p} + s\frac{\partial f}{\partial q} = 0, \quad \frac{\partial f}{\partial y} + q\frac{\partial f}{\partial z} + s\frac{\partial f}{\partial p} + t\frac{\partial f}{\partial q} = 0,$$
$$dp = r\,dx + s\,dy, \qquad dq = s\,dx + t\,dy$$

ne déterminent pas r, s, t; ce qui conduit bien[46]) aux équations (2).

Les notions de courbe caractéristique, cône élémentaire, surface intégrale à point conique s'étendent aux équations à n variables [nº 7].

6. Intégrales singulières. L'expression (10) s'annule aussi si l'on a à la fois

$$\frac{\partial \Phi}{\partial a_1} = 0, \quad \frac{\partial \Phi}{\partial a_2} = 0, \quad \ldots, \quad \frac{\partial \Phi}{\partial a_n} = 0. \tag{39}$$

Choisissons arbitrairement une famille de surfaces à n paramètres et soit (3) l'équation aux dérivées partielles correspondante, obtenue en éliminant les paramètres a_i entre les relations

$$z = \Phi, \quad p_1 = \frac{\partial \Phi}{\partial x_1}, \quad p_2 = \frac{\partial \Phi}{\partial x_2}, \quad \ldots, \quad p_n = \frac{\partial \Phi}{\partial x_n}.$$

L'enveloppe W de cette famille de surfaces (8), que l'on obtient en éliminant les paramètres a_i entre les équations (39) et $z = \Phi$, satisfait aussi aux équations aux dérivées partielles

$$\frac{\partial F}{\partial p_i} = 0, \tag{40_1}$$

$$\frac{\partial F}{\partial x_i} + p_i\frac{\partial F}{\partial z} = 0, \quad (i = 1, 2, \ldots, n); \tag{40_2}$$

c'est une intégrale singulière[47]) [II 21, 5] de l'équation (3). Cette surface W n'est pas engendrée par des courbes caractéristiques[48]); elle est touchée en chacun de ses points P par ∞^{n-1} courbes caractéristiques, qui forment une surface de la famille (8) tangente à W au point P. La surface intégrale obtenue par l'élimination des paramètres a_i et λ_k entre les équations (8), (11) et (12) est tangente à W tout le long d'une multiplicité ponctuelle à $n - r$ dimensions, qui détermine complètement cette intégrale[49]).

46) *E. Goursat,* Acta math. 19 (1895), p. 285.

47) *J. L. Lagrange,* Nouv. Mém. Acad. Berlin 5 (1774), éd. 1776, p. 197; Œuvres 4, Paris 1869, p. 5. Voir aussi *G. Darboux,* Mém. présentés Acad. sc. Paris (2) 27 (1883), p. 5 et suiv.; *F. Casorati,* Reale Ist. Lombardo *Rendic.* (2) 9 (1876), p. 522.

48) *S. Lie* [Math. Ann. 9 (1876), p. 264] a montré qu'il ne peut y avoir qu'une intégrale de cette espèce.

49) Voir *H. Weber,* J. reine angew. Math. 66 (1866), p. 227.

Une équation du premier ordre (3) donnée *arbitrairement* ne possède pas d'intégrale singulière[50]); l'élimination de $p_1, p_2, \ldots, p_n$ entre les équations (3) et (40_1), d'une part, et entre les équations (3) et (40_2) d'autre part, conduit en général à deux surfaces différentes, qui sont respectivement le lieu des singularités ponctuelles et le lieu des singularités tangentielles des ∞^n surfaces (8), la première de ces surfaces étant un lieu de points de rebroussement pour les courbes caractéristiques[51]). Si ces deux surfaces se confondent en une seule W, celle-ci est une intégrale singulière[52]) de l'équation (3), pourvu qu'elle ne vérifie pas l'équation $\frac{\partial F}{\partial z} = 0$; elle est l'enveloppe des ∞^n surfaces formant une intégrale complète, qui peuvent d'ailleurs avoir des singularités aux points où elles sont tangentes à W. Il peut y avoir une infinité d'intégrales singulières[53]) vérifiant la relation $\frac{\partial F}{\partial z} = 0$. Dans tous les cas, la question de l'existence des intégrales singulières se ramène à la recherche des intégrales communes aux équations (3) et (40) [cf. n° **11**].

7. Bandes caractéristiques. Représentation et classification des équations aux dérivées partielles du premier ordre. Appelons avec *S. Lie* [II 21, 9] *élément de contact* tout système de valeurs des $2n+1$ variables $z, x_1, x_2, \ldots, x_n, p_1, p_2, \ldots, p_n$ et intégrale M_n de l'équation (3) tout système de ∞^n éléments satisfaisant à cette équation et à la relation de Pfaff

$$dz - p_1 dx_1 - p_2 dx_2 - \cdots - p_n dx_n = 0.$$

Toute intégrale de l'équation (3) est définie par un système de $n+1$ relations distinctes entre les variables $z, x_1, x_2, \ldots, x_n, p_1, p_2, \ldots, p_n$, comprenant l'équation (3), et entraînant la relation de Pfaff entre les différentielles $dx_1, dx_2, \ldots, dx_n, dz$. Un élément de contact est dit *singulier*, s'il satisfait à toutes les relations (40), *non singulier* dans le cas contraire. Cela posé, la méthode de *A. L. Cauchy* [n° 2] peut être présentée sous la forme plus générale suivante[54]):

Les ∞^{2n} éléments de contact non singuliers de l'équation (3) peuvent être associés de façon à former ∞^{2n-1} *bandes caractéristiques*

---

50) *G. Darboux,* Mém. présentés Acad. sc. Paris (2) 27 (1883), p. 113.

51) *G. Darboux,* id. p. 146, 172.

52) *H. Weber*, J. reine angew. Math. 66 (1866), p. 216; *G. Darboux*, Mém. présentés Acad. sc. Paris (2) 27 (1883), p. 177, 185.

53) *G. Darboux,* id. p. 193.

54) Cette généralisation a été développée, dès 1871, par *S. Lie* [cf. *S. Lie* et *F. Engel,* Theorie der Transformationsgruppen 2, Leipzig 1890, p. 77 (section 1); voir aussi *S. Lie* et *G. Scheffers*, Berührungstransf.[2]) 1, p. 521 (chap. 12); pour l'historique, cf. p. 518, 564].

du premier ordre, ou plus simplement *caractéristiques*; le long d'une caractéristique, z, x_1, x_2, ..., x_n, p_1, p_2, ..., p_n sont des fonctions d'une seule variable qui satisfont aux équations différentielles (7), et par conséquent les caractéristiques sont représentées aussi par les équations (15). Par chaque élément de contact non singulier de coordonnées z^0, x_1^0, x_2^0, ..., x_n^0, p_1^0, p_2^0, ..., p_n^0 passe une caractéristique et une seule. La multiplicité ponctuelle qui sert de support à une caractéristique est une *courbe caractéristique*. Si une intégrale M_n contient un élément de contact non singulier E, elle contient aussi tous les éléments de la caractéristique issue de E. Toute intégrale non singulière M_n est donc engendrée par ∞^{n-1} bandes caractéristiques; autrement dit, ses $n+1$ équations de définition admettent la transformation infinitésimale

$$(41) \qquad [Ff] = \sum_{h=1}^{h=n} \frac{\partial F}{\partial p_h}\left(\frac{\partial f}{\partial x_h} + p_h \frac{\partial f}{\partial z}\right) - \left(\frac{\partial F}{\partial x_h} + p_h \frac{\partial F}{\partial z}\right)\frac{\partial f}{\partial p_h}$$

[cf. II 21, **26**], ou, ce qui revient au même, la transformation de contact infinitésimale[55a])

$$[Ff] - F\frac{\partial f}{\partial z}.$$

Si deux éléments infiniment voisins E, E' sont *unis*, la relation (17) prouve que les éléments infiniment voisins des deux caractéristiques issues de ces éléments E, E' sont unis tout le long de ces caractéristiques. Les $\infty^{\nu-1}$ caractéristiques issues des éléments d'une intégrale $M_{\nu-1}$ forment aussi une intégrale M_ν de l'équation (3), que l'on appelle, pour $\nu < m$, *caractéristique à* ν *dimensions* ou *caractéristique* M_ν.

Le problème de l'intégration de l'équation (3) est résolu si l'on connaît les caractéristiques ou, ce qui revient au même, les équations finies du groupe de transformations de contact à un paramètre

$$[Ff] - F\frac{\partial f}{\partial z}.$$

L'intégrale générale M_n s'obtient en prenant le lieu des ∞^{n-1} caractéristiques issues des éléments d'une intégrale non singulière et non caractéristique M_{n-1}, ou en appliquant à cette multiplicité M_{n-1} les ∞^1 tranformations du groupe précédent. Une intégrale M_n est complètement déterminée par une intégrale M_{n-1} non singulière et non caractéristique; il y a au contraire ∞^∞ intégrales M_n renfermant une caractéristique M_{n-1}[55]).

55a) Voir à ce sujet l'article du tome III de l'Encyclopédie sur les transformations de contact.

55) *J. Beudon*, Bull. Soc. math. France 26 (1898), p. 77.*

Les relations (3) et (22) représentent la caractéristique qui passe par l'élément z^0, x_i^0, p_k^0; si l'on connaît une intégrale complète $z=\Phi$, les ∞^{2n-1} caractéristiques sont représentées[56]) par les équations (13).

Tout système de $n+1$ équations de la forme

$$(42)\qquad p_n+\psi=0,\qquad \Xi_i(z, x_1, \ldots, x_n, p_1, \ldots, p_{n-1})=c_i \quad (i=1, 2, \ldots, n),$$

qui définit, quelles que soient les valeurs des constantes $c_1, c_2, \ldots, c_n$, une multiplicité d'éléments M_n, est considéré comme définissant une *intégrale complète* [II 21, 9]. Pour que les équations (42) définissent une intégrale complète, il faut et il suffit que l'on puisse adjoindre aux fonctions $\Xi_1, \Xi_2, \ldots, \Xi_n$ des fonctions $\Pi_1, \Pi_2, \ldots, \Pi_{n-1}$ telles que l'équation de Pfaff (5) prenne la forme

$$(43)\qquad d\Xi_n-\Pi_1 d\Xi_1-\Pi_2 d\Xi_2-\cdots-\Pi_{n-1}d\Xi_{n-1}=0.$$

Quand on connaît $\Xi_1, \Xi_2, \ldots, \Xi_n$ on détermine les fonctions $\Pi_1, \Pi_2, \ldots, \Pi_{n-1}$ par des équations linéaires, et les ∞^{2n-1} caractéristiques sont représentées par les relations

$$p_n+\psi=0,\quad \Xi_i=c_i,\quad \Pi_k=\gamma_k\qquad (i=1, 2, \ldots, n;\ k=1, 2, \ldots, n-1).$$

D'après ce qu'on a vu au n° **3**, de toute intégrale complète, quelle qu'en soit la forme, on peut déduire une intégrale complète de la forme (8) par des éliminations.

On obtient encore l'intégrale générale M_n de l'équation (3) en résolvant l'équation de Pfaff (43) au moyen de n relations entre les fonctions Ξ et Π; la méthode de la variation des constantes de *J. L. Lagrange* n'est qu'un cas particulier de cette méthode.

L'intégrale complète trouvée au n° **4** représentée par les équations

$$Z=z^0,\quad X_1=x_1^0,\quad \ldots,\quad X_{n-1}=x_{n-1}^0$$

est analogue à l'intégrale complète formée des intégrales à point conique dans le cas de trois variables. Chacune de ces intégrales M_n est formée par l'ensemble des caractéristiques issues des éléments qui renferment un même point du plan $x_n=x_n^0$. Cette intégrale ne forme pas nécessairement une surface; elle peut se composer d'une multiplicité M_n^ϱ (où $\varrho<n$) d'éléments [II 21, 9]; c'est ce qui a lieu, par exemple, pour une équation du type γ, ou pour une équation linéaire par rapport aux p; dans ce dernier cas (et dans ce cas seulement) les ∞^{n+1} intégrales à point conique se réduisent à ∞^n seulement, qui se composent

---

56) La solution du problème de Cauchy [n° **2**], quand on connaît une intégrale complète, a été donnée par *A. Mayer* [Math. Ann. **3** (1871), p. 452].

de multiplicités M_n^1 d'éléments, ayant pour support les ∞^n courbes caractéristiques [II 21, **11**].

Chaque façon de ramener l'équation de Pfaff (5) à la forme (43) fournit *une représentation de l'équation* (3) dans l'espace R_n à n dimensions[57]); on considère pour cela les $2n-1$ quantités $\Xi_1, \Xi_2, \ldots, \Xi_n$, $\Pi_1, \Pi_2, \ldots, \Pi_{n-1}$ comme les coordonnées d'un élément dans cet espace R_n, $\Xi_1, \Xi_2, \ldots, \Xi_n$ étant les coordonnées ponctuelles. A chaque élément de contact et à chaque multiplicité $M_{\nu-1}$ de l'espace R_n correspondent respectivement une caractéristique et une intégrale M_ν de l'équation (3), et inversement. En particulier, on peut considérer les fonctions Z, X_1, $X_2, \ldots, X_n, P_1, P_2, \ldots, P_{n-1}$ du n° **3** comme les coordonnées d'un élément de l'espace $R_n(Z, X_1, \ldots, X_{n-1})$, auquel se réduit l'espace $R_{n+1}(z, x_1, \ldots, x_n)$ pour $x_n = x_n^0$. A chaque caractéristique de (3) correspond, dans l'espace R_n, l'élément qu'elle y découpe et à chaque intégrale M_ν la multiplicité $M_{\nu-1}$ qu'elle possède dans R_n[58]).

Le passage d'une intégrale complète déterminée (42) à une autre intégrale complète[59]), c'est-à-dire d'une représentation déterminée de l'équation (3) à une autre[60]), s'effectue au moyen d'une transformation de contact arbitraire sur les $2n-1$ variables $\Xi_1, \Xi_2, \ldots, \Xi_n, \Pi_1, \Pi_2$, $\ldots, \Pi_{n-1}$[61]).

D'après *S. Lie*, les équations aux dérivées partielles du premier ordre peuvent être classées de la manière suivante, d'après leurs intégrales complètes[62]). Une équation du premier ordre appartient à la $\nu^{\text{ième}}$ classe lorsqu'elle possède une intégrale complète composée de multiplicités $M_n^{n-\nu+1}$, et qu'elle n'admet pas d'intégrale complète formée de multiplicités $M_n^{n-\mu+1}$, où $\mu > \nu$. Un cas spécial est formé par les équations

---

57) *S. Lie* et *G. Scheffers*, Berührungstransf.[2]) 1, p. 535; *A. V. Bäcklund*, Math. Ann. 9 (1876), p. 313. *Cette représentation a été utilisée par *V. (W.) de Tannenberg* [Ann. Fac. sc. Toulouse (1) 5 (1891), mém. n° 15] pour la recherche des équations (1) à deux variables indépendantes qui admettent un groupe fini de transformations ponctuelles.*

58) *S. Lie* et *G. Scheffers*, Berührungstransf.[2]) 1, p. 544.

59) *C. G. J. Jacobi*, Werke 5, Berlin 1890, p. 420/31; *H. Weber*, J. reine angew. Math. 66 (1866), p. 201. Voir aussi *C. G. J. Jacobi* [Werke 5, Berlin 1890, p. 369/77] qui d'un système canonique donné d'éléments d'un problème de dynamique déduit le système analogue le plus général [n° **4**].

60) *S. Lie* et *G. Scheffers*, Berührungstransf.[2]) 1, p. 548.

61) Sur l'application de ces transformations aux intégrales singulières, voir *H. Weber*, J. reine angew. Math. 66 (1866), p. 231; *G. Darboux*, Mém. présentés Acad. sc. Paris (2) 27 (1883), p. 102/8.

62) Nachr. Ges. Gött. 1872, p. 473; *Ber. Ges. Lpz. 50 (1898), math. p. 113/80; *F. Engel*, Ber. Ges. Lpz. 57 (1905), math. p. 161.*

dont toutes les intégrales à point conique sont des multiplicités[63]) $M_n^{n-\nu+1}$; dans ce cas (et dans celui-là seulement) chaque courbe caractéristique appartient à $\infty^{\nu-1}$ bandes caractéristiques. Le nombre ν est un invariant relativement à toute transformation ponctuelle (prolongée) de l'espace

$$R_{n+1}(z, x_1, \ldots, x_n).$$

La $n^{\text{ième}}$ classe se compose des équations linéaires par rapport aux p, la $(n+1)^{\text{ième}}$ classe des équations

$$F(z, x_1, x_2, \ldots, x_n) = 0,$$

dont on obtient les intégrales M_n sans aucune intégration. Les équations de la $2^{\text{ième}}$, $3^{\text{ième}}$, ..., $(n-1)^{\text{ième}}$ classe sont appelées *semi-linéaires*[64]); les équations homogènes par rapport aux p sont en général de la deuxième classe.

8. Application du principe des ondes. $_*$*E. Vessiot*[64a]) a montré que la propagation d'un ébranlement dans un milieu élastique, conformément au principe des ondes enveloppes, fournit une autre image de l'intégration de l'équation (3).

Considérons $x_1, x_2, \ldots, x_n$ comme les coordonnées d'un point (x) dans l'espace à n dimensions et z comme la variable *temps*. Au point (x) associons, à chaque instant z, la *surface d'onde* enveloppée par les ∞^{n-1} plans représentés par l'équation

$$p_1(\xi_1 - x_1) + p_2(\xi_2 - x_2) + \cdots + p_n(\xi_n - x_n) - 1 = 0,$$

lorsque $p_1, p_2, \ldots, p_n$ varient en satisfaisant à l'équation (3). Puis appelons *onde élémentaire*, issue de (x) à l'instant z, l'homothétique de cette surface d'onde, construite avec (x) pour pôle, et dz pour rapport d'homothétie. Une multiplicité M_{n-1} telle que tous les points de son support se trouvent ébranlés à un même instant z s'appelle une *onde*; on admet qu'à l'instant ultérieur infiniment voisin $z + dz$, cette onde se sera modifiée de manière à ne différer de l'enveloppe des ondes élémentaires issues, à l'instant z, des divers points de son support

63) *S. Lie,* Ber. Ges. Lpz. 47 (1895), math. p. 85.

64) *A. V. Bäcklund* [Math. Ann. 17 (1880), p. 285] a étudié le cas où $m = 3$, $\nu = 2$, celui où $m = 4$, $\nu = 2$ et celui où $m = 4$, $\nu = 3$. $_*$Voir aussi *N. N. Saltykov,* C. R. Acad. sc. Paris 137 (1903), p. 309, 376, 403; Atti del quarto congresso internazionale dei matematici in Roma 1908, vol. 2, Rome 1909, p. 77. Dans ce dernier mémoire, *N. N. Saltykov* donne la forme générale des équations admettant une intégrale complète de Lie de classe q.*

64a) Ann. Éc. Norm. (3) 26 (1909), p. 405.

que par des infiniment petits d'ordre supérieur au premier. Alors tout système

$$z = f(x_1, x_2, \ldots, x_n), \quad p_i = \frac{\partial f(x_1, x_2, \ldots, x_n)}{\partial x_i} \qquad (i = 1, 2, \ldots, n),$$

qui représente les états successifs d'une même onde, définit une intégrale de l'équation (3) et réciproquement.

Une intégrale est déterminée quand on se donne l'onde initiale que les équations précédentes définissent pour $z = z_0$, et cette onde initiale peut être choisie arbitrairement. Les éléments de contact d'une onde quelconque, à l'instant z, se déduisent des éléments de contact de l'onde initiale par les formules

$$\begin{aligned} x_i &= \xi_i(x_1^0, x_2^0, \ldots, x_n^0, p_1^0, p_2^0, \ldots, p_n^0; z, z_0) \\ p_i &= \varpi_i(x_1^0, x_2^0, \ldots, x_n^0, p_1^0, p_2^0, \ldots, p_n^0; z, z_0) \end{aligned} \qquad (i = 1, 2, \ldots, n)$$

qui représentent la solution du système différentiel (7) se réduisant pour $z = z_0$ aux valeurs initiales x_i^0, p_i^0. On impose ici aux coordonnées $x_1, x_2, \ldots, x_n; p_1, p_2, \ldots, p_n$ de l'élément de contact formé du point (x) et du plan d'équation

$$p_1(\xi_1 - x_1) + p_2(\xi_2 - x_2) + \cdots + p_n(\xi_n - x_n) = 0$$

la condition de satisfaire, à chaque instant z, à l'équation (3). Les équations précédentes définissent ainsi une famille de transformations de contact qui réalisent le mode de propagation considéré. Si deux ondes ont un élément de contact commun, à un instant quelconque z_0, elles ont en commun, à tout autre instant z, l'élément de contact fourni par la transformation correspondante, et ce nouvel élément de contact ne dépend que du premier et des instants z_0 et z, mais non des deux ondes considérées. Ce résultat constitue la forme générale du principe des ondes enveloppes: il contient implicitement la théorie des intégrales complètes [n° **1**] et le théorème d'Hamilton-Jacobi [fin du n° **3**].

Une courbe caractéristique [n° **5**] a ici pour image le mouvement de propagation de l'ébranlement issu d'un point, à un instant donné, cet ébranlement étant limité à un quelconque des éléments de contact de ce plan. Une bande caractéristique donne de plus, à chaque instant, au point correspondant de la trajectoire de l'ébranlement considéré, l'élément de contact suivant lequel l'ébranlement initial est transmis.

Dans le cas où z ne figure pas dans l'équation (3), le régime de la propagation est *stationnaire,* et les transformations de contact qui la définissent forment un groupe à un paramètre. On obtient ainsi une image de tout groupe à un paramètre, de transformations de contact[64b]).*

9. Coordonnées homogènes. Dans le cas d'une équation du type (γ),

$$(44)\quad F\left(x_1, x_2, \ldots, x_n, \frac{p_2}{p_1}, \frac{p_3}{p_1}, \ldots, \frac{p_n}{p_1}\right) = 0, \quad \text{où} \quad p_n + \psi = 0,$$

on peut considérer $x_1, x_2, \ldots, x_n, p_1, p_2, \ldots, p_n$ comme les coordonnées homogènes d'un élément[65]) de l'espace $(x_1, x_2, \ldots, x_n)$. Un élément de contact est alors l'ensemble d'un point $(x_1, x_2, \ldots, x_n)$ et d'un plan passant par ce point

$$p_1(\xi_1 - x_1) + p_2(\xi_2 - x_2) + \cdots + p_n(\xi_n - x_n) = 0.$$

Deux éléments infiniment voisins sont *unis* lorsqu'ils vérifient l'équation

$$(45)\quad p_1 dx_1 + p_2 dx_2 + \cdots + p_n dx_n = 0,$$

et une multiplicité d'éléments M_ν est définie par un système de $2n - \nu - 1$ relations entre $x_1, x_2, \ldots, x_n, p_1, p_2, \ldots, p_n$, homogènes par rapport à $p_1, p_2, \ldots, p_n$ et entraînant la relation (45).

Intégrer l'équation (44) revient à déterminer toutes les multiplicités M_{n-1} pour lesquelles la relation (45) fait partie des équations de définition.

Toute intégrale complète

$$(46)\quad p_n + \psi = 0, \quad \Xi_i\left(x_1, x_2, \ldots, x_n, \frac{p_2}{p_1}, \frac{p_3}{p_1}, \ldots, \frac{p_n}{p_1}\right) = c_i$$

$$(i = 1, 2, \ldots, n - 1)$$

fournit une forme normale

$$\Pi_1 d\Xi_1 + \Pi_2 d\Xi_2 + \cdots + \Pi_{n-1} d\Xi_{n-1}$$

de l'expression de Pfaff ∇_1 du n° **3**, et réciproquement.

Les ∞^{2n-3} *caractéristiques* sont représentées par les relations

$$\Xi_1 = c_1, \quad \Xi_2 = c_2, \quad \ldots, \quad \Xi_{n-1} = c_{n-1};$$

$$\Pi_1 : \Pi_2 : \cdots : \Pi_{n-1} = \gamma_1 : \gamma_2 : \cdots : \gamma_{n-1};$$

les intégrales sont engendrées par des caractéristiques comme dans le cas général.

Le passage d'une intégrale complète à une autre s'effectue au moyen d'une *transformation de contact homogène* en Π, Ξ. Une intégrale complète (46), jointe à la relation $z = c$, fournit une intégrale complète au sens primitif. Si

$$z = a_{n-1} V(x_1, x_2, \ldots, x_n, a_1, a_2, \ldots, a_{n-2}) + a_n$$

64b) *E. Vessiot*, Bull. Soc. math. France 34 (1906), p. 230.*

65) *S. Lie* et *F. Engel*, Theorie der Transformationsgruppen 2, Leipzig 1890, p. 108.

est une intégrale complète au sens du n° **1**,

$$V(x_1, x_2, \ldots, x_n, a_1, a_2, \ldots, a_{n-2}) = a_{n-1}$$

est une intégrale complète au sens actuel, composée de ∞^{n-1} surfaces de l'espace R_{n-1}, et inversement.

Les équations du type (α) et du type (β) se réduisent au type considéré ici par la substitution

$$z = x_{n+1},\ p_1 = -\frac{q_1}{q_{n+1}},\ \ldots,\ p_n = -\frac{q_n}{q_{n+1}},$$

et cette transformation permet de tenir compte d'intégrales de l'équation (3) dont le support ponctuel est déterminé par des relations entre les variables $x_1, x_2, \ldots, x_n$ seulement. Les équations de définition, écrites avec les variables $x_1, x_2, \ldots, x_n, q_1, q_2, \ldots, q_n$, contiennent alors la relation $q_{n+1} = 0$. *Tel serait un cylindre ayant ses génératrices parallèles à Oz pour l'équation (1).*

10. Seconde méthode de Jacobi[66]. Cette méthode repose sur la proposition suivante: si les n fonctions $X_1, X_2, \ldots, X_n$ des variables $x_1, x_2, \ldots, x_n, p_1, p_2, \ldots, p_n$ vérifient identiquement les relations[67])

$$(47) \qquad (X_i, X_k) = 0, \quad (i, k = 1, 2, \ldots, n),$$

les valeurs des fonctions $p_1, p_2, \ldots, p_n$ des variables $x_1, x_2, \ldots, x_n$, déduites des équations

$$X_1 = a_1,\ X_2 = a_2,\ \ldots,\ X_n = a_n,$$

transforment l'expression

$$p_1 dx_1 + p_2 dx_2 + \cdots + p_n dx_n$$

en une différentielle exacte

$$dV(x_1, x_2, \ldots, x_n, a_1, a_2, \ldots, a_n)$$

---

66) Cette méthode était déjà connue de *C. G. J. Jacobi* en 1836: voir sa lettre à *J. F. Encke* [J. reine angew. Math. 17 (1837), p. 68/82; Werke 4, Berlin 1886, p. 41/55]; cf. Vorlesungen über Dynamik, réd. par *A. Clebsch*, Berlin 1866, leçons 30 à 34; Werke, Supplementband (publ. par *E. Lottner*), Berlin 1884, p. 237; J. reine angew. Math. 60 (1862), p. 1; Werke 5, Berlin 1890, p. 1; pour $n = 3$, voir Werke 5, Berlin 1890, p. 439. Elle a été retrouvée ensuite par *W. F. Donkin* [Philos. Trans. London 144 (1854), p. 71; 145 (1855), p. 299], *J. Liouville* [J. math. pures appl. (1) 20 (1855), p. 137] et *E. Bour* [id. p. 185; Mém. présentés Acad. sc. Paris (2) 14 (1856), p. 792; J. Éc. polyt. (1) cah. 39 (1862), p. 149]. Voir *Ph. Gilbert* [Ann. Soc. scient. Bruxelles 5² (1880/1), p. 1], *G. Boole* [Philos. Trans. London 153 (1863), p. 485], *J. Collet* [Ann. Éc. Norm. (1) 7 (1870), p. 7; (2) 5 (1876), p. 49], *H. Laurent*, J. math. pures appl. (3) 5 (1879), p. 249.

67) Les symboles $(\varphi\psi)$ et $[\varphi\psi]$ ont toujours la même signification qu'au n° **24** de l'article II 21.

et

$$z = V + a$$

est une intégrale complète de l'équation

$$(48) \qquad X_1(x_1, x_2, \ldots, x_n, p_1, p_2, \ldots, p_n) = a_1,$$

avec les n constantes arbitraires $a, a_2, \ldots, a_n$. La fonction X_1 étant donnée, le problème de l'intégration revient à lui adjoindre $n-1$ autres fonctions $X_2, \ldots, X_{n-1}$, telles que les relations (47) soient identiquement vérifiées, et que l'on puisse résoudre les n équations

$$X_1 = a_1, \; X_2 = a_2, \; \ldots, \; X_n = a_n$$

par rapport à $p_1, p_2, \ldots, p_n$. Supposons que l'on ait μ fonctions ($\mu < n$) $X_1, X_2, \ldots, X_\mu$, vérifiant les conditions (47) et indépendantes par rapport aux p_i, et soient

$$p_1 = h_1, \; p_2 = h_2, \; \ldots, \; p_\mu = h_\mu$$

les expressions obtenues en résolvant les μ équations

$$(49) \quad X_i(x_1, x_2, \ldots, x_n, p_1, p_2, \ldots, p_n) = a_i \quad (i = 1, 2, \ldots, \mu)$$

par rapport à $p_1, p_2, \ldots, p_\mu$ [68]. On a aussi

$$(p_i - h_i, p_k - h_k) = 0, \qquad (i = 1, 2, \ldots, \mu; \; k = 1, 2, \ldots, \mu)$$

et le système jacobien de μ équations

$$(p_i - h_i, f) = 0 \qquad (i = 1, 2, \ldots, \mu)$$

est identique au système (73) [II 21, **24**]; il possède $2n - 2\mu$ intégrales indépendantes de $p_1, p_2, \ldots, p_\mu$, qui satisfont par conséquent au système jacobien

$$(50) \qquad \frac{\partial f}{\partial x_i} + \sum_{k=\mu+1}^{k=n} \left(\frac{\partial h_i}{\partial x_k}\frac{\partial f}{\partial p_k} - \frac{\partial h_i}{\partial p_k}\frac{\partial f}{\partial x_k} \right) = 0 \quad (i = 1, 2, \ldots, \mu).$$

Dans l'une quelconque d'entre elles renfermant $p_{\mu+1}$,

$$\varphi(x_1, x_2, \ldots, x_n, p_{\mu+1}, \ldots, p_n, a_1, a_2, \ldots, a_\mu),$$

remplaçons a_i par X_i, nous obtenons une nouvelle fonction [69] $X_{\mu+1}$. En continuant ainsi on détermine n fonctions $X_1, X_2, \ldots, X_n$, donnant

68) *A. Mayer* a donné le nom de *système jacobien* à tout système de cette espèce.

69) Voir l'exposition de *(Gy.) J. König* [Math. Ann. 23 (1884), p. 504] où le système (50) est remplacé par le système adjoint d'équations aux différentielles totales [II 21, **14**]. *C. G. J. Jacobi* emploie la méthode du n° **15** de l'article II 21 pour déterminer une intégrale particulière des systèmes successifs (50). D'autres méthodes ont été données par *A. Weiler* [Z. Math. Phys. 8 (1863), p. 264; 20 (1875), p. 271; 39 (1894), p. 355] et *A. Clebsch* [J. reine angew. Math. 65 (1866), p. 263].

lieu à une identité de la forme

$$(51)\quad d\Omega(x_1, x_2, \ldots, x_n, p_1, p_2, \ldots, p_n) + \sum_{i=1}^{i=n} P_i\, dX_i = \sum_{i=1}^{i=n} p_i\, dx_i,$$

dans laquelle la fonction Ω se déduira de la fonction V définie tout à l'heure, en y remplaçant a_i par X_i pour $i = 1, 2, \ldots, n$.

L'intégration d'un système canonique (31), ou ce qui revient au même d'après le nº 4 l'intégration de l'équation aux dérivées partielles de *W. R. Hamilton* (32) d'un problème de Dynamique, exige les opérations $2n, 2n-2, \ldots, 4, 2$ et une quadrature; on obtient directement par cette méthode un système canonique d'éléments [nº 4]. Si l'énergie cinétique T et la fonction des forces U, et par suite la fonction de Hamilton H, sont indépendantes de t, l'intégration de l'équation (32) se ramène à celle de l'équation[70])

$$H(q_1, q_2, \ldots, q_n, p_1, p_2, \ldots, p_n) = h,$$

où

$$p_1 = \frac{\partial z}{\partial q_1}, \quad p_2 = \frac{\partial z}{\partial q_2}, \quad \ldots, \quad p_n = \frac{\partial z}{\partial q_n},$$

h étant une constante arbitraire. De toute intégrale complète

$$z = \Psi(q_1, q_2, \ldots, q_n, c_1, c_2, \ldots, c_{n-1}, h) + c$$

de cette dernière équation on déduit immédiatement une intégrale complète

$$z = \Psi - ht + c$$

de l'équation (32); on aura donc à effectuer les opérations $2n-2$, $2n-4, \ldots, 2$ et une quadrature.

Pour intégrer l'équation aux dérivées partielles

$$(52)\qquad X_1(z, x_1, x_2, \ldots, x_n, p_1, p_2, \ldots, p_n) = a_1$$

où figure z, on a de même à déterminer n fonctions $X_2, \ldots, X_n, Z$ des variables $z, x_1, x_2, \ldots, x_n, p_1, p_2, \ldots, p_n$, vérifiant identiquement les relations

$$[ZX_i] = 0, \quad [X_i X_k] = 0,$$

et telles que les relations[71])

$$(53)\qquad X_1 = a_1, \quad X_2 = a_2, \quad \ldots, \quad X_n = a_n, \quad Z = a_{n+1}$$

puissent être résolues par rapport à $p_1, p_2, \ldots, p_n, z$. L'expression obtenue pour z est alors une intégrale complète de l'équation (52). On peut diriger les calculs de façon que les n premières équations (53)

70) *C. G. J. Jacobi*, Vorlesungen über Dynamik, réd. par *A. Clebsch*, Berlin 1866, leçon 21; Werke, Supplementband, publ. par *E. Lottner*, Berlin 1884, p. 163.

71) Voir *V. G. Imšeneckij* (*Imschenetsky*), Archiv Math. Phys. (1) 50 (1869), p. 304.

soient résolubles par rapport à $p_1, p_2, \ldots, p_n$; en portant les valeurs ainsi obtenues dans l'équation de Pfaff

$$dz = p_1 dx_1 + p_2 dx_2 + \cdots + p_n dx_n$$

on obtient une équation complètement intégrable, dont l'intégration fournit une intégrale complète. Pour $n = 2$, on retrouve la méthode de *J. L. Lagrange* [n° **1**].

11. Généralisation, d'après Lie, de la seconde méthode de Jacobi[72]**.** En adoptant la définition généralisée de *S. Lie* pour l'intégrale complète, on peut appliquer la seconde méthode de *C. G. J. Jacobi* sans qu'il soit nécessaire de supposer les équations (53) résolubles par rapport à $z, p_1, p_2, \ldots, p_n$; il suffit qu'elles soient distinctes pour que ces équations définissent une intégrale complète au sens de *S. Lie*. La méthode exige, comme au n° **10**, les opérations $2n-1$, $2n-3$, $\ldots, 3, 1$. Dans le cas de l'équation (48), la détermination des fonctions qui figurent dans l'identité (51) exige encore les opérations $2n-2$, $2n-4, \ldots, 2$, et une quadrature. Si X_1 est une fonction homogène de $p_1, p_2, \ldots, p_n$ de degré zéro, on peut supposer que $X_2, \ldots, X_n$ vérifient la même condition; on les obtient par les opérations $2n-3$, $2n-5, \ldots, 1$; elles vérifient une identité de la forme

$$(54) \qquad P_1 dX_1 + P_2 dX_2 + \cdots + P_n dX_n = p_1 dx_1 + p_2 dx_2 + \cdots + p_n dx_n,$$

et les équations

$$(55) \qquad X_1 = a_1, \; X_2 = a_2, \; \ldots, \; X_n = a_n$$

définissent une intégrale complète au sens du n° **8**.

L'expression (X_1, f), où X_1 est une fonction quelconque des $2n$ variables $x_1, x_2, \ldots, x_n, p_1, p_2, \ldots, p_n$, représente la transformation infinitésimale la plus générale du groupe infini des transformations de contact en (x, p); *S. Lie* conclut de là qu'il est impossible d'obtenir une plus grande simplification pour le problème de l'intégration[73].

12. Systèmes en involution. Toute intégrale M_n commune à plusieurs équations

$$(56) \qquad F_i(z, x_1, x_2, \ldots, x_n, p_1, p_2, \ldots, p_n) = 0 \qquad (i = 1, 2, \ldots, \mu)$$

satisfait aussi à toutes les relations[74]

$$[F_i F_k] = 0.$$

72) Math. Ann. 8 (1875), p. 240.

73) Math. Ann. 11 (1877), p. 529 et suiv.; Ber. Ges. Lpz. 47 (1895), math. p. 265; voir aussi II 21, fin du n° **11**.

74) Elles s'obtiennent en éliminant les dérivées secondes entre les équations obtenues en dérivant une fois les équations (56). *E. Combescure* [C. R. Acad. sc. Paris 78 (1874), p. 1212] a donné une généralisation de l'opération [ ] pour deux équations aux dérivées partielles d'ordre quelconque.

L'application répétée de ce théorème à un système donné conduit, soit à un système comprenant plus de $n+1$ relations distinctes (et les équations (56) n'admettent alors aucune intégrale commune M_n), soit à un système *involutif*, c'est-à-dire à un système de μ équations ($\mu \leqq n+1$)

$$F_i = 0,$$

telles que toutes les relations

$$[F_i F_k] = 0$$

soient des conséquences des relations $F_i = 0$[75]. On peut toujours écrire ce système sous une forme telle que tous les crochets $[F_i F_k]$ soient nuls identiquement; on dit alors que les fonctions F_i sont *en involution*. Dans le cas où $\mu = n+1$, les $n+1$ équations $F_i = 0$ admettent une seule intégrale commune, qui est représentée par ces équations elles-mêmes. Si $\mu \leqq n$, on peut encore écrire le système sous la forme

$$(57)\quad X_i(z, x_1, x_2, \ldots, x_n, p_1, p_2, \ldots, p_n) = a_i \qquad (i = 1, 2, \ldots, \mu),$$

$a_1, a_2, \ldots, a_\mu$ étant des constantes arbitraires et les fonctions $X_1, X_2, \ldots, X_\mu$ étant en involution. Le problème de l'intégration est résolu si l'on peut déterminer $n-\mu+1$ fonctions $X_{\mu+1}, \ldots, X_n$, Z formant avec les premières un système de $n+1$ fonctions distinctes en involution [n° 9]. Ces fonctions donnent lieu à une identité de la forme

$$(58)\qquad dZ - \sum_{i=1}^{i=n} P_i dX_i = \varrho(dz - \sum_{i=1}^{i=n} p_i dx_i),$$

ou de la forme speciale (51) lorsque $X_1, X_2, \ldots, X_\mu$ ne dépendent pas de z.

Toute intégrale des équations (57) s'obtient en ajoutant à ces équations $n-\mu+1$ relations nouvelles de façon à vérifier l'équation de Pfaff

$$(59)\qquad dZ - P_{\mu+1} dX_{\mu+1} - \cdots - P_n dX_n = 0.$$

En particulier, on obtient immédiatement une intégrale dépendant de $n-\mu+1$ constantes arbitraires $a_{\mu+1}, \ldots, a_{n+1}$, qui est représentée par les équations (53); on l'appelle une *intégrale complète* du système en involution (57).

Toute multiplicité M_μ d'éléments représentée par les équations[76])

$$X_1 = a_1, X_2 = a_2, \ldots, X_n = a_n,\quad Z = a_{n+1},\quad P_{\mu+1} = b_{\mu+1}, \ldots, P_n = b_n$$

75) *E. Bour* [J. Éc. polyt. (1) cah. 39 (1862), p. 171]; *A. Mayer*, Math. Ann. 4 (1871), p. 88.

76) *S. Lie*, Nachr. Ges. Gött. 1872, p. 321; Math. Ann. 9 (1876), p. 245.

où $a_{\mu+i}$, $b_{\mu+i}$ sont des constantes arbitraires, est une *caractéristique* du système en involution. Les premiers membres de ces relations sont des intégrales du système complet de μ équations

$$(60) \qquad [X_1, f] = 0, \ldots, [X_\mu, f] = 0;$$

les caractéristiques sont donc aussi représentées par les équations

$$X_1 = a_1, X_2 = a_2, \ldots, X_\mu = a_\mu; \; \Phi_i = c_i \quad (i = 1, 2, \ldots, 2n - 2\mu + 1),$$

les Φ_i étant des intégrales quelconques du système (60), indépendantes entre elles et indépendantes de $X_1, X_2, \ldots, X_\mu$. Les caractéristiques du système (57) sont des caractéristiques M_ν pour chacune des équations de ce système [n° 7].

Un élément de contact z, x_i, p_i, dont les coordonnées satisfont aux équations d'un système en involution, pour des valeurs données des constantes $a_1, a_2, \ldots, a_\mu$, est dit *singulier* ou *non singulier* suivant qu'il satisfait ou non à toutes les équations obtenues en égalant à zéro tous les déterminants à μ lignes contenus dans le tableau

$$(61) \qquad \left\| \begin{matrix} \cdot & \cdot & \cdot & \cdot & \cdot & \cdot \\ \frac{\partial X_i}{\partial p_1}, & \ldots, & \frac{\partial X_i}{\partial p_n}, & \frac{\partial X_i}{\partial x_1} + p_1 \frac{\partial X_i}{\partial z}, & \ldots, & \frac{\partial X_i}{\partial x_n} + p_n \frac{\partial X_i}{\partial z} \\ \cdot & \cdot & \cdot & \cdot & \cdot & \cdot \end{matrix} \right\|$$

$$(i = 1, 2, \ldots, \mu).$$

Par tout élément de contact non singulier passe une caractéristique et une seule du système en involution. Une intégrale M_n qui contient un élément non singulier E contient aussi tous les éléments de la caractéristique qui passe par E. Si deux éléments infiniment voisins E, E' sont unis, il en est de même de deux éléments quelconques infiniment voisins pris respectivement sur les deux caratéristiques passant par E et E'. Les $\infty^{\nu-\mu}$ caractéristiques qui passent par les éléments d'une intégrale $M_{\nu-\mu}$ du système (57) forment une intégrale M_ν de ce système. Comme on peut trouver sans aucune intégration toutes les intégrales $M_{n-\mu}$ de ce système, on saura intégrer ce système dès qu'on saura intégrer le système complet (60). Cette généralisation de la *méthode de A. L. Cauchy* constitue la méthode de *S. Lie.*

L'équation de Pfaff (59) fournit une représentation [voir n° 7] du système en involution (57) dans l'espace $R_{n-\mu+1}$, où les coordonnées ponctuelles sont $X_{\mu+1}, \ldots, X_n, Z$; une caractéristique du système correspond à un élément de contact de $R_{n-\mu+1}$, une intégrale M_n du système correspond à une multiplicité d'éléments $M_{n-\mu}$ dans cet espace, et réciproquement. Le passage d'une représentation déterminée à une autre représentation quelconque de même nature, ou, ce qui revient au même, le passage d'une intégrale complète à une autre, revient à une transformation de contact relative aux $2n-2\mu+1$ variables Z, $X_{\mu+k}$, $P_{\mu+k}$.

On peut envisager la même question à un autre point de vue en observant que toute transformation de contact sur les variables z, x_i, p_k change un système en involution J en un autre système en involution J' [II 21, 10]; les caractéristiques et les intégrales des deux systèmes se correspondent une à une par la même transformation[77]. Il s'ensuit que les caractéristiques et les intégrales de J se déduisent des caractéristiques et des intégrales du système en involution particulier

$$x_1' = a_1, \; x_2' = a_2, \; \ldots, \; x_\mu' = a_\mu \tag{62}$$

au moyen de la transformation de contact

$$z' = Z, \quad x_i' = X_i, \quad p_i' = P_i \quad (i = 1, 2, \ldots, n). \tag{63}$$

De cette façon, de toute transformation de contact déterminée (63) on peut tirer une infinité d'équations aux dérivées partielles de la forme

$$\varphi(Z, X_1, X_2, \ldots, X_n) = 0,$$

ou de systèmes d'équations de cette forme, que l'on peut intégrer sans aucune intégration[78]. *Le problème de l'intégration du système (57) revient à trouver une transformation de contact (63) ramenant ce système à la forme (62).*

Tout système en involution de μ équations pouvant être ramené à la forme (62) par une transformation de contact[79], il est clair qu'un tel système ne peut posséder qu'un invariant, le nombre μ lui-même, relativement à l'ensemble des transformations de contact en (z, x_i, p_i). Il en est de même d'un système en involution ne renfermant pas z,

---

77) Les transformations de contact sont les seules transformations de cette espèce. Mais, en dehors des transformations de contact, il existe aussi d'autres transformations qui transforment l'un dans l'autre deux systèmes en involution *déterminés* de μ équations ($\mu \geqq 1$), de façon que les caractéristiques et les intégrales M_n se correspondent. Voir *S. Lie*, Forhandlinger Videnskabs-Selskabet (Christiania) 1872, éd. 1873, p. 242. *S. Lie* et *G. Scheffers*, Berührungstransf.[2]) 1, p. 581; *A. V. Bäcklund*, Math. Ann. 9 (1876), p. 313.

78) Ce théorème avait déjà été énoncé par *G. Monge* pour $n = 2$ [Hist. Acad. sc. Paris 1784, M. p. 174 et suiv.]. Voir aussi *A. de Morgan*, Trans. Cambr. philos. Soc. 9 part II (1850/1), p. [136]. *L'équation de Clairaut généralisée* n'est qu'un cas particulier de cette théorie. *S. Lie* et *G. Scheffers*, Berührungstransf.[2]) 1, p. 265, 518; *G. Darboux*, Mém. présentés Acad. sc. Paris (2) 27 (1883), p. 205 et suiv.

79) *S. Lie*, Math. Ann. 8 (1875), p. 215.

relativement à l'ensemble des transformations de contact de la forme

$$z' = z + U(x, p), \quad x_i' = X_i(x, p), \quad p_i' = P_i(x, p).$$

La première équation du système (57) peut être ramenée à la forme $x_1' = a_1$ par une transformation de contact, quand on connaît une intégrale complète de cette équation. Les autres équations du système se changent alors en un système en involution de $\mu - 1$ équations, ne renfermant que les variables z, $x_2', \ldots, x_n', p_2', \ldots, p_n'$. L'application répétée de ce procédé conduit à la méthode de *A. N. Korkine*[80]) pour l'intégration du système en involution.

Les intégrales *singulières*[81]), s'il en existe, du système en involution (57) sont les intégrales communes à ce système et aux équations obtenues en égalant à zéro tous les déterminants à μ colonnes du tableau (61).

Si les premiers membres du système en involution (57) sont des fonctions homogènes de degré zéro des variables p_i, indépendantes de z, on peut, comme au nº **10**, leur adjoindre $n - \mu$ autres fonctions $X_{\mu+1}, \ldots, X_n$ de même espèce, de façon à satisfaire à l'identité (54). En modifiant convenablement les définitions de l'intégrale, des caractéristiques et de l'intégrale complète comme au nº **8**, on peut développer une théorie entièrement analogue à celle de ce nº **8**, relativement aux systèmes en involution homogènes. Un système de cette espèce n'a d'autre invariant que le nombre μ, relativement à toute transformation de contact homogène en (x, p).

13. Systèmes en involution de forme spéciale. Appliquée à un système en involution de la forme

$$(64) \quad p_i = \psi_i(z, x_1, x_2, \ldots, x_n, p_{\mu+1}, \ldots, p_n), \quad (i = 1, 2, \ldots, \mu)$$

la méthode de *A. L. Cauchy* généralisée conduit aux résultats suivants. Supposons les fonctions ψ_i régulières dans le voisinage des valeurs z^0, $x_1^0, x_2^0, \ldots, p_n^0$; le système complet

$$(p_i - \psi_i, f) = 0 \qquad (i = 1, 2, \ldots, \mu)$$

admet $2n - 2\mu + 1$ intégrales

$$\zeta, \; \xi_{\mu+h}, \; \pi_{\mu+h},$$

80) C. R. Acad. sc. Paris 68 (1869), p. 1460; *A. Mayer*, Math. Ann. 6 (1873), p. 173.

81) *E. Goursat*, Leçons sur l'intégration des équations aux dérivées partielles du premier ordre, Paris 1891, p. 291; *E. Delassus*, Leçons sur la théorie analytique des équations aux dérivées partielles du premier ordre, Paris 1897, p. 42/8.

indépendantes de $p_1, p_2, \ldots, p_\mu$, qui se réduisent respectivement à z, $x_{\mu+h}$, $p_{\mu+h}$ quand on y fait $x_1 = x_1^0, \ldots, x_\mu = x_\mu^0$, et qui donnent lieu à l'identité[82])

$$dz - \psi_1 dx_1 - \psi_2 dx_2 - \cdots - \psi_\mu dx_\mu - \sum_{h=\mu+1}^{h=n} p_h dx_h = \varrho\left(d\zeta - \sum_{h=\mu+1}^{h=n} \pi_h d\xi_h\right).$$

Soit $\varphi(x_{\mu+1}, \ldots, x_n)$ une fonction régulière dans le domaine des valeurs $x^0_{\mu+1}, \ldots, x^0_n$, et telle que l'on ait

$$z^0 = \varphi\left(x^0_{\mu+1}, \ldots, x^0_n\right), \quad p^0_{\mu+k} = \frac{\partial \varphi\left(x^0_{\mu+1}, \ldots, x^0_n\right)}{\partial x^0_{\mu+k}};$$

en éliminant $p_{\mu+1}, \ldots, p_n$ entre les équations

$$\zeta = \varphi(\xi_{\mu+1}, \ldots, \xi_n), \quad \pi_{\mu+k} = \frac{\partial \varphi(\xi_{\mu+1}, \ldots, \xi_n)}{\partial \xi_{\mu+k}}$$

on obtient une intégrale du système (64) qui est régulière dans le domaine du point $x_1^0, x_2^0, \ldots, x_n^0$, et qui se réduit à $\varphi(x_{\mu+1}, \ldots, x_n)$ quand on y fait $x_1 = x_1^0$, $x_2 = x_2^0, \ldots, x_\mu = x_\mu^0$ [83]).

L'intégration d'un système quelconque en involution d'équations du premier ordre peut se ramener à celle d'un système en involution de la forme[84])

$$(65) \qquad p_i = h_i(x_1, \ldots, x_n, p_{\mu+1}, \ldots, p_n), \quad (i = 1, 2, \ldots, \mu)$$

ne renfermant pas z. Faisons le changement de variables défini par les formules suivantes [II 21, n° **17**]:

$$(66) \qquad x_1 = x_1^0 + y_1, \quad x_2 = x_2^0 + y_1 y_2, \quad \ldots, \quad x_\mu = x_\mu^0 + y_1 y_\mu,$$

82) Pour cette classe d'expressions de Pfaff, voir *G. Morera* [Reale Ist. Lombardo *Rendic.* (2) 16 (1883), p. 637, 691] et *E. von Weber* [Vorles. über das Pfaffsche Problem[18]), p. 491/3]. La considération de l'identité précédente conduit à une généralisation immédiate du théorème du n° **3**. Voir *N. N. Saltykov,* J. math. pures appl. (5) 3 (1897), p. 423; C. R. Acad. sc. Paris 128 (1899), p. 166, 225, 274, 1550; *129 (1899), p. 34, 195; 137 (1903), p. 433; 149 (1909), p. 446, 503; Bull. Soc. math. France 29 (1901), p. 86; C. R. Acad. sc. Paris 150 (1910), p. 1506, 1585; 152 (1911), p. 364. *V. Steklov*, C. R. Acad. sc. Paris 148 (1909), p. 153, 277, 465. Ces derniers travaux ont surtout pour objet d'affranchir l'exposition, des théories géométriques de *S. Lie*, en la rattachant directement aux méthodes classiques de *J. L. Lagrange, A. L. Cauchy, E. Bour, J. Liouville* et *C. G. J. Jacobi.**

83) L'existence de cette intégrale est une conséquence de la *passivité* du système (64). D'après *E. Delassus* [Ann. Éc. Norm. (3) 14 (1897), p. 117] on peut l'obtenir en intégrant successivement μ équations aux dérivées partielles du premier ordre à $n - \mu + 1$ variables indépendantes. Pour le cas particulier où $n = \mu = 2$, voir *G. Darboux*, Leçons sur la théorie générale des surfaces 2, Paris 1889, p. 258.

84) *A. Mayer,* Math. Ann. 8 (1875), p. 313; *S. Lie,* Math. Ann. 9 (1876), p. 275 et suiv.

les autres variables $x_{\mu+1}, \ldots, x_n$ étant conservées, et soit h_i' ce que devient la fonction h_i après la substitution; une des équations du nouveau système sera

$$(67) \qquad \frac{\partial z}{\partial y_1} = h_1' + y_2 h_2' + \cdots + y_\mu h_\mu'.$$

Soit

$$z = \psi(y_1, \ldots, y_\mu; x_{\mu+1}, \ldots, x_n)$$

l'intégrale de l'équation (67) qui se réduit à $\varphi(x_{\mu+1}, \ldots, x_n)$ pour $y_1 = 0$; si l'on revient aux variables $x_1, x_2, \ldots, x_\mu$, cette fonction ψ devient précisément l'intégrale du système (65) qui pour $x_1 = x_1^0, \ldots, x_\mu = x_\mu^0$ se réduit à $\varphi(x_{\mu+1}, \ldots, x_n)$. C'est à cette proposition que l'on a donné le nom de *théorème fondamental de Lie*[85]).

L'intégration du système en involution (65) est donc ramenée à l'intégration d'une seule équation aux dérivées partielles du premier ordre (67) à $n - \mu + 1$ variables indépendantes[86]). La méthode est fondée sur la même interprétation géométrique que celle déjà exposée [II 21, 17] et se réduit à celle-ci lorsque les fonctions h_i sont linéaires et homogènes par rapport aux p_i.

Par exemple, pour intégrer par cette méthode une équation unique

$$p_1 = \varphi(x_1, x_2, \ldots, x_n, p_2, \ldots, p_n),$$

on doit d'abord déterminer une équation $f(x, p) = a$ en involution avec la première, puis l'on ramène ce système en involution de deux équations à *une* équation du premier ordre à $n - 1$ variables indépendantes.

L'application répétée de ce procédé conduira finalement à une équation du premier ordre à une variable indépendante, dont on obtiendra l'intégrale complète par une quadrature, et dont on déduira ensuite par des éliminations une intégrale complète de l'équation proposée. La méthode exige les mêmes opérations que la seconde méthode de *C. G. J. Jacobi*. Lorsque φ est une fonction homogène du premier degré des p_i, on peut choisir pour $f(x, p)$ une fonction homogène de degré zéro des p_i, et opérer ensuite de même pour les autres fonctions

---

85) Forhandlinger Videnskabs-Selskabet (Christiania) 1872, éd. 1873, p. 28; Nachr. Ges. Gött. 1872, p. 321; *A. Mayer,* Math. Ann. 6 (1873), p. 162.

86) Cette méthode s'applique naturellement à un système de la forme (64) [voir *E. Delassus*, Ann. Éc. Norm. (3) 14 (1897), p. 118; Leçons sur la théorie analytique des équations aux dérivées partielles du premier ordre, Paris 1897, p. 38]. *F. Schur* [Ber. Ges. Lpz. 44 (1892), math. p. 182; id. 46 (1894), math. p. 38] a ramené l'intégration d'un système en involution *non résolu* (48) à un système d'équations différentielles ordinaires.

que l'on a à déterminer. Les opérations nécessaires pour l'intégration sont donc réduites d'une unité. On peut aussi arrêter l'application de la méthode après la $k^{\text{ième}}$ réduction, et intégrer l'équation du premier ordre obtenue, à $n-k$ variables indépendantes, par la méthode de *A. L. Cauchy.*

14. Groupes de fonctions[87]. Soient

$$f_1, f_2, \ldots, f_s$$

un système de s fonctions indépendantes des $2n$ variables

$$x_1, x_2, \ldots, x_n, p_1, p_2, \ldots, p_n.$$

Si toutes les parenthèses

$$(f_i f_k)$$

s'expriment au moyen des fonctions $f_1, f_2, \ldots, f_s$ elles-mêmes, on dit que l'ensemble des fonctions $\varphi(f_1, f_2, \ldots, f_s)$ forme un *groupe de fonctions* G d'ordre s. Les équations linéaires aux dérivées partielles

$$(68) \qquad (f_1 f) = 0, \quad (f_2 f) = 0, \ldots, (f_s f) = 0,$$

où f est l'inconnue, forment alors un système complet et les solutions de ce système forment un groupe G' d'ordre $2n-s$, qui est dit le *groupe polaire* de G; il y a réciprocité entre ces deux groupes, et G est le groupe polaire de G'.

Toute fonction, qui appartient à la fois aux deux groupes G et G', est en involution avec toutes les fonctions de G et s'appelle une *fonction distinguée* de G.

Si le tableau symétrique gauche

$$(69) \qquad \|(f_i f_k)\| \qquad (i, k = 1, 2, \ldots, s)$$

est de rang 2ν, le groupe G contient $s-2\nu$ fonctions distinguées distinctes $u_1, u_2, \ldots, u_{s-2\nu}$.

Les équations linéaires

$$\lambda_1(f_1 f_i) + \cdots + \lambda_s(f_s f_i) \qquad (i = 1, 2, \ldots, s)$$

possèdent $s-2\nu$ systèmes de solutions indépendantes

$$\lambda_1^{(k)}, \lambda_2^{(k)}, \ldots, \lambda_s^{(k)}$$

87) *S. Lie*, Forhandlinger Videnskabs-Selskabet (Christiania) 1873, éd. 1874, p. 16; Math. Ann. 8 (1875), p. 215; 11 (1877), p. 464; *S. Lie* et *F. Engel*, Transformationsgruppen[65]) 2, p. 176 (section 2). Voir aussi *E. Goursat*, Leçons sur l'intégration des équations aux dérivées partielles du premier ordre, Paris 1891, p. 304 (chap. 12); *E. von Weber*, Vorles. über das Pfaffsche Problem[18]), p. 544/99; **C. Russÿan*, C. R. Acad. sc. Paris 152 (1911), p. 174; *Th. de Donder*, id. p. 948/51; Acad. Belgique, Bull. classe sc. 10 (1908), p. 795.*

et les équations

(70) $\lambda_1^{(k)}(f_1 f) + \lambda_2^{(k)}(f_2 f) + \cdots + \lambda_s^{(k)}(f_s f) = 0 \quad (k = 1, 2, \ldots, s - 2\nu)$

forment un système complet de $s - 2\nu$ équations qui est équivalent au système

$$(u_i f) = 0,$$

et dont $f_1, f_2, \ldots, f_s$ sont des intégrales particulières.

Si $s > n$, on a $\nu \geqq s - n$. Lorsque $s = n$, et dans ce cas seulement, on a une identité de la forme[88])

$$(71) \quad p_1 dx_1 + p_2 dx_2 + \cdots + p_n dx_n = dV(x_1, x_2, \ldots, x_n, p_1, p_2, \ldots, p_n) + \Phi_1 df_1 + \Phi_2 df_2 + \cdots + \Phi_s df_s$$

dans laquelle V se détermine par une quadrature, et les coefficients Φ_k s'obtiennent par la résolution d'équations linéaires. Dans tous les cas, il existe $2n$ fonctions indépendantes

$$X_1, X_2, \ldots, X_n, P_1, P_2, \ldots, P_n,$$

vérifiant les conditions

$$(72) \qquad (X_i X_k) = (P_i P_k) = (P_i X_k) = 0, \quad (P_i X_i) = 1, \quad (i, k = 1, 2, \ldots, n;\ i \gtrless k),$$

et telles que les groupes G, G' peuvent être ramenés respectivement aux *formes canoniques*

$(G) \quad P_1, X_1;\ P_2, X_2;\ \ldots;\ P_\nu, X_\nu;\ X_{\nu+1}, X_{\nu+2}, \ldots, X_{s-\nu};$

$(G') \quad P_{s-\nu+1}, X_{s-\nu+1}, \ldots, P_n, X_n;\ X_{\nu+1}, X_{\nu+2}, \ldots, X_{s-\nu};$

ce qui met en évidence les fonctions distinguées

$$X_{\nu+1}, \ldots, X_{s-\nu}.$$

Le groupe G ne possède donc que deux invariants, les nombres s et ν, relativement à toutes les transformations de contact en (x, p).

Dans le cas où $\nu = s - n$, et dans ce cas seulement, le groupe G contient un groupe en involution d'ordre n, par exemple le groupe $X_1, X_2, \ldots, X_{s-\nu}$.

Le groupe G est dit *homogène*, si les s expressions

$$(73) \qquad \sum_{h=1}^{h=n} p_h \frac{\partial f_1}{\partial p_h}, \quad \sum_{h=1}^{h=n} p_h \frac{\partial f_2}{\partial p_h}, \quad \ldots, \quad \sum_{h=1}^{h=n} p_h \frac{\partial f_s}{\partial p_h}$$

appartiennent à ce groupe. Lorsque $f_1, f_2, \ldots, f_s$ sont des fonctions homogènes de $p_1, p_2, \ldots, p_n$ de degré zéro, un groupe homogène est

88) Ce théorème est compris comme cas particulier dans la généralisation de la théorie de *G. Frobenius* [cf. II 21, 26]. Voir *E. von Weber*, Vorles. über das Pfaffsche Problem [18]), p. 544/99.

un système en involution d'ordre s. Dans tout autre cas, on peut écrire G sous la forme

$$N_1, N_2, \ldots, N_{s-1}, H,$$

où les N_i sont des fonctions homogènes de $p_1, p_2, \ldots, p_n$ de degré zéro, et H une fonction homogène de degré *un*. Les $s-2\nu$ fonctions distinguées de G sont toutes des fonctions homogènes de degré zéro, ou non, suivant que l'on a $2\nu' = 2\nu$, ou $2\nu' = 2\nu + 2$, en désignant par $2\nu'$ le rang du tableau obtenu en bordant le tableau (69) par les éléments (73). Si $2\nu' = 2\nu$, les équations linéaires

$$\lambda_1(f_1 f_i) + \lambda_2(f_2 f_i) + \cdots + \lambda_s(f_s f_i) + \lambda_{s+1} \sum_{h=1}^{h=n} p_h \frac{\partial f_i}{\partial p_h} = 0 \quad (i = 1, 2, \ldots, s)$$

admettent $s - 2\nu + 1$ solutions distinctes $\lambda_1^{(k)}, \lambda_2^{(k)}, \ldots, \lambda_{s+1}^{(k)}$, et les équations aux dérivées partielles

$$(74) \qquad \lambda_1^{(k)}(f_1 f) + \cdots + \lambda_s^{(k)}(f_s f) + \lambda_{s+1}^{(k)} \sum_{h=1}^{h=n} p_h \frac{\partial f}{\partial p_h} = 0$$

$$(k = 1, 2, \ldots, s - 2\nu + 1)$$

forment un système complet de $s - 2\nu + 1$ équations, dont $f_1, f_2, \ldots, f_s$ sont des intégrales. Le groupe G étant homogène, il y a toujours $2n$ fonctions indépendantes $P_1, P_2, \ldots, P_n, X_1, X_2, \ldots, X_n$, satisfaisant aux conditions (72), $P_1, P_2, \ldots, P_n$ étant des fonctions homogènes de $p_1, p_2, \ldots, p_n$ du premier degré, $X_1, X_2, \ldots, X_n$ des fonctions homogènes de degré zéro, et telles que G puisse prendre l'une ou l'autre des formes canoniques ci dessous

$$P_1, X_1; \ldots; P_\nu, X_\nu; X_{\nu+1}, \ldots, X_{s-\nu};$$
$$P_1, X_1; \ldots; P_\nu, X_\nu; P_{\nu+1}, \ldots, P_{s-\nu},$$

suivant que $2\nu'$ est égal à 2ν ou à $2\nu + 2$. Un groupe homogène G ne possède que trois invariants, les nombres s, 2ν, $2\nu'$, relativement à toutes les transformations de contact *homogènes* en (x, p).

Si l'on a $s \geqq n$, et $\nu = \nu' = s - n$, et dans ce cas seulement, on a une indentité de la forme

$$(75) \quad p_1 dx_1 + p_2 dx_2 + \cdots + p_n dx_n = \Psi_1 df_1 + \Psi_2 df_2 + \cdots + \Psi_s df_s.$$

C'est le seul cas où le groupe G renferme un système en involution de n fonctions de degré zéro, par exemple $X_1, X_2, \ldots, X_{s-\nu}$.

15. Application de la théorie des groupes. Soit à intégrer un système en involution de la forme

$$(76) \quad f_i(x_1, x_2, \ldots, x_n, p_1, p_2, \ldots, p_n) = c_i \quad (i = 1, 2, \ldots, q),$$

et soient φ, ψ deux solutions du système jacobien

(77) $$(f_1 f) = 0, \ \ldots, \ (f_q f) = 0.$$

D'après le théorème de *S. D. Poisson*, $(\varphi\psi)$ est aussi une solution[89]; si donc on connaît un certain nombre d'intégrales $f_{q+1}, \ldots, f_s$ du système (77), toutes les fonctions $f_1, f_2, \ldots, f_s$ du plus petit groupe G qui renferme les fonctions $f_1, \ldots, f_q$ seront aussi des intégrales de ce système (77). Si ce groupe G renferme un système en involution de n fonctions, c'est-à-dire si l'on a $s > n$, et si le rang du tableau (69) est $2\nu = 2s - 2n$, on a une identité de la forme (71), et les fonctions

$$f_1, f_2, \ldots, f_s, \ \Phi_{q+1}, \ldots, \Phi_s, \ z - V$$

fournissent toutes les intégrales du système complet

$$[f_1 f] = 0, \ [f_2 f] = 0, \ \ldots, \ [f_q f] = 0,$$

de sorte que le système en involution (76) est intégré par la méthode de *A. L. Cauchy* généralisée [n° **12**].

Si G ne contient aucun système en involution d'ordre n, le système complet (70) possède des solutions indépendantes de $f_1, f_2, \ldots, f_s$, et l'on obtiendra l'une d'elles par une opération $2\varrho = 2n - 2s + 2\nu$. L'application de la même méthode au groupe déduit de $f_1, \ldots, f_{s+1}$ conduit à effectuer une opération $2\varrho - 2l$ $(l \geq 1)$. On arrivera ainsi à trouver assez de fonctions $f_1, f_2, \ldots, f_s$ pour que le système complet qui joue le même rôle vis-à-vis du groupe G' déduit de $f_1, f_2, \ldots, f_{s'}$, que le système (70) vis-à-vis de G, ne possède pas d'autres intégrales que $f_1, f_2, \ldots, f_{s'}$. Le groupe G' contient donc un système en involution de n fonctions, et il suffira d'une quadrature[90]) pour achever l'intégration du système (76).

Lorsque $f_1, f_2, \ldots, f_q$ sont des fonctions homogènes des p de degré zéro, de toute solution φ des équations (77) on peut en déduire une autre $\sum_{i=1}^{i=n} p_i \frac{\partial \varphi}{\partial p_i}$. Par suite, si l'on connaît un certain nombre de so-

89) Une généralisation a été donnée par *H. Laurent*, J. math. pures appl. (2) 17 (1872), p. 422. Voir aussi *E. Goursat*, Leçons sur l'intégration des équations aux dérivées partielles du premier ordre, Paris 1891, p. 349/50 (note II).

90) Cette théorie donne comme corollaires les théorèmes de *C. G. J. Jacobi* sur les multiplicateurs des équations de la forme $[Ff] = 0$ ou de la forme $(f_1 f) = 0$ [J. reine angew. Math. 29 (1845), p. 230 (n° 19); Werke 4, Berlin 1886, p. 413; Vorlesungen über Dynamik, réd. par *A. Clebsch*, leçon 18; Werke, Supplementband (publ. par *E. Lottner*), Berlin 1884, p. 141]; *S. Lie* [Math. Ann. 11 (1877), p. 519]. D'autres cas particuliers ont été traités par *C. G. J. Jacobi* [J. reine angew. Math. 60 (1862), p. 143; Werke 5, Berlin 1890, p. 151] et par *G. Boole* [Philos. Trans. London 153 (1863), p. 495/501]. La méthode primitive de *S. Lie* [Math. Ann. 8 (1875), p. 215] exigeait la détermination des fonctions distinguées de G.

lutions $f_{q+1}, \ldots, f_s$, toutes les fonctions $f_1, f_2, \ldots, f_s$ du plus petit groupe *homogène* G, qui renferme les fonctions $f_1, f_2, \ldots, f_r$, seront aussi des intégrales. Si l'on a $s \geqq n$, et $\nu = \nu' = s - n$, le groupe G contient un système en involution de n fonctions de degré zéro; on a une identité de la forme (75), les fonctions

$$f_1, f_2, \ldots, f_s, \Psi_{q+1}, \ldots, \Psi_s$$

fournissent toutes les solutions du système (77), et l'intégration des équations (76) est achevée.

Lorsqu'on ne se trouve pas dans ce cas, on peut avoir $2\nu' = 2\nu$ ou $2\nu' = 2\nu + 2$. Si $2\nu' = 2\nu + 2$, il n'y a aucun avantage à tirer du fait que le groupe G est homogène, et il faut appliquer la méthode précédente. Au contraire, si $2\nu' = 2\nu$, toutes les fonctions distinguées de G sont d'ordre nul, et on détermine une intégrale f_{s+1} du système (74), indépendante de $f_1, f_2, \ldots, f_s$, par une opération $2n - 2s + 2\nu - 1$. Alors toutes les fonctions distinguées du groupe homogène déduit de $f_1, f_2, \ldots, f_{s+1}$ sont encore homogènes et de degré zéro, et on peut continuer de même. Quand on a obtenu ainsi des fonctions $f_{q+1}, \ldots, f_{s'}$ de telle façon que le système complet, qui joue le même rôle vis-à-vis du groupe homogène G' déduit de $f_1, f_2, \ldots, f_s$ que le système (74) vis-à-vis de G, n'admette pas d'autres intégrales que $f_1, f_2, \ldots, f_{s'}$, G' contient un système en involution d'ordre nul, et l'intégration du système (76) est terminée[91]). *S. Lie*[92]) a montré que la méthode précédente est celle qui utilise le mieux les solutions connues $f_{q+1}, \ldots, f_r$ du système (77).

Si φ est une intégrale des équations (77), ce système complet admet la transformation infinitésimale (φf); à l'aide de cette remarque, *S. Lie*[93]) a montré que les théorèmes de ce numéro pouvaient se déduire de sa théorie de l'intégration des systèmes complets qui admettent des transformations infinitésimales connues.

Si le groupe homogène déjà considéré G ne contient pas seulement des fonctions homogènes de degré zéro par rapport aux p, on peut le mettre sous la forme

$$\varphi_1, \varphi_2, \ldots, \varphi_s,$$

tous les φ étant des fonctions homogènes du premier degré par rapport aux p. Alors le système en involution (76) admet les transformations

---

91) Sur la forme que prend cette théorie lorsque le système en involution contient z, voir *E. von Weber*, Vorles. über das Pfaffsche Problem[18]), p. 544/99.

92) Math. Ann. 11 (1877), p. 540, 544.

93) Id. p. 521/9 [voir II 21, nº **13**, note 85].

de contact infinitésimales homogènes

$$(\varphi_1 f),\ (\varphi_2 f),\ \ldots,\ (\varphi_s f),$$

et par conséquent toutes les transformations du groupe infini qui s'en déduit[94]).

Étant donné un système en involution de forme quelconque

$$(78)\quad F_i(z, x_1, x_2, \ldots, x_{n-1}, p_1, p_2, \ldots, p_{n-1}) = c_i, \qquad (i = 1, 2, \ldots, q)$$

on peut la ramener à la forme homogène (76), en lui appliquant la transformation du nº 8. A toute transformation de contact infinitésimale des variables $z, x_1, x_2, \ldots, x_{n-1}, p_1, p_2, \ldots, p_{n-1}$, qui ne change pas le système (78), correspond une transformation de contact infinitésimale homogène qui change en lui-même le système homogène (46) obtenu par la transformation. La théorie des groupes homogènes montre donc comment on doit utiliser, pour l'intégration du système en involution (78), les transformations de contact infinitésimales connues qu'admet ce système[95]).

La simplification qui se présente dans l'intégration d'une équation ne renfermant pas l'inconnue z tient à ce que cette équation admet la translation infinitésimale $\frac{\partial f}{\partial z}$. *S. Lie*[96]) a traité la question plus générale, du parti que l'on peut tirer, pour l'intégration d'une équation aux dérivées partielles du premier ordre, de transformations ponctuelles infinitésimales connues. Sur ses indications, *V.* (*W.*) *de Tannenberg*[97]) a donné une classification et une théorie de l'intégration de toutes les équations du premier ordre à deux variables indépendantes qui admettent des groupes finis de transformations ponctuelles.

16. Théorie de Bäcklund[98]). Soient μ ($\mu \leq 2n$) équations distinctes

$$(79)\quad F_i(z, x_1, x_2, \ldots, x_n, p_1, p_2, \ldots, p_n) = 0 \qquad (i = 1, 2, \ldots, \mu);$$

---

94) *S. Lie*, Math. Ann. 24 (1884), p. 554; *S. Lie* et *F. Engel*, Transformationsgruppen[65]) 2, p. 282 (chap. 16).

95) Voir aussi *A. V. Bäcklund*, Math. Ann. 15 (1879), p. 50/62; *E. von Weber*, Vorles. über das Pfaffsche Problem[18]), p. 581/93.

96) Math. Ann. 5 (1872), p. 200; *S. Lie* et *G. Scheffers*, Berührungstransf.[2]), p. 583 (chap. 13).

97) Ann. Fac. sc. Toulouse (1) 5 (1891), mém. nº 15; voir aussi *S. Lie* et *F. Engel*, Theorie der Transformationsgruppen 3, Leipzig 1893, p. 128.

98) Cette théorie est un cas particulier de la théorie généralisée de *G. Frobenius* pour le problème de Pfaff [II 21, nº 26]. Voir *A. V. Bäcklund*, Math. Ann. 11 (1877), p. 412; *E. von Weber*, Vorles. über das Pfaffsche Problem[18]), p. 593/9.

et soit $2k$[99]) l'ordre le plus élevé des déterminants du tableau

$$\|[F_i F_j]\|$$

qui ne sont pas nuls identiquement, en tenant compte des relations (79).

Lorsque $k > \mu - n$, les équations (79) possèdent ∞^∞ intégrales M_{n-k} communes qui comprennent tous les éléments de contact définis par les équations (79) et qui sont engendrées par des multiplicités caractéristiques $M_{\mu-2k}$.

Si $k = \mu - n$, il y a une infinité simple d'intégrales M_{n-k}, mais tout élément de contact satisfaisant aux équations (79) ne peut appartenir à une intégrale commune M_{n-k+1} de ces équations.

Si l'on a $\mu \geqq n + 1$ et $k = \mu - n - 1$, les équations (79) définissent une multiplicité d'éléments $M_{2n+1-\mu}$.

La théorie des systèmes en involution [n° **11**] est contenue dans ces propositions comme cas particulier ($k = 0$).

Équations du second ordre à deux variables indépendantes.

17. Classification des équations aux dérivées partielles du second ordre, d'après leurs caractéristiques du premier ordre. L'étude du problème de Cauchy pour une équation

$$F(x, y, z, p, q, r, s, t) = 0, \tag{80}$$

où

$$r = \frac{\partial^2 z}{\partial x^2}, \quad s = \frac{\partial^2 z}{\partial x \partial y}, \quad t = \frac{\partial^2 z}{\partial y^2},$$

conduit à la notion de *caractéristiques du premier ordre*, et à une classification des équations de cette forme (80).

Étant donnée une multiplicité M_1 à une dimension d'éléments *unis* du premier ordre, c'est-à-dire un système de cinq fonctions (x, y, z, p, q) d'une variable indépendante vérifiant la relation

$$dz = p\,dx + q\,dy, \tag{81}$$

le problème de Cauchy consiste à déterminer une intégrale de l'équation (80) contenant tous les éléments du premier ordre de M_1. Les relations (80) et (82)

$$\begin{cases} dp = r\,dx + s\,dy, \\ dq = s\,dx + t\,dy \end{cases} \tag{82}$$

déterminent en général un nombre discret de systèmes de valeurs de r, s, t pour chaque élément de M_1. Il passe donc en général[100]) un

---

99) On a toujours $\mu - n - 1 \leqq k \leqq \frac{\mu}{2}$.

100) *E. Goursat*, Acta math. 19 (1895), p. 291; Leçons sur l'intégration des

nombre discret de surfaces intégrales de l'équation (80) par toute bande d'éléments de contact du premier ordre de l'espace $R_3(x, y, z)$. Si les valeurs de r, s, t, fournies par les relations (80) et (82), sont indéterminées pour deux éléments infiniment voisins quelconques de M_1, on dit que cette bande d'éléments est une *caractéristique du premier ordre* de l'équation (80).

La condition pour qu'une bande d'éléments de contact du premier ordre soit une multiplicité caractéristique s'interpréte géométriquement comme il suit. Regardons x, y, z, p, q comme des paramètres, r, s, t comme les coordonnées ponctuelles d'un espace R_3; alors l'équation (80) représente une famille de ∞^5 surfaces F, tandis que les relations (82) sont les équations d'une droite G du complexe $(\varkappa)$, formé de toutes les droites parallèles aux génératrices du cône

$$rt - s^2 = 0. \tag{83}$$

Pour qu'une multiplicité M_1 soit une caractéristique du premier ordre de l'équation (80) il faut et il suffit d'après cela que la droite G soit située sur la surface F. Ceci conduit à la classification[101]) suivante des équations (80):

a. L'équation (1) a la forme d'Ampère[102])

$$Hr + 2Ks + Lt + M + N(rt - s^2) = 0, \tag{84}$$

$H, K, \ldots, N$ étant des fonctions de x, y, z, p, q. Chaque surface F contient deux familles de ∞^1 génératrices rectilignes du complexe $(\varkappa)$; il y a donc deux systèmes différents de caractéristiques du premier ordre.

L'un est défini par les équations

$$(85)_1 \qquad \begin{cases} dz = p\,dx + q\,dy, \\ N dp + L dx + \lambda_1 dy = 0, \\ N dq + \lambda_2 dx + H dy = 0, \end{cases}$$

$$\left(\lambda_1, \lambda_2 = -K \pm \sqrt{K^2 - HL - MN}\right);$$

équations aux dérivées partielles du second ordre 1, Paris 1896, p. 24; Acta math. 19 (1895), p. 291.

101) *E. Goursat*, Acta math. 19 (1895), p. 297; Dérivées partielles du second ordre[100]) 1, p. 196.

102) J. Éc. polyt. (1) cah. 18 (1820), p. 34. Voir aussi *A. de Morgan*, Trans. Cambr. philos. Soc. 9 part IV (1854/6), p. 515, en partic. p. 538 et p. 543; *L. Natani*, Die höhere Analysis, Berlin 1866, p. 365/80; *E. Bour*, J. Éc. polyt. (1) cah. 39 (1862), p. 186; *G. Boole*, J. reine angew. Math. 61 (1863), p. 309; A treatise on differential equations, (2e éd.) Londres 1865, vol. suppl. chap. 28 et 29; *V. G. Imšeneckij* (*Imschenetsky*), trad. par *G. J. Hoüel*, Archiv Math. Phys. (1) 54 (1872), p. 209; *E. Goursat*, Dérivées partielles du second ordre[100]) 1, p. 39 (chap. 2); *A. Cayley*, Quart. J. pure appl. math. 26 (1893), p. 1; Papers 13, Cambridge 1897, p. 358.

l'autre est défini par les équations $(85)_2$ qui se déduisent de $(85)_1$ en permutant λ_1 et λ_2.

Dans le cas de l'équation de Monge[103]), c'est-à-dire lorsque $N = 0$, on doit remplacer les équations $(85)_1$ et $(85)_2$ respectivement par les systèmes[104]) suivants écrits pour $i = 1$ et $i = 2$:

$$(86)\qquad \begin{cases} dy = \lambda_i dx, \\ H\lambda_i dp + L dq + M\lambda_i dx = 0, \\ dz = p dx + q dy, \end{cases}$$

b. La surface F est un cône du complexe $(\varkappa)$ ou un plan tangent à un tel cône.

L'équation (80) a alors encore la forme (84), mais on a

$$K^2 - HL + MN = 0, \qquad \lambda_1 = \lambda_2,$$

les deux systèmes de caractéristiques du premier ordre sont confondus.

c. Les surfaces F sont des surfaces développables dont les génératrices sont des droites du complexe $(\varkappa)$, mais ne sont pas des cônes. L'équation (80) résulte de l'élimination d'un paramètre α entre deux équations de la forme

$$(87)\qquad \begin{cases} r + 2\alpha s + \alpha^2 t + 2\psi(x, y, z, p, q, \alpha) = 0, \\ s + t\alpha + \psi'_\alpha = 0. \end{cases}$$

Il y a un système double de caractéristiques du premier ordre défini par trois équations

$$(88)\qquad \begin{cases} dz = p dx + q dy, \\ \varphi_1(x, \ldots, q;\ dx, \ldots, dq) = 0, \\ \varphi_2(x, \ldots, q;\ dx, \ldots, dq) = 0. \end{cases}$$

d. Les surfaces F sont des surfaces réglées non développables, ni du second degré, dont les génératrices appartiennent au complexe $(\varkappa)$.

Il y a un système simple de caractéristiques du premier ordre défini par trois équations de la forme (88).

e. Chaque surface F contient un ensemble discret de droites du complexe. Il y a ∞^4 caractéristiques du premier ordre.

f. *Le cas général.*

Pour les équations des catégories b) et c), et pour celles-là seulement, la relation

$$(89)\qquad 4RT - S^2 = 0,$$

103) Hist. Acad. sc. Paris 1784, éd. 1787, M. p. 118; voir aussi *A. M. Legendre*, id. 1787, éd. 1789, M. p. 309.

104) Pour le cas où un ou deux des coefficients H, L sont nuls, voir *E. Goursat*, Dérivées partielles du second ordre[100]) 1, p. 45/8. *Voir aussi *J. Graindorge*, J. math. pures appl. (2) 17 (1872), p. 426.*

où

$$R = \frac{\partial F}{\partial r}, \quad S = \frac{\partial F}{\partial s}, \quad T = \frac{\partial F}{\partial t},$$

est vérifiée, en tenant compte de l'équation (80).

Toute transformation de contact de l'espace $R_3(x, y, z)$ change une caractéristique du premier ordre en une caractéristique du premier ordre, et par conséquent une équation aux dérivées partielles du second ordre se change en une équation de la même catégorie.

Toute multiplicité M_2^2 de ∞^2 éléments de contact du second ordre

$$(x, y, z, p, q, r, s, t),$$

qui n'est pas formée par les éléments d'une surface, se déduit d'une bande M_1^1 d'éléments du premier ordre, ou d'*un* élément du premier ordre. Mais d'une multiplicité M_2^1 de ∞^2 éléments du premier ordre, ayant pour support ponctuel un courbe ou un point, on ne peut déduire un élément du second ordre [II 21, 9]

$$(x, y, z, p, q, r, s, t).$$

Pour cette raison, *F. Engel*[105]) emploie, au lieu de r, s, t, les coordonnées homogènes

$$-\frac{\rho}{u}, \quad -\frac{\sigma}{u}, \quad -\frac{\tau}{u},$$

et une cinquième coordonnée v, liée aux précédentes par la relation

$$\rho\tau - \sigma^2 + uv = 0.$$

Alors $u = 0$ est l'équation aux dérivées partielles du second ordre qui admet pour intégrales toutes les courbes de l'espace $R_3(x, y, z)$. L'équation d'Ampère est linéaire et homogène en ρ, σ, τ, u, v; l'équation de Monge est linéaire et homogène en ρ, σ, τ, u, et caractérisée par cette propriété qu'elle admet pour intégrales les ∞^3 points de l'espace $R_3(x, y, z)$. Comme dans toute transformation de contact prolongée de l'espace $R_3(x, y, z)$, les coordonnées ρ, σ, τ, u, v se transforment par des formules linéaires et homogènes[106]), une équation de Monge se change en général, par une transformation de contact, en une équation d'Ampère. Inversement, si l'on applique à une équation (84) une transformation de contact qui change ∞^3 surfaces intégrales de cette équation en les ∞^3 points de l'espace R_3, l'équation obtenue est une équation de Monge[107]).

105) Ber. Ges. Lpz. 45 (1893), math. p. 468.

106) *Le groupe de transformations ainsi obtenu peut être rapproché du groupe étudié par *Ch. Hermite* dans ses recherches sur la transformation des fonctions abéliennes [voir *E. Goursat*, Bull. Soc. mat. France 30 (1902), p. 155].*

107) C'est à cette simple remarque que se réduit la méthode de la variation

18. Intégrales premières d'une équation aux dérivées partielles du second ordre. Toute surface intégrale d'une équation du second ordre, appartenant à l'une des catégories **a**, **b**, **c**, **d**, est engendrée par ∞^1 caractéristiques du premier ordre, et de deux façons différentes dans le cas **a**. Inversement toute multiplicité M_1 de ∞^2 éléments du premier ordre (x, y, z, p, q), formée de ∞^1 caractéristiques, est une intégrale de l'équation (80). Les caractéristiques d'une intégrale intermédiaire [II 21, **6**; II 22, **7**]

$$f(x, y, z, p, q) = 0$$

sont comprises parmi les caractéristiques de l'équation (80). Si l'on remplace, dans les équations de définition des caractéristiques du premier ordre de l'équation (80), dx, dy, dz, dp, dq par leurs valeurs (2) [n° **1**], on obtient pour f un système Σ d'équations aux dérivées partielles du premier ordre, avec les variables indépendantes x, y, z, p, q[108]). On obtient toutes les intégrales premières $f = 0$ en déterminant toutes les fonctions f telles que les équations du système Σ soient vérifiées en tenant compte de la relation $f = 0$ elle-même. Toute solution f du système Σ fournit une intégrale première

$$f(x, y, z, p, q) = \text{const.} \tag{90}$$

de l'équation (80) et inversement.

Pour la catégorie **a** on obtient deux systèmes Σ_1 et Σ_2, formés de deux équations linéaires aux dérivées partielles du premier ordre, associées respectivement aux équations $(85)_1$ et $(85)_2$ [II 21, **14**]. Si $f = C$ est une intégrale première de l'équation (84), df est une combinaison intégrable d'un des systèmes $(85)_1$ ou $(85)_2$, et inversement. Lorsque df est une combinaison intégrable de l'un des systèmes (85) les caractéristiques de l'équation (90) font partie de l'autre système de caractéristiques de l'équation (84), et inversement. Soient u_1, u_2 deux intégrales des systèmes Σ_1, Σ_2 respectivement; les deux équations du premier ordre $u_1 = c_1$, $u_2 = c_2$ sont en involution[109]).

Deux intégrales u, v d'un même système Σ ne peuvent être en involution que dans le cas où $\lambda_1 = \lambda_2$; l'équation (84) est alors de la catégorie **b**, et les deux systèmes Σ_i se réduisent à un seul système

---

des constantes de *V. G. Imšeneckij*, trad. par *G. J. Hoüel* [Archiv Math. Phys. (1) 54 (1872), p. 209/360; voir le chap. 4]. Voir aussi *S. Lie*, Forhandlinger Videnskabs-Sebskabet (Christiania) 1872, éd. 1873, p. 24/7.

108) *E. Goursat*, Dérivées partielles du second ordre[100]) 1, p. 200/2.

109) *G. Monge* [Hist. Acad. sc. Paris 1784, éd. 1787, M. p. 168] s'est servi de cette relation pour l'intégration de l'équation aux dérivées partielles du premier ordre.

complet, qui admet une troisième intégrale $w(x, y, z, p, q)$, en involution avec u et v. Inversement, si l'un des systèmes Σ_1 est un système complet, il coïncide avec Σ_2, et ses trois intégrales sont en involution. Dans ce cas l'équation (84) a deux intégrales intermédiaires distinctes[110] $v = \varphi(u)$, $w = \psi(u)$.

L'intégrale générale M_2^2 s'obtient en prenant l'enveloppe de ∞^2 multiplicités M_2^1 d'éléments du premier ordre prises parmi les ∞^3 multiplicités M_2^1

$$u = a, \quad v = b, \quad w = c.$$

Une équation de cette espèce[111] se ramène par une transformation de contact à l'équation $r = 0$, ou à l'équation

$$rt - s^2 = 0,$$

ou encore à l'équation dont l'intégrale générale se compose des «courbes» de l'espace $R_3(x, y, z)$ [voir la fin du n° **17**].

Pour une équation de la catégorie **b**, n'appartenant pas à la classe précédente, le système Σ correspondant ne peut admettre plus d'une intégrale distincte. S'il en est ainsi, l'équation (84) admet l'intégrale première $f = C$, et on peut la ramener à une équation ne renfermant ni s ni t, au moyen d'une transformation de contact, dont la recherche est équivalente à l'intégration de l'équation $f = C$[112]).

Une équation (84) de la catégorie **a**, pour laquelle le système Σ_1 admet deux solutions distinctes u, v, a une intégrale première générale

$$u(x, y, z, p, q) = \varphi(v(x, y, z, p, q)), \tag{91}$$

φ étant une fonction arbitraire, et provient de l'élimination de $\frac{\partial \varphi}{\partial v}$ entre les deux équations obtenues en différentiant (91) par rapport à

---

110) *G. Boole*, Philos. Trans. London 152 (1862), p. 451; Differential equations[102]), vol. suppl. p. 123; J. reine angew. Math. 61 (1863), p. 309; *S. Lie*, Math. Ann. 5 (1872), p. 161/2; *E. Goursat*, Dérivées partielles du second ordre[100]) 1, p. 64/8. Le premier membre d'une équation de cette espèce peut s'écrire $A\frac{d(U, V)}{d(x, y)}$, A, U, V étant des fonctions de x, y, z, p, q, telles que $[U, V] = 0$.

*Toute équation de Monge-Ampère peut être mise sous la forme

$$\sum_{i=1}^{i=4} A_i \frac{d(U_i, V_i)}{d(x, y)} = 0,$$

A_i, U_i, V_i étant des fonctions de x, y, z, p, q, telles que $[U_i, V_i] = 0$ [Voir *J. Kürschák*, Jahresb. deutsch. Math.-Ver. 17 (1908), p. 67].*

111) *J. Kürschák* [Math.-Naturw. Ber. Ungarn 14 (1898), p. 285] a étendu le théorème au cas de n variables indépendantes; cf. n° **30**.

112) *A. M. Ampère*, J. Éc. polyt. (1) cah. 18 (1820), p. 126.

x et à y. On peut déterminer la fonction φ de façon que l'équation (91) admette une intégrale passant par une multiplicité M_1 d'éléments du premier ordre, choisie arbitrairement. La solution du problème de Cauchy pour l'équation (84) est alors ramenée à la détermination de l'intégrale de l'équation (90) passant par la multiplicité M_1.

Si le système Σ_2 admet aussi deux solutions distinctes u', v', il existe une seconde intégrale intermédiaire générale $u' = \psi(v')$. Lorsqu'on a obtenu u et u', il faut une quadrature pour déterminer v et intégrer l'équation (90)[113]). Toutes les équations de cette espèce peuvent être ramenées par une transformation de contact à la forme $s = 0$[114]).

Lorsque Σ_2 n'a qu'*une* solution u', les intégrales $u - \varphi(v)$ et u' sont en involution, quelle que soit φ, et l'intégration de l'équation (90) n'exige qu'une opération 1.

L'équation (84) peut être débarrassée de l'une des dérivées r, t, ou des deux à la fois, par une transformation de contact, suivant que l'un des systèmes Σ_1, Σ_2, ou tous les deux, admettent une solution[115]).

Une équation de la catégorie e) peut avoir *une* intégrale première $f = C$; une équation de la catégorie f) peut posséder au plus une intégrale de la forme $f(x, y, z, p, q) = 0$.

Pour une équation (80) de la catégorie c) ou d), une intégrale première $f = C$ est déterminée par un système Σ de deux équations aux dérivées partielles du premier ordre, où f est la fonction inconnue. Si ces deux équations, jointes à celle qu'on en déduit par une opération de crochets, forment un système en involution, elles admettent une solution dépendant de deux constantes arbitraires a et b, et l'équation (80) admet alors une intégrale première de la forme[116])

$$V(x, y, z, p, q;\ a, b) = 0. \tag{92}$$

La méthode de la variation des constantes permet d'en déduire une intégrale première générale, et la solution du problème de Cauchy est ramenée à l'intégration d'un système d'équations différentielles ordi-

---

113) *S. Lie,* Archiv for Math. og Naturvidenskab (Christiania) 2 (1877), p. 1; voir aussi Ber. Ges. Lpz. 47 (1895), math. p. 498.

114) *S. Lie*[113]); *G. Darboux*, Mém. présentés Acad. sc. Paris (2) 27 (1883), p. 216. **W. Kapteyn* [Ann. Éc. Norm. (3) 17 (1900), p. 245; (3) 20 (1903), p. 289] a déterminé toutes les équations de cette espèce de la forme

$$s + \lambda t + \mu = 0, \quad r - \lambda^2 t + \mu = 0.^*$$

115) *A. M. Ampère,* J. Éc. polyt. (1) cah. 18 (1820), p. 122, 154.

116) *J. L. Lagrange*, Nouv. Mém. Acad. Berlin 5 (1774), éd. 1776; Œuvres 4, Paris 1869, p. 89; *E. Goursat,* C. R. Acad. sc. Paris 112 (1891), p. 1117.

naires. L'élimination de a et de b entre l'équation (92) et

$$\frac{\partial V}{\partial a} = 0, \quad \frac{\partial V}{\partial b} = 0$$

conduit aussi dans certains cas à une intégrale première singulière. D'après *A. V. Bäcklund*[117]) toute équation (80) de cette espèce se déduit d'une relation entre x', y', z', p', q' par une *transformation de surface* [II 21, **10**]

$$(93) \qquad x' = \xi, \; y' = \eta, \ldots, q' = \varkappa,$$

($\xi, \eta, \ldots, \varkappa$ étant des fonctions de x, y, z, p, q, r, s, t).

Lorsque le système Σ est en involution[118]), l'équation (80) admet une intégrale première avec trois constantes arbitraires et elle appartient à la catégorie c). La fonction

$$\psi(x, y, z, p, q, \alpha),$$

qui figure dans les formules (87), doit satisfaire à une équation aux dérivées partielles du second ordre. Toute intégrale première de la forme (92), jointe aux deux équations

$$(94) \qquad \frac{\partial V}{\partial a} = a', \quad \frac{\partial V}{\partial b} = b',$$

où a, b, a', b' sont des constantes arbitraires, forme un système en involution[119]). Soit

$$W(x, y, z, a, b, a', b') = 0$$

le résultat de l'élimination de p, q entre les équations (92) et (94). L'intégrale générale de l'équation (80) est représentée par les formules

$$(95) \qquad \begin{cases} W[x, y, z, a, \varphi(a), \varphi'(a), \psi(a)] = 0, \\ \dfrac{\partial W}{\partial a} + \dfrac{\partial W}{\partial \varphi(a)} \varphi'(a) + \dfrac{\partial W}{\partial \varphi'(a)} \varphi''(a) + \dfrac{\partial W}{\partial \psi(a)} \psi'(a) = 0, \end{cases}$$

φ et ψ étant des fonctions arbitraires. *Inversement, pour que les formules (95) représentent l'intégrale générale d'une équation de la forme (80), la fonction $W(x, y, z, a, b, a', b')$ ne peut pas être prise arbitrairement. Elle doit vérifier une équation aux dérivées partielles

---

117) Math. Ann. 11 (1877), p. 213/26.

118) *N. J. Sonin,* Mat. Sbornik (recueil Soc. math. Moscou) 7 (1874); trad. par *F. Engel*, Math. Ann. 49 (1897), p. 417, en particulier p. 425/6: voir aussi *H. A. W. Speckman*, Verslagen Meded. Akad. Wetensch. (Amsterdam) Afdeeling Natuurk. (3) 9 (1892), p. 465; *E. Goursat*, Dérivées partielles du second ordre[100]) 1, p. 205/15.

119) *E. Goursat*, Acta math. 19 (1895), p. 326.

du premier ordre de la forme

$$\Pi\left\{\frac{\frac{\partial W}{\partial a}+a'\frac{\partial W}{\partial b}}{\frac{\partial W}{\partial b'}},\ \frac{\frac{\partial W}{\partial a'}}{\frac{\partial W}{\partial b'}},\ a, b, a', b'\right\}=0, \tag{96}$$

la fonction Π étant arbitraire[120]).*

19. Les caractéristiques d'ordre supérieur d'une équation aux dérivées partielles du second ordre. En différentiant h fois l'équation (80) par rapport à x, k fois par rapport à y, on obtient une relation de la forme

$$P_{h,k}+Rp_{h+2,k}+Sp_{h+1,k+1}+Tp_{h,k+2}=0 \qquad (h+k>0), \tag{97}$$

$$p_{0,i}=\frac{\partial^i z}{\partial y^i},\quad p_{i,0}=\frac{\partial^i z}{\partial x^i},\quad p_{i,j}=\frac{\partial^{i+j} z}{\partial x^i \partial y^j},$$

$$R=\frac{\partial F}{\partial r},\quad S=\frac{\partial F}{\partial s},\quad T=\frac{\partial F}{\partial t},$$

où $P_{h,k}$ ne renferme que des dérivées partielles d'ordre inférieur à $h+k+2$. Une bande d'éléments d'ordre ν de l'équation (80) est un système de ∞^1 valeurs de $x, y, z, p_{10}, \ldots, p_{0\nu}$ satisfaisant aux relations

$$dz=p_{10}dx+p_{01}dy,\ dp_{ij}=p_{i+1,j}dx+p_{i,j+1}dy \quad (i+j\leqq \nu-1), \tag{98}$$

ainsi qu'à l'équation (80) et à toutes les équations (97) que l'on déduit de l'équation (80) en supposant $h+k\leqq \nu-2$. Une bande d'ordre ν de l'équation (80) appartient en général à une bande d'ordre $\nu+1$ et à une seule de la même équation. Il y a exception si la bande considérée est une bande caractéristique d'ordre ν[121]), c'est-à-dire si les éléments de cette bande satisfont à l'un des deux systèmes de relations

$$\begin{cases} \text{a)}\ dy=A_1dx, \\ \text{b)}\ dz=p_{10}dx+p_{01}dy,\ dp_{ij}=p_{i+1,j}dx+p_{i,j+1}dy, \\ \text{c)}\ Rdp_{ij}+(S-RA_1)dp_{i-1,j+1}+P_{ij}dx=0 \quad (i+j\leqq\nu), \end{cases} \tag{99}$$

le second se déduisant du premier en changeant A_1 en A_2, A_1 et A_2

120) *E. Goursat*, Acta math 19 (1895), p. 331/8; *E. Cartan* [Ann. Éc. Norm. (3) 27 (1910), p. 109/92].

121) *A. V. Bäcklund*, Math. Ann. 9 (1876), p. 297; 11 (1877), p. 199; 13 (1878), p. 69; 15 (1879), p. 39; 17 (1880), p. 285; 19 (1882), p. 387. *E. Goursat*, Dérivées partielles du second ordre[100]) 1, p. 181; *S. Lie*, Ber. Ges. Lpz. 47 (1895), math. p. 61; *E. von Weber*, Math. Ann. 44 (1894), p. 466; 47 (1896), p. 230. Les caractéristiques du second ordre avaient déjà été considérées par *G. Monge* [Hist. Acad. sc. Paris 1784, M. p. 190] *et par *A. M. Ampère* [J. Éc. polyt. (1) cah. 18 (1820), p. 70/1].* Voir aussi *P. du Bois-Reymond*, Beiträge[33]), chap. 5 et 16.

étant les deux racines de *l'équation caractéristique*

$$(100) \qquad RA^2 - SA + T = 0.$$

Sur une bande d'éléments d'ordre ν, les équations (97) où l'on aurait pris $h = \nu - 1$, et les équations (98) où l'on aurait changé ν en $\nu + 1$, permettent en général de déterminer les valeurs des dérivées d'ordre $\nu + 1$. Mais si cette bande est une bande caractéristique, ces équations forment un système indéterminé. Les relations (99) se réduisent à une seule, en tenant compte des équations (97), ou de l'équation (80) si $\nu = 2$. Une des différentielles $dp_{h-1,\nu-h+1}$ reste donc arbitraire dans les relations (99).

Chaque caractéristique d'ordre ν contient une caractéristique d'ordre $\nu - 1$, une d'ordre $\nu - 2, \ldots$, une du second ordre. Inversement, pourvu que les deux racines A_1, A_2 soient distinctes, une caractéristique d'ordre ν est contenue dans ∞^1 caractéristiques d'ordre[122]) $\nu + 1$.

Les caractéristiques d'ordre 3 qui renferment une caractéristique d'ordre 2 sont déterminées par l'intégration d'une équation de Riccati; pour $\nu > 2$, les caractéristiques d'ordre $\nu + 1$ qui renferment une caractéristique d'ordre ν s'obtiennent par l'intégration d'une équation différentielle linéaire[123]).

Toute surface intégrale non singulière est engendrée par ∞^1 caractéristiques d'ordre ν de chacun des deux systèmes, les deux systèmes de ∞^1 courbes correspondantes sont les *courbes caractéristiques* de la surface intégrale[124]). Par chaque caractéristique d'ordre ν passent ∞^∞ surfaces intégrales qui ont un contact d'ordre ν tout le long de la courbe caractéristique correspondante. Deux caractéristiques d'ordre ν, de systèmes différents, qui ont un élément commun d'ordre ν, déterminent une surface intégrale et une seule de l'équation (80)[125]).

---

122) *E. von Weber*, Math. Ann. 47 (1896), p. 234 et suiv.; *E. Goursat*, Dérivées partielles du second ordre[100]) 1, p. 183.

123) *E. Goursat* [Ann. Fac. Toulouse (2) 8 (1906), p. 461]. Lorsque le système de caractéristiques considéré possède un invariant d'ordre $\nu + 1$ [cf. n° **23**], on obtient sans aucune intégration toutes les caractéristiques d'ordre $\nu + 1$ qui renferment une caractéristique d'ordre ν [*E. Goursat*, Leçons sur l'intégration des équations aux dérivées partielles du second ordre 2, Paris 1898, p. 162/4].

124) Le nom de *courbes caractéristiques* est dû à *G. Monge* [Application analyse à géom.[88]), (4e éd.) p. 29; (5e éd.) p. 33.

Les équations du second ordre dont les courbes caractéristiques sont lignes de courbure ou lignes asymptotiques des surfaces intégrales ont été étudiées par *S. Lie* [Math. Ann. 5 (1872), p. 209/33]. Voir aussi *P. du Bois-Reymond*, Beiträge[83]), p. 128; *E. Stephan*, Ann. Éc. Norm. (1) 3 (1866), p. 1.

125) *E. Goursat*, Dérivées partielles du second ordre[100]) 1, p. 184/94; un

Toute caractéristique du premier ordre d'une équation de la catégorie a) appartient à ∞^1 caractéristiques du second ordre, et chaque caractéristique du second ordre contient une caractéristique du premier ordre[126]). Pour les équations de la catégorie d), le système unique de caractéristiques du premier ordre est associé de la même façon à l'un des systèmes de caractéristiques du second ordre. Lorsque $\Delta_1 = \Delta_2$, c'est-à-dire lorsque l'équation (80) appartient à l'une des catégories b) ou c), les conclusions sont tout à fait différentes. Une bande d'éléments du second ordre, qui contient une caractéristique du premier ordre, satifait aux équations différentielles de définition des caractéristiques; cependant une caractéristique du premier ordre donnée n'appartient qu'à une surface intégrale. Il n'y a exception que pour les équations de Monge-Ampère avec deux intégrales intermédiaires $v = \varphi(u)$, $w = \psi(u)$, et pour les équations signalées à la fin du paragraphe précédent. Pour ces équations, il y a ∞^5 caractéristiques *spéciales* du premier ordre, qui engendrent toutes les surfaces intégrales non singulières. Les caractéristiques d'ordre ν appartenant à une surface intégrale non singulière forment de même une famille de $\infty^{2\nu+3}$ caractéristiques *spéciales* d'ordre ν. Chaque caractéristique spéciale du premier ordre appartient à ∞^2 caractéristiques spéciales du second ordre, chacune d'elles à ∞^2 caractéristiques spéciales du troisième ordre, et ainsi de suite[127]).

20. Les caractéristiques des équations aux dérivées partielles d'ordre *n*. La notion de caractéristique s'étend d'elle-même aux équations aux dérivées partielles d'ordre n à deux variables indépen-

---

cas particulier de ce théorème avait été donné par *G. Darboux*, Théorie des surfaces[83]) 2, p. 92.

*Deux courbes qui se coupent en un point O déterminent une intégrale et une seule de l'équation (80), si la tangente à l'une des courbes au point O est une direction caractéristique de l'élément du second ordre que déterminent ces deux courbes au point O [*E. Goursat*, Dérivées partielles du second ordre[125]) 2, p. 303/12]. On a étudié aussi le cas où aucune des tangentes aux deux courbes n'est une direction caractéristique. Voir *Ch. Riquier*, C. R. Acad. sc. Paris 136 (1903), p. 180; Ann. Éc. Norm. (3) 21 (1904), p. 369; *E. Goursat*, Bull. Soc. math. France 34 (1906), p. 100/8.*

126) *La détermination des caractéristiques du second ordre renfermant une caractéristique du premier ordre donnée exige l'intégration d'une équation de Riccati, et les caractéristiques d'ordre $\nu > 2$ qui renferment la même caractéristique du premier ordre se déterminent ensuite par des quadratures [voir *E. Goursat*, Ann. Fac. sc. Toulouse (2) 8 (1906), p. 474; (3) 1 (1909), p. 1].*

127) *E. von Weber*, C. R. Acad. sc. Paris 124 (1897), p. 1215; *E. Goursat*, id. p. 1294.

dantes[128])

(101) $F(x, y, z, p_{10}, p_{01}, p_{20}, p_{11}, p_{02}, \ldots, p_{n0}, p_{n-1,1}, \ldots, p_{0n}) = 0,$

où

$$p_{0i} = \frac{\partial^i z}{\partial y^i}, \quad p_{i0} = \frac{\partial^i z}{\partial x^i} \quad \text{et} \quad p_{ik} = \frac{\partial^{i+k} z}{\partial x^i \partial y^k},$$

en sorte que

$$p_{10} = p, \; p_{01} = q, \; p_{20} = r, \; p_{11} = s, \; p_{02} = t.$$

Considérons une bande d'éléments d'ordre $n + \nu$, c'est-à-dire un système de ∞^1 éléments d'ordre $n + \nu$, satisfaisant à l'équation (101) et à toutes celles qu'on en déduit par des dérivations jusqu'à l'ordre ν, et tel en outre que deux éléments infiniment voisins de ce système vérifient toujours les conditions (98). Les valeurs des dérivées d'ordre $n + \nu + 1$ sont en général déterminées en chaque point de cette bande pour une intégrale de l'équation (101) qui renferme tous les éléments de la bande. Mais si les valeurs de ces dérivées d'ordre $n + \nu + 1$ sont indéterminées, la bande considérée est *une bande caractéristique d'ordre* $n + \nu$ pour l'équation (101). Il y a en général n systèmes de caractéristiques d'ordre $n + \nu$ ($\nu = 0, 1, 2, \ldots$) correspondant aux n racines Λ_i de *l'équation caractéristique*

(102) $$\frac{\partial F}{\partial p_{n0}} \Lambda^n - \frac{\partial F}{\partial p_{n-1,1}} \Lambda^{n-1} + \cdots + (-1)^n \frac{\partial F}{\partial p_{0n}} = 0.$$

A une racine simple de l'équation (102) correspond une famille de caractéristiques d'ordre $n + \nu$ ($\nu = 0, 1, 2, \ldots$), auxquelles on peut étendre tous les théorèmes du nº **19** à l'exception du dernier.

Une caractéristique d'ordre $n + \nu$ est renfermée dans ∞^1 caractéristiques d'ordre $n + \nu + 1$, et inversement toute caractéristique d'ordre $n + \nu + 1$ renferme une caractéristique d'ordre $n + \nu$. Tous les éléments d'une caractéristique d'ordre $n + \nu$ appartiennent à ∞^∞ surfaces intégrales[129]).

On a étudié aussi les caractéristiques provenant d'une racine multiple de l'équation (102), mais les résultats sont encore incomplets[130]).

---

128) Voir *P. du Bois-Reymond*, Beiträge[35]), p. 198; *A. V. Bäcklund*, Math. Ann. 9 (1876), p. 297; 11 (1877), p. 199; 13 (1878), p. 69; 15 (1879), p. 39; 17 (1880), p. 285; 19 (1882), p. 387. *E. von Weber*, id. 44 (1894), p. 458; 47 (1896), p. 229.

129) *E. Goursat*, Dérivées partielles du second ordre[123]) 2, p. 299/309.

130) *E. E. Levi*, Ann. mat. pura appl. (3) 16 (1909), p 161. *Une caractéristique double d'ordre n peut être contenue dans *deux* caractéristiques d'ordre $n + 1$, ou dans ∞^2 caractéristiques d'ordre $n + 1$, ou dans une infinité de caractéristiques d'ordre $n + 1$ dépendant d'une fonction arbitraire. L'auteur étudie aussi les intégrales admettant tous les éléments d'une caractéristique double.*

La théorie des caractéristiques du premier ordre d'une équation du second ordre a aussi son analogue[131]). Étant donné une bande de ∞^1 éléments d'ordre $n-1$, tel que deux éléments infiniment voisins soient unis, on dit que cette bande forme *une caractéristique d'ordre* $n-1$ de l'équation (101) lorsque le problème de Cauchy correspondant est indéterminé, c'est-à-dire lorsque les équations

$$(103) \quad dp_{i,n-1-i} = p_{i+1,n-1-i}dx + p_{i,n-i}dy, \qquad (i=0, 1, \ldots, n-1),$$

jointes à l'équation (101), admettent une infinité de solutions en

$$p_{n0}, \ldots, p_{0n}.$$

Parmi les équations d'ordre n admettant des caractéristiques d'ordre $n-1$, on n'a guère étudié jusqu'ici que les équations de *L. Natani*[132]), qui généralisent l'équation de Monge-Ampère

$$(104) \quad A + \sum A_i \frac{\partial^n z}{\partial x^i \partial y^{n-i}} + \sum\sum B_{ik}(p_{i,n-i}p_{k+1,n-k-1} - p_{k,n-k}p_{i+1,n-i-1}) = 0,$$

A et les coefficients A_i, B_{ik} étant des fonctions de x, y, z et des dérivées de z jusqu'à l'ordre $n-1$ au plus.

Lorsque tous les coefficients B_{ik} sont nuls, l'équation (104) est linéaire par rapport aux dérivées d'ordre n, et elle admet n systèmes[133]), en général distincts, de caractéristiques d'ordre $n-1$, définies par des équations linéaires en

$$dx, dy, \ldots, dp_{n-1,0}, \ldots, dp_{0,n-1}.$$

Lorsque les B_{ik} ne sont pas tous nuls, l'élimination des dérivées d'ordre n,

$$p_{n0}, p_{n-1,1}, p_{n-2,2}, \ldots, p_{0n}$$

entre l'équation (104) et les relations (103) conduit à deux relations homogènes *non linéaires* en

$$dx, dy, \ldots, dp_{n-1,0}, \ldots, dp_{0,n-1}.$$

Moyennant certaines conditions que doivent vérifier les fonctions A, A_i, B_{ik}, ce système peut admettre toutes les solutions d'un système de deux équations *linéaires* en

$$dx, dy, \ldots, dp_{n-1,0}, \ldots, dp_{0,n-1},$$

ou de deux systèmes au plus de cette espèce[134]).

131) *E. von Weber*, Math. Ann. 47 (1896), p. 236; *E. Goursat*, Dérivées partielles du second ordre[123]) 2, p. 309/13.

132) Die höhere Analysis, Berlin 1866, p. 380/8.

133) *G. Monge*, Hist. Acad. sc. Paris 1784, éd. 1787, M. p. 155 et suiv.

134) *M. Hamburger*, J. reine angew. Math. 81 (1876), p. 272; *A. V. Bäcklund*, Math. Ann. 13 (1878), p. 97.

Chaque caractéristique d'ordre $n-1$ appartient en général à ∞^1 caractéristiques d'ordre n, et inversement toute caractéristique d'ordre n contient une caractéristique d'ordre $n-1$. Lorsque les équations linéaires de définition d'une famille de caractéristiques d'ordre $n-1$ admettent une combinaison intégrable

$$df(x, y, z, p_{0,1}, p_{0,2}, \ldots, p_{n-1,0}, \ldots, p_{0,n-1}) = 0,$$

l'équation $f = C$ est une intégrale première de l'équation (104). Si les équations de définition admettent deux combinaisons intégrables distinctes

$$df = 0, \; df_1 = 0,$$

l'équation (104) admet une intégrale première générale d'ordre $n-1$ dépendant d'une fonction arbitraire $f = \varphi(f_1)$. Une équation non linéaire par rapport aux dérivées d'ordre n admet au plus *deux* intégrales premières distinctes de cette forme, tandis qu'une équation linéaire peut admettre n intégrales premières distinctes[135]).

Lorsqu'une équation d'ordre n appartient à la première classe d'Ampère, de façon que x, y, z s'expriment explicitement au moyen de fonctions arbitraires φ_{ik} de n paramètres $\varrho_1, \varrho_2, \ldots, \varrho_n$, les relations

$$\varrho_1 = \text{const.}, \; \varrho_2 = \text{const.}, \ldots, \varrho_n = \text{const.}$$

définissent sur chaque surface intégrale n familles de courbes caractéristiques, correspondant respectivement aux n racines A_i de l'équation caractéristique (102).

Considérons le cas où les expressions des dérivées $p, q, r, \ldots, p_{0n}$ ne renferment pas d'autres dérivées des fonctions arbitraires $\varphi_{1k}(\varrho_1)$ que celles qui figurent dans les équations qui représentent l'intégrale générale; ces dérivées sont dites par Ampère *homogènes à l'intégrale.* On peut, en choisissant convenablement φ_{1k}, déterminer ∞^∞ surfaces intégrales qui ont un contact d'ordre n avec une surface intégrale particulière V le long de la courbe caractéristique $\varrho_1 = \varrho_1^0$.

---

135) *A. V. Bäcklund*, Math. Ann. 13 (1878), p. 97; *M. Falk*, Nova Acta Soc. sc. Upsal. (3) 8² (1873), mém. n° 5, p. 1/40 [1871]. *Voir aussi *K. M. Peterson*, Mat. Sbornik (recueil Soc. math. Moscou) 8 (1877), p. 291/361); 9 (1878), p. 137/92; 10 (1879), p. 169/223, traduit par *E. Davaux*, Ann. Fac. sc. Toulouse (2) 7 (1905), p. 109/263. Dans le premier mémoire, l'auteur développe une théorie des caractéristiques qui ne diffère qu'en apparence de la théorie classique; dans le second mémoire, il en fait l'application à la recherche des intégrales intermédiaires d'une équation *bilinéaire* de la forme de *L. Natani*. Voir aussi *H. W. Lloyd Tanner*, Proc. Lond. math. Soc. (1) 8 (1876/7), p. 229/61; *A. R. Forsyth*, Theory of differential equations 6, Cambridge 1906, p. 456 (chap. 22); *A. Guldberg*, C. R. Acad. sc. Paris 130 (1900), p. 1452; Skrifter Videnskabs-selskabet (Christiania), math.-naturv. 1900, éd. 1901, mém. n° 5.*

Au contraire, il existe ∞^∞ surfaces intégrales qui ont un contact d'ordre $n-1$ seulement avec l'intégrale V le long d'une caractéristique $\varrho_1 = \varrho_1^0$, lorsque les expressions de

$$p, q, r, s, t, p_{30}, p_{21}, \ldots, p_{1,n-1}, p_{0n}$$

renferment des dérivées des fonctions arbitraires qui ne figurent pas dans les formules représentant l'intégrale générale. *A. M. Ampère* a déduit de là les conditions d'existence d'un système de caractéristiques d'ordre $n-1$ et les équations qui les déterminent[136]).

21. Systèmes formés par deux équations aux dérivées partielles du second ordre. Deux équations aux dérivées partielles du second ordre

$$(105) \qquad \begin{cases} F_1(x, y, z, p, q, r, s, t) = c_1, \\ F_2(x, y, z, p, q, r, s, t) = c_2, \end{cases}$$

où c_1, c_2 sont des constantes, forment d'après *S. Lie* un système *complètement intégrable*[137]) lorsqu'elles admettent ∞^4 intégrales communes. Pour qu'il en soit ainsi, les six équations obtenues en dérivant deux fois les relations (105), et qui renferment les dérivées du quatrième ordre, doivent se réduire à cinq relations distinctes[138]). La fonction F_1 étant donnée, la fonction F_2 doit satisfaire à une équation aux dérivées partielles du deuxième ordre[139]). L'intégration d'un système complètement intégrable de la forme (105) se ramène à l'intégration d'un système d'équations différentielles ordinaires [voir II 21, n^{os} **3**, **16** et note 101], et fournit une intégrale complète avec cinq constantes arbitraires de l'équation $F_1 = c_1$.

Pour qu'une équation d'ordre n,

$$F(x, y, z, p, q, \ldots, p_{1,n-1}, p_{0n}) = c,$$

ait ∞^{2n+1} intégrales communes avec l'équation $F_1 = c_1$, la fonction F doit satisfaire de même à une équation aux dérivées partielles du second ordre, linéaire par rapport aux dérivées du second ordre, en considérant $x, y, z, p_{01}, p_{10}, \ldots, p_{1,n-1}, p_{0n}$ comme des variables indépendantes[139]).

Connaissant une intégrale complète quelconque d'une équation du second ordre, la méthode de la variation des constantes ne conduit

136) J. Éc. polyt. (1) cah. 17 (1815), p. 590; *E. Goursat*, Dérivées partielles du second ordre[100]) 1, p. 216/20.

137) Ber. Ges. Lpz. 47 (1895), math. p. 71.

138) *A. V. Bäcklund*, Math. Ann. 15 (1879), p. 50.

139) *N. J. Sonin*[116]); *Gy. (J.) König*, Math. Ann. 24 (1884), p. 501.

en général à aucune simplification du problème de l'intégration[140]); et il en est de même *a fortiori* pour les problèmes analogues d'ordre plus élevé[141]). De même la théorie des solutions singulières d'une équation aux dérivées partielles du premier ordre n'a pas en général d'analogue pour une équation aux dérivées partielles d'ordre supérieur[142]).

Les équations (105), où les constantes c_1, c_2 peuvent avoir des valeurs déterminées ou des valeurs arbitraires, forment un *système en involution* lorsque les quatre relations entre les quatre dérivées du troisième ordre que l'on en déduit par dérivation se réduisent à trois, soit identiquement, soit en tenant compte des équations (105) elles-mêmes[143]). *Lorsque les équations (105) sont linéaires en r, s, t, elles doivent représenter une droite de l'espace (r, s, t) parallèle à une génératrice du cône du complexe $(\varkappa)$ [n° **17** cas **b**], et les coefficients doivent en outre satisfaire à certaines conditions[144]).* Si les équations (105) forment un système en involution non linéaire, elles représentent dans l'espace (r, s, t) une certaine courbe gauche, qui est l'arête de rebroussement d'une surface développable dont l'équation

$$F(x, y, z, p, q, r, s, t) = 0$$

est une de ces équations du second ordre considérées à la fin du n° **18**, et réciproquement. Les intégrales du système en involution (105) sont des solutions singulières de l'équation $F = 0$[145]).

Les équations caractéristiques [n° **19**] des deux équations (105) en involution ont une racine commune Λ_1, et les équations (105) elles-mêmes ont ∞^5 caractéristiques communes du second ordre corres-

140) *J. L. Lagrange*, Nouv. Mém. Acad. Berlin 5 (1774), éd. 1776, p. 268/9; Œuvres 4, Paris 1869, p. 101; *E. Goursat*, Dérivées partielles du second ordre[100]) 1, p. 33/8.

141) Les méthodes de *V. Sersawy* [Denkschr. Akad. Wien 53 II (1887), p. 1/34] et de *L. Königsberger* [J. reine angew. Math. 109 (1892), p. 313/9, 321/8], présentées comme une généralisation de la méthode de la variation des constantes, ne réussissent que dans des cas particuliers, que l'on peut traiter plus aisément avec la théorie générale des caractéristiques.

142) *E. von Weber*, Math. Ann. 46 (1895), p. 1.

143) Des systèmes de cette espèce ont été considérés par *P. du Bois-Reymond*, Beiträge[33]) 1, p. 177, et par *G. Darboux*, C. R. Acad. sc. Paris 70 (1870), p. 675, 746; Ann. Éc. Norm. (1) 7 (1870), p. 163. Voir aussi *N. J. Sonin*[118]) et *Gy.* (*J.*) *König*[139]); *A. V. Bäcklund*, Math. Ann. 13 (1878), p. 69; *L. Bianchi*, Atti Accad. Lincei *Rendic.* (4) 2 (1885/6) II, p. 218/23, 237/41, 307/10; *J. Beudon*, Ann. Éc. Norm. (3) 13 (1896), suppl. p. 28; *E. von Weber*, Sitzgsb. Akad. München 25 (1895), p. 101.

144) *E. Goursat*, C. R. Acad. sc. Paris 122 (1896), p. 1258; J. Éc. polyt. (2) cah. 3 (1897), p. 75.

145) *E. Goursat*[144]); voir aussi *E. Cartan*, Ann. Éc. Norm. (3) 27 (1910), p. 109.

spondant à cette racine A_1. Si deux intégrales communes du système ont un élément commun du second ordre, elles ont en commun tous les éléments de la caractéristique du second ordre issue du premier élément. Par toute bande d'éléments unis du second ordre vérifiant les équations (105) passe une intégrale de ce système et une seule qui est engendrée par les ∞^1 caractéristiques du second ordre issues de ces éléments et qui peut être obtenue par une méthode entièrement analogue à celle de *A. L. Cauchy*[146]).

Lorsque le système en involution (105) est linéaire[147]) en r, s, t, les deux équations du système ont ∞^4 caractéristiques communes du premier ordre, dont chacune appartient à ∞^1 caractéristiques du second ordre, et toute surface intégrale commune est encore le lieu de ∞^1 caractéristiques du premier ordre. Il peut se faire que le système linéaire en involution soit équivalent à une équation du premier ordre

$$f(x, y, z, p, q) = C.$$

*Quand on connaît une intégrale S d'un système linéaire en involution dépendant de trois paramètres arbitraires a, b, c, on obtient l'intégrale générale[148]) en prenant l'enveloppe de ∞^1 surfaces S, les paramètres a, b, c étant assujettis à vérifier une équation de Monge[149])

$$\Phi(a, b, c, da, db, dc) = 0.*$$

Pour intégrer le système en involution (105), on peut aussi chercher avec *S. Lie*[150]) toutes les équations du premier ordre

$$V(x, y, z, p, q) = \alpha$$

qui ont ∞^2 intégrales communes avec ce système, ce qui conduit pour déterminer V à une équation aux dérivées partielles du premier ordre *semi-linéaire* [voir n° 7]. On peut encore, avec *N. J. Sonin*[151]), chercher une fonction F_3 des quantités x, y, z, p, q, r, s, t envisagées comme des variables indépendantes, telle que l'équation

$$F_3(x, y, z, p, q, r, s, t) = c_3$$

---

146) D'après *V. (W.) de Tannenberg* [C. R. Acad. sc. Paris 120 (1895), p. 674], on peut obtenir ce résultat en remarquant que tout système en involution est équivalent à un système de Pfaff [II 21, 8] qui admet un groupe de transformations à un paramètre.

147) Cf. *A. V. Bäcklund*, Math. Ann. 13 (1878), p. 73; *E. Goursat*, J. Éc. polyt. (2) cah. 3 (1897), p. 75.

148) *E. Goursat* [147]).

149) *Si le système n'est pas équivalent à une équation $f = C$, l'intégrale générale se réduit par une transformation [cf. *E. Cartan*, Ann. Éc. Norm. (3) 27 (1910), p. 109/92] de contact déterminée des courbes dont les tangentes appartiennent à un complexe linéaire.*

150) *S. Lie*, Ber. Ges. Lpz. 47 (1895), math. p. 70.

151) Math. Ann. 49 (1897), p. 417.

ait ∞^3 intégrales communes avec le système (105), ce qui conduit à une équation linéaire aux dérivées partielles du premier ordre pour déterminer F_3. Ayant obtenu ainsi une intégrale complète de l'équation $F_1 = c_1$, qui dépend de cinq constantes arbitraires c_2, c_3, c_4, c_5, c_6, ces surfaces peuvent s'associer en familles à un paramètre, dont chacune a un contact du second ordre avec leur enveloppe, tout le long de la courbe caractéristique[152]).

**E. Cartan*[153]) s'est occupé de l'intégration des équations différentielles des caractéristiques d'un système en involution (105) non linéaire. Ce système est équivalent à un système de trois équations de Pfaff à six variables. Un changement convenable de variables permet de ramener ces équations de Pfaff à ne contenir que cinq variables qui constituent alors cinq intégrales premières des équations différentielles des caractéristiques.

Le système de Pfaff à cinq variables ainsi obtenu indique comment il faut associer les caractéristiques de manière à engendrer une surface intégrale.

Si deux systèmes en involution (105) conduisent à deux systèmes de Pfaff à cinq variables équivalents (c'est-à-dire réductibles l'un à l'autre par un changement de variables), ils sont réductibles l'un à l'autre par une transformation de contact et réciproquement.

La théorie des invariants d'un système en involution vis-à-vis du groupe des transformations de contact est ainsi liée à la théorie des invariants d'un système de trois équations de Pfaft à cinq variables vis-à-vis du groupe des transformations ponctuelles à cinq variables [n° **33**]. Or ces invariants peuvent être obtenus par des opérations rationnelles en partant du système de Pfaff primitif à six variables équivalent au système en involution (105). Chacun de ces invariants constitue une intégrale première des équations différentielles des caractéristiques.

Il peut ainsi arriver que les caractéristiques soient complètement obtenues sans intégration. Dans tous les cas la détermination des caractéristiques dépend de l'intégration d'équations différentielles de Lie associée au plus grand groupe de transformation de contact qui laisse invariant le système (105). Ce groupe, toujours fini, est à quatorze paramètres au plus.

Cette méthode s'étend aux équations du second ordre dont il est

---

152) Pour l'extension de la théorie des enveloppes de *G. Monge* à ce cas, voir *E. von Weber*, Math. Ann. 47 (1896), p. 254; *J. Beudon*, Ann. Éc. Norm. (3) 13 (1896), suppl. p. 32; C. R. Acad. sc. Paris 128 (1899), p. 1215.

153) *E. Cartan*, Ann. Éc. Norm. (3) 27 (1910), p. 109.

question à la fin du nº **18** et, d'une manière plus générale, aux systèmes différentiels qui admettent des caractéristiques dépendant seulement de constantes arbitraires.*

22. Systèmes de Darboux; systèmes en involution. Considérons un système formé d'une équation du second ordre et d'une équation d'ordre n[154]) $(n \geqq 2)$

$$(106) \qquad \begin{cases} F_1(x, y, z, p, q, r, s, t) = c_1, \\ F_2(x, y, z, \ldots, p_{0n}) = c_2. \end{cases}$$

Si les $(n+2)$ équations déduites par dérivation des équations (106), qui lient les dérivées d'ordre $n+1$, se réduisent à $n+1$ équations distinctes, les deux équations caractéristiques correspondant aux équations $F_1 = c_1$, $F_2 = c_2$ ont une racine commune Λ_1, et les équations (106) ont elles-mêmes ∞^{2n+1} caractéristiques communes d'ordre n correspondant à cette racine Λ_1.

Par chaque bandeau d'éléments d'ordre n appartenant aux deux équations (106) il passe une intégrale commune engendrée par les caractéristiques communes issues des divers éléments d'ordre n de ce bandeau. L'équation $F_2 = c_2$ est alors une intégrale intermédiaire de $F_1 = c_1$, c'est-à-dire qu'elle a avec elle ∞^∞ intégrales communes, sans les admettre toutes. Pour qu'il en soit ainsi, quelle que soit la constante c_2, il faut et il suffit que dF_2 soit une combinaison intégrable[155]) des équations aux différentielles totales qui définissent les caractéristiques d'ordre n de l'équation $F_1 = c_1$, correspondant à la racine Λ_1 [nº **19**].

Lorsque les deux équations (106) sont en involution, quels que soient c_1, c_2, $F_1 = c_1$ est de même une intégrale intermédiaire de l'équation $F_2 = c_2$.

Un système de k équations aux dérivées partielles d'ordre n $(k \leqq n+1)$ forme un système en involution[156]) lorsque par tout bandeau d'éléments d'ordre n appartenant à ces équations il passe une intégrale commune de ces k équations. Pour qu'il en soit ainsi, il faut et il suffit que les $2k$ relations entre les dérivées d'ordre $n+1$

154) Voir les travaux cités plus haut [note 143] et *J. Beudon* [C. R. Acad. Paris 120 (1895), p. 902] donne un exemple pour $n = 3$. *E. Goursat*, Dérivées partielles du second ordre[123]) 2, p. 78/94.

155) *Inversement, connaissant un certain nombre de systèmes en involution tels que (106), la première équation étant la même pour tous ces systèmes, on peut en déduire une ou plusieurs combinaisons intégrables des équations aux différentielles totales qui définissent les caractéristiques de l'équation $F_1 = c_1$ correspondant à la racine Λ_1 [voir *E. Gau*, C. R. Acad. sc. Paris 151 (1910), p. 1031; J. math. pures appl. (6) 7 (1911), p. 123].*

156) *E. von Weber*, Sitzgsb. Akad. München 25 (1895), p. 423.

se réduisent à $k+1$ relations distinctes. Ainsi k intégrales premières différentes d'une équation de *L. Natani* d'ordre $n+1$ [n° **20**], appartenant à k systèmes différents de caractéristiques d'ordre n, forment un système en involution[157]). Pour $k=n+1$, l'intégrale générale d'un système en involution dépend d'un nombre fini de constantes; pour $k \leqq n$, cette intégrale dépend de $n-k+1$ fonctions arbitraires. Dans ce dernier cas, le système en involution possède $n-k+1$ systèmes de caractéristiques d'ordre n et d'ordre plus élevé, qui offrent une analogie complète avec les systèmes de caractéristiques d'une équation aux dérivées partielles d'ordre $n-k+1$.

S. Lie[158]) appelle *système de Darboux de classe r* tout système d'équations aux dérivées partielles d'ordre quelconque, qui admettent une intégrale commune dépendant de r fonctions arbitraires. On obtient les conditions pour qu'il en soit ainsi en exprimant que toutes les équations dérivées d'un certain ordre laissent indéterminées r des dérivées de z de l'ordre le plus élevé et r seulement. S'il en est ainsi pour les dérivées d'ordre m, il en sera de même pour les dérivées d'ordre $m+1$, $m+2$, ... Dans le cas particulier où $r=1$, l'intégrale générale s'obtient par une méthode toute pareille à la méthode de Cauchy, par l'intégration d'un système d'équations différentielles ordinaires.

23. Méthode d'intégration de Darboux-Lévy et ses généralisations. Si

$$du(x, y, z, p, \ldots, p_{0n}) = 0$$

est une combinaison intégrable des équations qui définissent un des deux systèmes de caractéristiques d'ordre n de l'équation (80), la fonction u est, d'après *E. Goursat*, un *invariant d'ordre n* de ce système de caractéristiques. Lorsque les deux racines Λ_1, Λ_2 de l'équation caractéristique sont distinctes, on a les théorèmes suivants relativement aux invariants correspondant à un même système de caractéristiques[159]):

Un invariant d'ordre n doit satisfaire à un système $\Sigma^{(n)}$ de deux équations aux dérivées partielles du premier ordre, linéaires et homogènes, où les variables indépendantes sont x, y, z, p, q et les dérivées du 2ième ordre, du 3ième ordre, ..., du $n^{\text{ième}}$ ordre, au moyen desquelles

157) *A. V. Bäcklund*, Math. Ann. 11 (1877), p. 412; 13 (1878), p. 69.

158) Ber. Ges. Lpz. 47 (1895), math. p. 71.

159) *E. Goursat*, Dérivées partielles du second ordre [123]) 2, p. 146/64; C. R. Acad. sc. Paris 123 (1896), p. 680. Voir aussi *N. J. Sonin*, Mat. Sbornik (recueil Soc. math. Moscou) 7 (1874), p. 285/318; trad. par *F. Engel*, Math. Ann. 49 (1897), p. 417; **J. Clairin*, Bull. Soc. math. France 33 (1905), p. 14.*

peuvent s'exprimer toutes les autres dérivées de la fonction inconnue, quand on tient compte de l'équation (80) et de toutes celles qui s'en déduisent par des différentiations successives. Le système $\Sigma^{(n)}$ admet aussi pour intégrales tous les invariants d'ordre inférieur à n s'il en existe.

Pour $n > 2$, il y a au plus un invariant d'ordre n correspondant à la racine Λ_1, que l'on peut ramener à une forme linéaire relativement aux dérivées d'ordre n, c'est-à-dire que tous les invariants d'ordre n, s'il en existe, peuvent s'exprimer au moyen de l'un d'entre eux et d'invariants d'ordre inférieur à n.

De même, il y a au plus un invariant distinct du second ordre, s'il y a déjà un invariant du premier ordre, ou si l'équation (80) a la forme de Monge-Ampère *et, plus généralement, si à la racine Λ_1 correspond pour l'équation (80) un système de caractéristiques du premier ordre[160]).*

Le nombre total des invariants distincts, dont l'ordre ne dépasse pas n, pour un système déterminé de caractéristiques, est au plus égal à $n+1$; ce nombre maximé est atteint quand l'équation (80) admet une intégrale première dépendant de deux constantes arbitraires et dans ce cas seulement. Il y a alors trois invariants du premier ou du second ordre, un du troisième ordre, un du quatrième ordre, etc. Soient u, v [161]) deux invariants distincts pour le système de caractéristiques (C_1); ce système possède une suite illimitée d'invariants

$$(107) \qquad u, \quad v, \quad v_1 = \frac{dv}{du}, \quad v_2 = \frac{dv_1}{du}, \ldots,$$

où l'on remplace dz, dp_{ik} par leurs valeurs tirées des relations (99). Inversement, si un système de caractéristiques possède plus d'un invariant, il en admet une infinité, et l'on peut en choisir deux u et v, de façon que tous les invariants de ce système soient de la forme

$$\varphi(u, v, v_1, v_2, \ldots),$$

les invariants $v_1, v_2, \ldots$ étant définis par les relations (107).

Si l'équation (80) est de la forme

$$s = f(x, y, z, p, q),$$

les deux systèmes de caractéristiques possèdent respectivement les deux

160) **J. Clairin*, Bull. Soc. math. France 32 (1904), p. 149.*

161) Soient u, v deux invariants d'un même système de caractéristiques; si les deux équations $u = c$, $v = c'$ ont *une* intégrale commune avec l'équation (80), ces trois équations ont ∞^∞ intégrales communes [*E. Goursat*, Dérivées partielles du second ordre [125]) 2, p. 103/4].

invariants x et y, et tout autre invariant est de l'une des formes[162])

$$\varphi\left(x, y, z, \frac{\partial z}{\partial x}, \ldots, \frac{\partial^n z}{\partial x^n}\right), \quad \psi\left(x, y, z, \frac{\partial z}{\partial y}, \ldots, \frac{\partial^n z}{\partial y^n}\right).$$

Tout invariant d'ordre supérieur à 3 peut être mis sous forme linéaire par rapport aux dérivées de l'ordre le plus élevé qui y figurent[163]).

Supposons qu'il y ait pour chaque système de caractéristiques deux invariants (u, v) et (u', v') respectivement, et par conséquent que l'équation (80) possède deux intégrales intermédiaires distinctes dépendant d'une fonction arbitraire [II 21, 6]

$$(108) \qquad u = \varphi(v), \quad u' = \psi(v'),$$

ces équations forment avec l'équation (1) un système complètement intégrable au sens de Lie[164]), quelles que soient les fonctions φ et ψ, et l'intégration de l'équation (80) est ramenée à celle d'un système d'équations différentielles ordinaires. Telle est la *méthode de Darboux* proprement dite[165]).

Cette méthode a été étendue par *Maurice Lévy*[166]) au cas où il n'existe qu'*une* seule intégrale intermédiaire

$$u = \varphi(v).$$

Soit en effet n son ordre; on peut déterminer la fonction φ (et cela d'une seule manière) de façon que l'équation $u = \varphi(v)$ soit vérifiée par tous les éléments d'un bandeau d'ordre n appartenant à l'équation (80); la surface intégrale V de l'équation (80) qui renferme tous les éléments de ce bandeau satisfait aussi à l'équation[167])

$$u = \varphi(v),$$

et s'obtient par l'intégration d'un système d'équations différentielles ordinaires dépendant du bandeau considéré.

162) *E. Goursat*, Dérivées partielles du second ordre[123]) 2, p. 104/6; Ann. Fac. sc. Toulouse (2) 1 (1899), p. 31.

163) *E. Goursat*, Ann. Fac. sc. Toulouse (2) 1 (1899), p. 35; *E. Gau*, C. R. Acad. sc. Paris 150 (1910), p. 1410; 151 (1910), p. 1031; J. math. pures appl. (6) 7 (1911), p. 123.

164) Ber. Ges. Lpz. 47 (1895), math. p. 71.

165) Voir les travaux cités dans la note 143, et le premier mémoire de *K. M. Peterson* (note 135).

166) C. R. Acad. sc. Paris 75 (1872), p. 1094. Voir aussi les travaux déjà cités de *N. J. Sonin*, *Gy. (J.) König*[139]), *H. A. W. Speckman*, Verslagen Meded. Akad. Wetensch. (Amsterdam) Afdeeling Natuurk. (3) 9 (1892), p. 465; *V. Sersawy*, Denkschr. Akad. Wien 49 II (1885), p. 7/33.

167) *S. Lie*, Ber. Ges. Lpz. 47 (1895), math. p. 65.

Si l'intégrale générale d'une équation du second ordre, avec deux systèmes distincts de caractéristiques, est représentée par des formules de la forme

$$(109)\quad \begin{cases} x = V_1(\alpha_1, \alpha_2, \varphi_1(\alpha_1), \varphi_1'(\alpha_1), \ldots, \varphi_1^{(p)}(\alpha_1), \varphi_2(\alpha_2), \varphi_2'(\alpha_2), \ldots, \\ \qquad\qquad \varphi_2^{(q)}(\alpha_2), F_1, \ldots, F_l), \\ y = V_2(\alpha_1, \alpha_2, \varphi_1(\alpha_1), \varphi_1'(\alpha_1), \ldots, \varphi_2^{(q)}(\alpha_2), F_1, \ldots, F_l), \\ z = V_3(\alpha_1, \alpha_2, \varphi_1(\alpha_1), \varphi_1'(\alpha_1), \ldots, \varphi_2^{(q)}(\alpha_2), F_1, \ldots, F_l), \end{cases}$$

où V_1, V_2, V_3 sont des fonctions déterminées de leurs arguments, et où α_1, α_2 sont des paramètres variables, φ_1 et φ_2 deux fonctions arbitraires, $\varphi_1'(\alpha_1)$, $\varphi_2'(\alpha_2)$, ... leurs dérivées, et $F_1, \ldots, F_l$ des fonctions de α_1, α_2 qui, pour chaque forme particulière des fonctions φ_1 et φ_2, s'obtiennent par l'intégration d'un système d'équations aux différentielles totales complètement intégrable,

$$dF_1 = \sum_{k=1}^{k=2} \Phi_{1k}(\alpha_1, \alpha_2, \varphi_1, \varphi_1', \ldots, \varphi_2, \varphi_2', \ldots, F_1, \ldots, F_l)\, d\alpha_k$$

$$dF_2 = \sum_{k=1}^{k=2} \Phi_{2k}(\alpha_1, \alpha_2, \varphi_1, \varphi_1', \ldots, \varphi_2, \varphi_2', \ldots, F_1, \ldots, F_l)\, d\alpha_k$$

. . . .

$$dF_l = \sum_{k=1}^{k=2} \Phi_{lk}(\alpha_1, \alpha_2, \varphi_1, \varphi_1', \ldots, \varphi_2, \varphi_2', \ldots, F_1, \ldots, F_l)\, d\alpha_k$$

il existe pour chaque système de caractéristiques deux invariants distincts. Inversement, toute équation du second ordre, intégrable par la méthode de Darboux, admet une intégrale générale de la forme précédente; les équations de la première classe d'Ampère [II 21, 4] forment un cas particulier. Plus généralement, si toute intégrale d'une équation du second ordre est comprise dans une famille d'intégrales représentées par des formules de la forme (109), où les fonctions V_i et Φ_{ik} ne renferment qu'*une* fonction arbitraire $\varphi_1(\alpha_1)$ ou $\varphi_2(\alpha_2)$, il existe deux invariants pour *un* des systèmes de caractéristiques, et réciproquement[168]).

La condition nécessaire et suffisante pour que l'intégration de l'équation (80) se ramène à l'intégration d'un ou plusieurs systèmes d'équations différentielles ordinaires peut être remplacée par la suivante, si l'on adopte une certaine interprétation de cet énoncé. Il faut et il suffit que les caractéristiques de l'un des systèmes qui peuvent être associées à une caractéristique déterminée du même système pour former une

168) *E. Goursat,* Dérivées partielles du second ordre[123]) 2, p. 217/37.

surface intégrale ne dépendent que d'un nombre *fini* de paramètres[169]). Cette condition géométrique entraîne l'existence de deux invariants pour le second système de caractéristiques.

F. de Boer[170]) a déterminé toutes les équations de la forme

$$f(r, s, t) = 0$$

qui sont intégrables par la méthode de Darboux.

*Le même problème a été traité par *S. Lie*[171]) pour l'équation

$$s = f(z),$$

par *J. Clairin*[172]) pour l'équation

$$s = f(x, y, z),$$

par *E. Gau*[173]) pour l'équation

$$s = a(x, y, z)p + b(x, y, z)q + c(x, y, z).^*$$

E. Goursat[174]) a déterminé toutes les équations intégrables par la méthode de Darboux,

$$s = f(x, y, z, p, q),$$

pour lesquelles l'invariant de chaque système de caractéristiques, autre que x ou y, est au plus du second ordre. Toutes ces équations admettent une intégrale générale explicite.

Les équations

$$s = f(x, y, z, p, q)$$

telles qu'il existe un second invariant d'ordre quelconque pour chaque système de caractéristiques peuvent se ramener à quelques formes simples[175]) mais on n'a pas encore étudié tous les cas possibles.*

Si pour une équation du second ordre, dont les deux systèmes

---

169) *E. von Weber*, Sitzgsb. Akad. München 26 (1896), p. 425; *E. Goursat*, Dérivées partielles du second ordre[123]) 2, p. 237.

170) Archives néerland. sc. Harlem (1) 27 (1893), p. 355/412; *H. A. W. Speckman* [id. p. 303/54] a traité par la méthode de Darboux quelques équations plus générales telles que

$$f(x, r, s, t) = 0,$$
$$r + 2Ns + N^2t + v = 0$$

N et v étant des fonctions de x, y, z, p, q.

171) Archiv for Math. og Naturvidenskab (Christiania) 6 (1881), p. 112/24.

172) Bull. sc. math. (2) 29 (1905), p. 117.

173) C. R. Acad. sc. Paris 150 (1910), p. 1099; J. math. pures appl. (6) 7 (1911), p. 123.

174) Ann. Fac. sc. Toulouse (2) 1 (1899), p. 31/78, 439/63.

175) *E. Goursat*, id. (2) 1 (1899), p. 459; *E. Gau*, J. math. pures appl. (6) 7 (1911), p. 123.

de caractéristiques sont confondus, il existe un invariant d'ordre $n > 1$, le système $\Sigma^{(n)}$ est un système complet. Les conditions pour qu'il en soit ainsi sont indépendantes de n, et expriment que l'équation du second ordre appartient à la catégorie considérée à la fin du n° **18**. Ce sont les seules équations du second ordre, n'ayant qu'un système de caractéristiques, dont l'intégrale générale appartient à la première classe d'Ampère[176]).

On a cherché aussi à déterminer directement les équations du second ordre dont l'intégrale générale peut s'exprimer sous forme explicite au moyen de deux paramètres, de deux fonctions arbitraires de ces paramètres, et d'un nombre fini de leurs dérivées.

Le problème le plus simple de cette nature a été traité par *Th. Moutard*[177]) qui a déterminé toutes les équations du second ordre dont l'intégrale générale est de la forme

$$z = f(x, y, X, X', \ldots, X^{(k)}, Y, Y', \ldots, Y^{(l)}),$$

X et Y désignant deux fonctions arbitraires de x et y respectivement. En laissant de côté quelques cas évidents a priori, toutes ces équations peuvent se ramener, par un changement de variables, à une équation de Laplace [voir n° **24**], à l'équation de Liouville[178])

$$s = ae^{bz}$$

(a et b étant constants), ou à une équation de la forme

$$\frac{\partial^2 z}{\partial x \partial y} = \frac{\partial}{\partial x}(Me^z) - \frac{\partial}{\partial y}(Ne^{-z}),$$

M et N étant des fonctions de x, y qui doivent satisfaire à certaines conditions, et l'intégration de cette équation se ramène à celle d'une équation de Laplace[179]).

**A. R. Forsyth*[180]) a étudié aussi les équations du second ordre dont l'intégrale générale est représentée par des formules de la forme (109), quand on suppose que ces formules ne renferment pas les fonctions $F_1, F_2, \ldots, F_r$.*

176) *E. Goursat*, Dérivées partielles du second ordre[125]) 2, p. 164/71.

177) *Th. Moutard*, C. R. Acad. sc. Paris 70 (1870), p. 834; *J. Bertrand*, id. p. 1068. Voir aussi *H. W. Lloyd Tanner*, Messenger math. (2) 5 (1876), p. 53; Proc. London math. Soc. (1) 8 (1876/7), p. 159. Une démonstration complète des théorèmes de *Th. Moutard* a été donnée par *E. Cosserat* (dans *G. Darboux*, Leçons sur la théorie des surfaces 4, Paris 1896, p. 405/22).

178) *J. Liouville*, J. math. pures appl. (1) 18 (1853), p. 71. Cette équation admet un groupe infini de transformations ponctuelles; *S. Lie* a montré que c'est la seule équation de la forme $s = f(z)$ qui soit intégrable par la méthode de Darboux (voir note 171).

179) *E. Goursat*, Dérivées partielles du second ordre[125]) 2, p. 248/52.

180) Proc. London math. Soc. (2) 5 (1907), p. 117/76; id. (2) 6 (1908), p. 1/15.

La méthode de Darboux-Lévy s'étend à une équation aux dérivées partielles d'ordre quelconque [n° **20**]. Une fonction u des variables

$$x, y, z, p, q, \ldots, p_{ik}$$

est un *invariant* du système de caractéristiques d'ordre ν de l'équation proposée, correspondant à une racine Λ_i de l'équation (102), lorsque

$$du = 0$$

est une combinaison intégrable des équations qui définissent ces caractéristiques [n° **20**]. Pour que u soit un invariant, il faut et il suffit que cette fonction vérifie un système d'équations aux dérivées partielles linéaires et du premier ordre, où les variables indépendantes sont

$$x, y, z, p, q, \ldots, p_{0n}$$

et celles des dérivées de z au moyen desquelles on peut exprimer toutes les autres dérivées de la fonction inconnue, en tenant compte de l'équation (101) et de celles qu'on en déduit par des dérivations.

Soient $u_1, u_2, \ldots, u_k$ des invariants d'ordre quelconque correspondant respectivement à k racines différentes Λ_1 $\Lambda_2, \ldots, \Lambda_k$ de l'équation caractéristique. Les équations

$$F(x, y, z, \ldots, p_{0n}) = 0, \quad u_1 = c_1, \ldots, u_k = c_k,$$

où $c_1, c_2, \ldots, c_k$ sont des constantes arbitraires, forment un système de Darboux, de classe $n - k$ [n° **22**], qui se réduit pour $k = n$ à un système complètement intégrable, dont l'intégrale générale dépend d'un nombre fini de paramètres.

Si pour chacune des racines Λ_i on a deux invariants distincts u_i, v_i, on a k intégrales intermédiaires générales

(110) $$u_1 = \varphi_1(v_1), \; u_2 = \varphi_2(v_2), \ldots, u_k = \varphi_k(v_k).$$

La solution du problème de Cauchy pour l'équation proposée est ramenée à l'intégration d'un système de Darboux formé par cette équation et k équations de la forme (110).

Si k est égal à n ou à $n - 1$, l'intégration de ce système de Darboux se ramène à son tour à l'intégration d'un système d'équations différentielles ordinaires[181]).

Cette méthode s'étend aussi aux systèmes en involution d'équations aux dérivées partielles, et en général aux systèmes de Darboux[181]).

181) *E. von Weber*, Sitzgsb. Akad. München 25 (1895), p. 423; *E. Goursat*, Dérivées partielles du second ordre[123]) 2, p. 313/6. Des cas particuliers de cette théorie ont été considérés par *M. Falk*, Nova Acta Soc. Upsal. (3) 8² (1873), mém. n° 5, p. 1/40 [1871]; *M. Hamburger*, J. reine angew. Math. 93 (1882), p. 201; *V. Sersawy*, Denkschr. Akad. Wien. 49 II (1855), p. 33/60.

24. Équations linéaires. La méthode de Laplace et ses généralisations. Étant donnée une équation linéaire aux dérivées partielles du second ordre

$$Rr + Ss + Tt + Pp + Qq + Zz = 0, \tag{111}$$

où R, S, T, P, Q, Z sont des fonctions des variables x et y, si l'on prend pour nouvelles variables indépendantes deux fonctions $f_1(x, y)$ et $f_2(x, y)$ telles que les deux relations

$$f_1 = c_1, \; f_2 = c_2$$

représentent respectivement les intégrales des deux équations [n° **17**]

$$dy - A_1 dx = 0, \quad dy - A_2 dx = 0,$$

l'équation (111) prend la forme

$$\frac{\partial^2 z}{\partial x \partial y} + a \frac{\partial z}{\partial x} + b \frac{\partial z}{\partial y} + cz = 0. \tag{E}$$

Deux équations de la forme (E) sont dites *équivalentes*[182]) quand on peut passer de l'une à l'autre par une transformation de la forme

$$z' = f(x, y) z.$$

Pour qu'il en soit ainsi il faut et il suffit que les *invariants*[182])

$$h \equiv \frac{\partial a}{\partial x} + ab - c, \quad k \equiv \frac{\partial b}{\partial y} + ab - c$$

soient les mêmes pour les deux équations. L'équation

$$\frac{\partial^2 z}{\partial x \partial y} - a \frac{\partial z}{\partial x} - b \frac{\partial z}{\partial y} + \left(c - \frac{\partial a}{\partial x} - \frac{\partial b}{\partial y}\right) z = 0, \tag{E'}$$

qu'on appelle *l'adjointe*[183]) de l'équation (E), a les invariants k, h.

Si $h = k$, les deux équations (E), (E') sont équivalentes et on peut les ramener à la forme

$$s = kz.$$

L'équation (E) est intégrable par la méthode de Monge lorsque l'un des invariants h et k est nul, et dans ce cas seulement[184]). Lorsque h n'est pas nul, on peut quelquefois ramener l'équation (E) à une équation de même forme ayant un invariant nul par la méthode de

---

182) *G. Darboux*, Théorie des surfaces[83]) 2, p. 23/53.

183) *G. Darboux*, id. 2, p. 71/98. L'équation adjointe s'était déjà présentée dans un mémoire de *B. Riemann* sur la propagation du son [Abh. Ges. Gött. 8 (1858/9), éd. 1860, mém. n° 2, p. 43; Werke, (2ᵉ éd.) Leipzig 1892, p. 156/75]. Voir aussi *P. du Bois-Reymond*, Beiträge[83]), p. 250; Math.-naturw. Mitt. Württemb. (1) 1 (1884/6), p. 34 [1883].

184) **L. Euler*, Institutiones calculi integralis 3, Sᵗ Pétersbourg 1770, p. 198/233.*

transformation de *P. S. Laplace*[185]), appelée aussi *méthode des cascades*. Posons

$$z_1 = \frac{\partial z}{\partial y} + az, \tag{112}$$

$$z_{-1} = \frac{\partial z}{\partial x} + bz; \tag{113}$$

l'élimination de z entre l'équation (E) et l'une des équations (112) ou (113) conduit à deux équations de même forme (E_1), (E_{-1}) pour déterminer z_1 et z_{-1} respectivement. Les invariants h_1, k_1 de E_1, et les invariants h_{-1}, k_{-1} de (E_{-1}) s'expriment simplement au moyen des invariants h et k de (E). La répétition de ce procédé de transformation conduit en général à une suite d'équations de même forme que (E) illimitée dans les deux sens

$$\ldots\ldots (E_{-2}), (E_{-1}), (E), (E_1), (E_2), \ldots\ldots \tag{114}$$

avec les invariants respectifs

$$\ldots\ldots; h_{-2}, k_{-2}; h_{-1}, k_{-1}; h, k; h_1, k_1; h_2, k_2; \ldots\ldots$$

L'application de la même méthode à une quelconque des équations de la suite (114), ou à une équation équivalente à l'une d'elles, fournirait une suite d'équations équivalente à la suite (114).

De l'équation adjointe (E') on déduit de même une suite analogue

$$\ldots\ldots, (E'_{-2}), (E'_{-1}), (E'), (E'_1), (E'_2), \ldots\ldots, \tag{114'}$$

où (E'_{-i}) est l'adjointe de (E_i).

De l'intégrale générale de l'une quelconque des équations de la suite (114) on déduit l'intégrale générale de toutes les équations de la même suite par des différentiations.

Lorsque $h_\nu = 0$, et dans ce cas seulement, la série (114) s'arrête à droite à l'équation (E_ν), tandis que la suite (114') s'arrête à gauche à l'équation $(E'_{-\nu})$. L'intégrale générale de l'équation (E) est de la forme

$$z = \xi_0 X + \xi_1 X' + \cdots + \xi_\nu X^{(\nu)} + B,$$

X étant une fonction arbitraire[186]) de x, et $\xi_1, \ldots, \xi_\nu$ étant des fonctions

---

185) Hist. Acad. sc. Paris 1773, M. p. 341/402; Œuvres 9, Paris 1893, p. 5/68. Voir aussi *G. Darboux*, Théorie des surfaces[83]) 2, p. 27/53; *E. Goursat*, Dérivées partielles du second ordre[125]) 2, p. 5.

186) **L. Euler* [Calc. integr.[184]) 3, p. 262/91] avait déjà donné des exemples d'équations du type (E) admettant des intégrales de la forme

$$\xi_0 X + \xi_1 X' + \cdots + \xi_m X^{(m)},$$

où X est une fonction arbitraires de x, sans qu'il existe d'intégrale intermédiaire du premier ordre. Voir aussi *G. Darboux*, Théorie des surfaces[83]) 2, p. 54/70; *J. Le Roux* [J. math. pures appl. (5) 4 (1898), p. 401] appelle ces intégrales les *intégrales de la forme d'Euler*.*

déterminées de x, y, tandis que B dépend d'une fonction arbitraire Y de y, qui y figure en général sous des signes de quadratures partielles. Il existe alors pour l'un des systèmes de caractéristiques deux invariants distincts dont l'un est y, tandis que l'autre est une fonction linéaire et homogène de z et de ses dérivées

$$\frac{\partial z}{\partial y}, \frac{\partial^2 z}{\partial y^2}, \ldots, \frac{\partial^{\nu+1} z}{\partial y^{\nu+1}},$$

de sorte que l'équation (E) admet une intégrale intermédiaire générale[187]) d'ordre $\nu + 1$

$$a_0(x, y) z + \sum_{i=1}^{\nu+1} a_i(x, y) \frac{\partial^i z}{\partial y^i} = \varphi(y),$$

$\varphi(y)$ désignant une fonction arbitraire de y.

Réciproquement, si le système de caractéristiques considéré de (E) admet un invariant d'ordre ν, la suite de Laplace (114) déduite de l'équation (E) se termine à droite après ν opérations au plus.

Pour qu'il en soit ainsi, il faut et il suffit qu'il existe un système de $\nu + 1$ intégrales particulières de l'équation (E), qui soient liées par une relation linéaire et homogène dont les coefficients ne dépendent que de la variable x, sans être tous constants[188]). Il est clair qu'on a des énoncés tout pareils si la suite (114) s'arrête à gauche à l'équation $(E_{-\nu})$.

La suite de Laplace (33) s'arrête dans les deux sens lorsque h_ν et $k_{-\mu}$ sont nuls ($\mu = \nu$ si $h = k$), à droite à l'équation (E_ν) et à gauche à l'équation $(E_{-\mu})$. L'intégrale générale de (E) est de la forme

$$(115) \quad z = a_0 X + a_1 X' + \cdots + a_\nu X^{(\nu)} + b_0 Y + b_1 Y' + \cdots + b_\mu Y^{(\mu)},$$

X et Y étant des fonctions arbitraires de x et de y, respectivement, a_i et b_k des fonctions déterminées de x, y; cette équation appartient à la première classe de *A. M. Ampère* [II 21, 4]. L'intégrale générale de l'équation adjointe est donnée par une formule analogue. Il existe dans ce cas une combinaison intégrable (autre que $dx = 0$, ou $dy = 0$) pour les équations différentielles de chaque système de caractéristiques,

---

187) *E. Goursat*, Dérivées partielles du second ordre[123]) 2, p. 178/82.

188) Id. 2, p. 21/31; C. R. Acad. sc. Paris 122 (1896), p. 169; Amer. J. math. 18 (1896), p. 291. *Un cas particulier avait été considéré par *G. Darboux*, Théorie des surfaces[177]) 4, p. 242. Des conditions nécessaires pour que la suite (114) se termine dans un sens ont été données par *J. Le Roux*, Ann. Éc. Norm. (3) 12 (1895), p. 227/317; Bull. Soc math. France 26 (1898), p. 55.*

et la méthode de Darboux conduit aux mêmes résultats que la méthode de Laplace.

Th. Moutard[189]) et *G. Darboux*[190]) ont montré comment on pouvait former explicitement toutes les équations (E) pour lesquelles la suite de Laplace se termine dans les deux sens, et dont l'intégrale générale est de la forme (115). Dans le cas particulier où $h = k$, toutes ces équations se déduisent par un procédé de récurrence[191]) de l'équation simple $s = 0$.

Quand une équation du second ordre de forme générale est intégrable par la méthode de Darboux, l'équation linéaire auxiliaire [II 21, 5] est intégrable par la méthode de Laplace[192]). La méthode de Laplace s'applique aussi aux équations (E), dont le second membre est une fonction quelconque de x et de y. On peut aussi l'appliquer directement[193]) à toute équation linéaire de la forme (111), sans la ramener à la forme (E).

G. Darboux[194]) a étendu la méthode à certains systèmes en involution d'équations linéaires du second ordre à un nombre quelconque de variables indépendantes. *Elle a été étendue par *J. Le Roux*[195]) aux équations linéaires d'ordre supérieur au second à deux variables indépendantes; la nouvelle inconnue est définie, en général, non par une équation unique, mais par un système de plusieurs équations linéaires. *Laura Pisati*[196]) et *Louise Petrén*[197]) ont étudié en détail le cas où l'équation possède deux systèmes de caractéristiques seulement, l'un d'ordre $n-1$ et l'autre d'ordre 1, et celui où l'équation n'a qu'un seul système de caractéristiques. *G. Vivanti*[198]) a étudié aussi des transformations analogues pour une équation linéaire du troisième ordre, à trois variables indépendantes, où ne figure qu'une dérivée du troisième ordre $\frac{\partial^3 z}{\partial x_1 \partial x_2 \partial x_3}$.*

Il existe une infinité de transformations, différentes de celles de

189) Voir les travaux cités dans la note 177.

190) Théorie des surfaces[83]) 2, p. 46, 122; voir aussi *O. Niccoletti*, Atti Accad. Lincei *Rendic.* (5) 6 I (1897), p. 307, 334.

191) J. Éc. polyt. (1) cah. 45 (1878), p. 1; *G. Darboux*, Théorie des surfaces[83]) 2, p. 145/63.

192) *E. Goursat*, Dérivées partielles du second ordre[123]) 2, p. 334/6.

193) *A. M. Legendre*, Hist. Acad. sc. Paris 1787, éd. 1789, M. p. 319; voir aussi *V. G. Imšeneckij* (*Imschenetsky*), Archiv Math. Phys. (1) 54 (1872), p. 269/76.

194) Théorie des surfaces[177]) 4, p. 267.

195) Bull. Soc. math. France 27 (1899), p. 237/62.

196) *Rend. Circ. mat. Palermo 20 (1905), p. 344/74.*

197) *Lunds universitets årsskrift (Acta univ. Lundensis) (2) 7 (1911) Afd. II, mém. n°. 3.*

198) *Rend. Circ. mat. Palermo 14 (1900), p. 145/56.*

Laplace, qui conduisent d'une équation (E) à une équation de même forme. Soient ξ une intégrale particulière déterminée de (E), et z une autre intégrale quelconque; la fonction

$$\xi \frac{\partial z}{\partial y} - z \frac{\partial \xi}{\partial y}$$

satisfait aussi à une équation de même forme, dont l'intégration se ramène à celle de (E)[199]. En effectuant successivement plusieurs transformations de Lévy, combinées avec les transformations de Laplace, on déduit de l'équation (E) des équations de même forme dont l'intégrale générale[200] a pour expression

$$Az + \sum_{i=1}^{i=m} B_i \frac{\partial^i z}{\partial x^i} + \sum_{i=1}^{i=n} C_i \frac{\partial^i z}{\partial y^i},$$

A, B_i, C_i étant des fonctions de x, y, et z l'intégrale générale de (E). Ces méthodes et d'autres analogues[201], qui conduisent d'une équation (E) à une équation de même forme dont l'intégration se ramène à celle de la première, sont des cas particuliers de la méthode générale de transformation de Bäcklund [n° **25**] qui établit dans certains cas une liaison entre deux équations du second ordre. *Il en est de même de certaines transformations qui conduisent d'une équation non linéaire à une équation linéaire[202].*

199) *Lucien Lévy,* J. Éc. polyt. (1) cah. 56 (1886), p. 63. Une interprétation géométrique a été donnée par *G. Darboux* [Théorie des surfaces[83] 2, p. 219] qui a montré [id. p. 177] que la transformation de *P. S. Laplace* pouvait être considérée comme un cas limite. La transformation de *Lucien Lévy* peut être considérée comme une combinaison de deux transformations

$$z = \varrho(x, y) z', \qquad \frac{\partial z'}{\partial y} = u.$$

E. Goursat [Dérivées partielles du second ordre[123] 2, p. 241/54] a déterminé la forme générale des équations du second ordre telles que la transformation $u = \frac{\partial z}{\partial y}$ conduise à une nouvelle équation du second ordre.

200) *G. Darboux,* Théorie des surfaces[83] 2, p. 164 et suiv.

201) Id. 2, p. 179 et suiv.; *E. Goursat,* Dérivées partielles du second ordre[123] 2, p. 271/82; *O. Niccoletti,* Atti Accad. Torino 32 (1896/7), p. 790, 970; 33 (1897/8), p. 956; Ann. Scuola Norm. sup. Pisa 8 (1899), p. 1/141.

202) *C'est ainsi qu'on peut ramener à une équation linéaire l'équation de *Th. Moutard* citée plus haut [n° **23**] et l'équation

$$s^2 = 4\lambda(x, y) p q.$$

Il existe pour les équations de ce type un procédé de récurrence analogue au procédé de *Th. Moutard* pour les équations

$$s = \lambda(x, y) z.$$

Voir *E. Goursat,* Bull. Soc. math. France 25 (1897), p. 36; 28 (1900), p. 1; Ann. Fac. sc. Toulouse (2) 4 (1902), p. 332 et suiv.*

25. Systèmes d'équations du premier ordre à plusieurs inconnues. Considérons un système en involution[203]) de ν équations distinctes à n fonctions inconnues $(n \leqq \nu < 2n)$

$$(116)\quad \begin{cases} F_1(x, y, z_1, z_2, \ldots, z_n, p_1, q_1, p_2, q_2, \ldots, p_n, q_n) = 0, \\ F_2(x, y, z_1, z_2, \ldots, z_n, p_1, q_1, p_2, q_2, \ldots, p_n, q_n) = 0, \\ \cdots\cdots\cdots\cdots, \\ F_\nu(x, y, z_1, z_2, \ldots, z_n, p_1, q_1, p_2, q_2, \ldots, p_n, q_n) = 0, \end{cases}$$

où, pour $i = 1, 2, \ldots, \nu$, on a

$$p_i = \frac{\partial z_i}{\partial x}, \quad q_i = \frac{\partial z_i}{\partial y}.$$

Supposons que tous les déterminants d'ordre n que l'on peut tirer de la *matrice caractéristique*

$$\left\| \frac{\partial F_i}{\partial q_k} - \lambda \frac{\partial F_i}{\partial p_k} \right\| \qquad (i = 1, 2, \ldots, \nu;\ k = 1, 2, \ldots, n)$$

ne s'annulent pas identiquement[204]), en tenant compte des relations $F_i = 0$. Ces déterminants ont alors $2n - \nu$ facteurs linéaires communs $\lambda - \lambda_i$, à chacun desquels correspond un système de bandeaux caractéristiques[205]), définis par un système d'équations de Pfaff en x, y, z_i, p_k, q_k. On obtient ces systèmes en écrivant que les $2n$ équations

$$dp_k = r_k dx + s_k dy, \quad dq_k = s_k dx + t_k dy,$$

où

$$r_k = \frac{\partial^2 z_k}{\partial x^2}, \quad s_k = \frac{\partial^2 z_k}{\partial x \partial y}, \quad t_k = \frac{\partial^2 z_k}{\partial y^2},$$

jointes aux 2ν équations obtenues en dérivant les équations (116) par rapport à x et à y, ne suffisent pas pour déterminer les valeurs des dérivées secondes r_k, s_k, t_k. On peut définir de la même façon, par des systèmes d'équations aux différentielles totales, des bandeaux caractéristiques du second ordre et d'ordre plus élevé.

Lorsque les équations (116) sont linéaires[206]) par rapport aux

203) *E. von Weber*, J. reine angew. Math. 118 (1897), p. 123; pour le cas spécial où $p = 0$, voir *M. Hamburger*, J. reine angew. Math. 93 (1882), p. 188.

204) Le cas où le nombre ν et le rang de la matrice caractéristique sont quelconques se ramène au précédent. Voir *E. von Weber*, Sitzgsb. Akad. München 29 (1899), p. 231.

205) Sur le cas des racines multiples, et sur les relations avec la théorie des diviseurs élémentaires, voir *E. von Weber* [Sitzgsb. Akad. München 29 (1899), p. 231] et *M. Hamburger*, J. reine angew. Math. 81 (1876), p. 243; 93 (1882), p. 188.

206) Les systèmes linéaires de n équations à n inconnues ont été étudiés par *M. Hamburger* [J. reine angew. Math. 81 (1876), p. 243]. Il existe aussi des systèmes de courbes caractéristiques pour certains systèmes d'équations aux dérivées partielles qui sont linéaires par rapport aux quantités

$$p_i, \quad q_i, \quad p_i q_k - p_k q_i,$$

dérivées p_i, q_k, il existe aussi $2n - \nu$ systèmes de *courbes caractéristiques* de l'espace

$$R_{n+2}(x, y, z_1, z_2, \ldots, z_n),$$

définies par un système d'équations aux différentielles totales. Les combinaisons intégrables de ces systèmes de Pfaff, s'il en existe, permettent d'étendre aux équations (116) une méthode d'intégration tout à fait pareille à celle de Darboux-Lévy. Dans le cas particulier où $\nu = 2n - 1$, il passe une caractéristique du premier ordre et une seule par tout élément (x, y, z_i, p_k, q_k) appartenant aux équations (116), et l'intégration de ce système n'exige, comme dans la méthode de Cauchy, [n° 2] que l'intégration d'un système d'équations différentielles ordinaires[207]).

*L'intégration d'un système de deux équations du premier ordre à deux inconnues[208]) $(n = \nu = 2)$

$$(117) \qquad \begin{cases} F_1(x, y, z_1, z_2, p_1, q_1, p_2, q_2) = 0, \\ F_2(x, y, z_1, z_2, p_1, q_1, p_2, q_2) = 0 \end{cases}$$

présente, d'après ce qui précède, la plus grande analogie avec le problème de l'intégration d'une équation unique du second ordre, et les deux problèmes peuvent quelquefois se ramener l'un à l'autre.*

Si l'on élimine entre les deux équations (117) et celles qu'on en déduit par dérivation l'une des inconnues z_1 ou z_2, on obtient en général[209]) deux systèmes J_1 et J_2 en involution, formés de deux équations du troisième ordre, linéaires par rapport aux dérivées du troisième ordre de l'inconnue restante. Les éléments de contact du second ordre des deux espaces (z_1, x, y) et (z_2, x, y) sont liés par une correspondance univoque et réciproque qui transforme toute surface intégrale de J_1 en une surface intégrale de J_2, et inversement. Mais

---

et qui sont analogues aux équations de *A. M. Ampère* et de *L. Natani* [n^os **17** et **20**]. Un système de cette espèce (et ceux-là seulement) peut admettre une intégrale générale définie par n équations de la forme

$$\varphi_1(u_1, v_1) = 0, \ \varphi_2(u_2, v_2) = 0, \ldots, \varphi_n(u_n, v_n) = 0,$$

où $\varphi_1, \varphi_2, \ldots, \varphi_n$ sont des fonctions arbitraires, et u_i, v_i des fonctions de $x, y, z, \ldots, z_n$ [cf. *M. Hamburger*, J. reine angew. Math 93 (1882), p. 188]. Le système de deux équations linéaires du premier ordre à deux inconnues a été étudié aussi par *L. Königsberger*, Math. Ann. 41 (1893), p. 260.

207) Voir aussi *S. Lie*, Forhandlinger Videnskabs-Selskabet (Christiania) 1880, éd. 1881, p. 1; Ber. Ges. Lpz. 47 (1895), math. p. 85.

208) *A. V. Bäcklund*, Math. Ann. 19 (1882), p. 389.

209) *A. V. Bäcklund*, Math. Ann. 17 (1880), p. 285; 19 (1882), p. 387. Cette théorie peut encore être généralisée [voir *E. Goursat*, Dérivées partielles du second ordre[123]) 2, p. 292/5].

il peut arriver que les systèmes J_1 et J_2 se réduisent l'un et l'autre à une équation du second ordre. A chaque intégrale de J_1 correspondent au plus ∞^1 intégrales de J_2 et inversement[210]. La correspondance ainsi établie entre deux équations du second ordre est un cas particulier de celles dont il va être question au numéro suivant.

26. *Transformations de Bäcklund. Soient (x, y, z, p, q) et (x', y', z', p', q') deux éléments de contact du premier ordre de deux espaces (E), (E'). Établissons entre les coordonnées de ces deux éléments quatre relations distinctes

$$F_i(x, y, z, p, q;\, x', y', z', p', q') = 0 \qquad (i = 1, 2, 3, 4) \tag{118}$$

telles qu'on ne puisse en déduire aucune relation indépendante de (x, y, z, p, q) ou de (x', y', z', p', q'). Il existe toujours une infinité de couples de surfaces S, S', telles qu'on puisse établir entre leurs éléments une correspondance satisfaisant aux conditions (118)[211]. Les *équations de définition* (118) étant résolues par rapport à x', y', p', q' (ce qu'on peut toujours supposer, en effectuant au besoin une transformation de contact en x', y', z', p', q')

$$\begin{cases} x' = f_1(x, y, z, p, q, z'), & y' = f_2(x, y, z, p, q, z'), \\ p' = \varphi_1(x, y, z, p, q, z'), & q' = \varphi_2(x, y, z, p, q, z'), \end{cases} \tag{118'}$$

l'équation aux différentielles totales

$$dz' = p'dx' + q'dy'$$

prend la forme

$$Adz' + Bdx + Cdy = 0,$$

B et C étant des fonctions linéaires de r, s, t.

Si A n'est pas nul, la condition d'intégrabilité s'exprime par une

210) *La transformation de Laplace et les autres transformations citées dans le n° 24 rentrent dans cette catégorie. Voir aussi *V. G. Imšeneckij*, Archiv Math. Phys. (1) 54 (1872), p. 257; *F. G. Teixeira*, C. R. Acad. sc. Paris 93 (1881), p. 702; Bull. Acad. Belgique (3) 3 (1882), p. 486; *R. Liouville*, C. R. Acad. sc. Paris 98 (1884), p. 216, 569, 723;* *E. Goursat*, Dérivées partielles du second ordre[123]) 2, p. 259 et suiv.

211) *A. V. Bäcklund*, Math. Ann. 17 (1880), p. 285; 19 (1882), p. 387; *A. V. Bäcklund* étudie aussi des transformations définies par *cinq* relations entre

$$x, y, z, p, q, x', y', z', p', q'.$$

Pour qu'à une surface S de l'espace (E) corresponde une surface S' de (E'), z doit satisfaire à un système de deux équations linéaires du second ordre, et à toute intégrale de ce système correspond une intégrale et une seule d'un système analogue pour z'. Si l'un des systèmes est en involution, il en est de même de l'autre. Voir aussi *J. Clairin*, C. R. Acad. sc. Paris 142 (1906), p. 867.

relation linéaire en

$$r,\ s,\ t,\ rt-s^2,$$

dont les coefficients sont des fonctions de x, y, z, p, q, z'.

Si cette relation contient z' (ce qui est le cas général), l'élimination de z' conduit à un système en involution de deux équations du troisième ordre. A une intégrale de ces équations correspond une surface et une seule de (E').

Si la condition d'intégrabilité ne renferme pas z', elle constitue une équation de Monge-Ampère, et à toute intégrale de cette équation correspondent ∞^1 surfaces de (E').

Une équation de Monge-Ampère prise au hasard ne peut s'obtenir de cette façon[212]).

Le cas où le coefficient A est nul a été étudié par *J. Clairin*[213]); la condition $A=0$ exprime qu'à un élément (x, y, z, p, q) les relations (118) font correspondre ∞^1 éléments unis de (E'). Lorsqu'il en est ainsi, z' doit satisfaire à deux équations qui sont linéaires en r, s, t, et l'élimination de z' conduit pour z à une équation du second ordre qui admet une famille de caractéristiques du premier ordre. A toute intégrale de cette équation correspond une seule surface de l'espace (E'). Toute équation du second ordre qui admet une famille de caractéristiques du premier ordre peut être obtenue de cette façon d'une infinité de manières.

Lorsque les équations (118) conduisent pour z à une équation (e) aux dérivées partielles du second ordre, et de même pour z', elles définissent une *transformation de Bäcklund.*

J. Clairin[214]) a donné une classification de ces transformations qui est invariante vis-à-vis du groupe des transformations de contact.

1°) Si les intégrales des deux équations (e), (e') se correspondent *une* à *une*, la transformation est une transformation de *première espèce* (B_1). Pour que les formules (118) définissent une transformation (B_1), il faut et il suffit que ces formules fassent correspondre à un élément de (E) ∞^1 éléments unis de (E'), et réciproquement.

2°) Si à un élément (x, y, z, p, q) correspondent ∞^1 éléments unis de (E'), sans que la réciproque ait lieu, z satisfait toujours à une équation (e) qui admet une famille de caractéristiques du premier ordre; si z' satisfait aussi à une équation de Monge-Ampère, les formules (118) définissent une transformation de *seconde espèce* (B_2).

212) *J. Clairin*, Ann. Éc. Norm. (3) 19 (1902), suppl. p. 13.

213) C. R. Acad. sc. Paris 130 (1900), p. 309; Ann. Éc. Norm. (3) 19 (1902), suppl. p. 14 et suiv.

214) Ann. Éc. Norm. (3) 19 (1902), suppl. p. 19.

A une intégrale de (e) ne correspond qu'une intégrale de (e'), tandis qu'à une intégrale de (e') correspondent ∞^1 intégrales de (e).

3°) Si z et z' satisfont simultanément à deux équations de Monge-Ampère de telle sorte qu'à chaque intégrale de l'une quelconque de ces deux équations correspondent ∞^1 intégrales de l'autre, on a une transformation de *troisième espèce* (B_3).

Sur deux surfaces intégrales des deux équations (e), (e'), qui se correspondent par une transformation de Bäcklund d'espèce quelconque, les caractéristiques se correspondent. Si l'une des deux équations est intégrable par la méthode de Darboux, il en est de même de l'autre[215]).

Soient (e), (e') deux équations qui se correspondent par une transformation (B_1). L'équation (e) admet un système de caractéristiques (C) auquel la transformation est attachée, et un autre système de caractéristiques (Γ). A ces deux systèmes correspondent deux systèmes de caractéristiques (C') et (Γ') pour l'équation (e'). Le second système (Γ') est formé de caractéristiques du premier ordre, et la transformation (B_1) est attachée à ce système. A un invariant d'ordre $n \geqq 2$ du système de caractéristiques (C) correspond un invariant d'ordre $n+1$ du système (C'), et à un invariant d'ordre $n \geqq 2$ du système (Γ) correspond un invariant d'ordre $n-1$ du système (Γ'). A une équation d'ordre n formant un système en involution avec (e) correspond une équation d'ordre $n-1$ ou $n+1$ formant un système en involution avec (e')[216]).

Soit (e) une équation admettant un système de caractéristiques du premier ordre (C); elle provient toujours d'une transformation B_1[217]), et toutes les équations (e') que l'on peut déduire de (e) par une transformation (B_1) attachée à ce système de caractéristiques se ramènent à une seule par des transformations de contact[218]). Si (e) admet un groupe continu (g) de transformations de contact, (e') admet un groupe continu (g') de transformations de contact holoédriquement isomorphe à (g). Les relations entre les caractéristiques correspondantes des deux équations (e), (e'), et entre les invariants s'il en existe, sont moins simples pour les transformations (B_2) et (B_3)[219]).

---

215) *E. Goursat*, Dérivées partielles du second ordre[123]) 2, p. 290. *

216) *J. Clairin*, C. R. Acad. sc. Paris 132 (1901), p. 305; Ann. Éc. Norm. (3) 19 (1902), suppl. p. 37 et suiv.

217) **J. Clairin*, C. R. Acad. sc. Paris 153 (1911), p. 39.*

218) *J. Clairin*, C. R. Acad. sc. Paris 132 (1901), p. 305; Ann. Éc. Norm. (3) 19 (1902), suppl. p. 39.

219) *J. Clairin*, C. R. Acad. sc. Paris 132 (1901), p. 305; Ann. Éc. Norm. (3) 19 (1902), suppl. p. 33.

Le problème de reconnaître si une équation du second ordre donnée provient d'une transformation de Bäcklund, et, dans le cas de l'affirmative, de déterminer toutes ces transformations, n'est pas résolu. On n'en a encore traité que quelques cas particuliers. On a étudié en détail une classe de transformations (B_3) qui changent l'équation

$$s = \sin z$$

en une équation identique[220])

$$s' = \sin z'.$$

J. Clairin[221]) a fait l'étude détaillée de la transformation (B_1) qui conduit d'une équation de Monge-Ampère

$$r + ms + M = 0$$

(où m et M sont fonctions de x, y, z, p, q) à une équation de la forme

$$s' + q' G(x', y', z', p', r') + K(x', y', z', p', r') = 0;$$

les deux fonctions G et K peuvent être prises arbitrairement.

J. Clairin[222]) a déterminé aussi toutes les transformations (B_2) qui

220) *G. Darboux,* Leçons sur la théorie des surfaces 3, Paris 1894, p. 438 (chap. 12). Voir aussi *L. Bianchi,* Ann. Scuola Norm. sup. Pisa 2 (1879), p. 285; Math. Ann. 16 (1880), p. 577; *S. Lie,* Archiv for Math. og Naturvidenskab (Christiania) 5 (1880), p. 282; *A. V. Bäcklund,* Lunds universitets årsskrift (Acta univ. Ludensis) 19 (1883), math. mém. n° 1. L'équation

$$s = \sin z$$

se présente dans la théorie des surfaces à courbure constante, et l'on obtient des transformations équivalentes à la précédente en écrivant que la relation entre les éléments de deux surfaces est telle que les plans tangents en M, M' et la droite MM' forment un système invariable. *J. Clairin* [Ann. Éc. Norm. (3) 19 (1902), p. 63] a étudié la transformation plus générale que l'on obtient en égalant à des constantes les quatre invariants d'un système de deux éléments

$$(x, y, z, p, q) \quad (x', y', z', p', q')$$

relativement au groupe des transformations projectives qui laissent invariante la quadrique fondamentale

$$x^2 + y^2 + z^2 + 1 = 0.$$

Les équations aux dérivées partielles qui déterminent z et z' se ramènent, par une transformation de contact, à l'équation aux dérivées partielles des surfaces à courbure constante de la géométrie non euclidienne; *E. Cosserat* [C. R. Acad. sc. Paris 124 (1897) p. 741] a donné un autre exemple intéressant qui se rattache à la théorie de la déformation des surfaces; *J. E. Campbell* [Proc. London math. Soc. (2) 5 (1907), p. 6/44] a déterminé toutes les équations $s = F(x, y, z)$ qui se reproduisent par une transformation de *A. V. Bäcklund.*

221) C. R. Acad. sc. Paris 130 (1900), p. 997; Ann. Éc. Norm. (3) 19 (1902), suppl. p. 45 et suiv. Un cas particulier avait été étudié par *F. G. Teixeira* [C. R. Acad. sc. Paris 93 (1881), p. 702].

222) C. R. Acad. sc. Paris 138 (1904), p. 1684; 141 (1905), p. 1216; 143 (1906), p. 636; Ann. Fac. sc. Toulouse (2) 5 (1903), p. 437.

font correspondre une équation non linéaire à une équation linéaire, sans changer les variables indépendantes, ainsi que certaines transformations (B_2) conduisant à une équation linéaire, ou plus généralement à une équation de la forme

$$s' = F(x', y', z', p', q').$$

Lorsque les équations de définition (118) admettent une transformation de contact infinitésimale relativement à l'élément

$$(x', y', z', p', q'),$$

on obtient toujours pour z une équation de Monge-Ampère[223]). Si l'on suppose que z' est la fonction caractéristique de cette transformation infinitésimale, les fonctions F_i ne renferment pas z', et les équations (118) peuvent encore s'écrire

$$(119) \qquad \begin{cases} x' = X(x, y, z, p, q), & y' = Y(x, y, z, p, q), \\ p' = P(x, y, z, p, q), & q' = Q(x, y, z, p, q), \end{cases}$$

les fonctions X, Y, P, Q ne renfermant pas z'. La condition d'intégrabilité de

$$dz' = p'dx' + q'dy'$$

conduit à une équation de Monge-Ampère, dont les coefficients vérifient certaines relations. Si ces conditions sont satisfaites pour une équation de Monge-Ampère donnée, elle peut s'obtenir d'une infinité de façons en partant de quatre équations de la forme (119), et les fonctions

$$X(x, y, z, p, q), \quad Y(x, y, z, p, q), \quad P(x, y, z, p, q), \quad Q(x, y, z, p, q)$$

dépendent elles mêmes d'une fonction arbitraire

$$H(x, y, z, p, q).$$

Pour que ces formules définissent une transformation (B_2), il faut et il suffit que $H(x, y, z, p, q)$ soit racine d'une équation du second degré

223) Si les équations de définition (118) admettent une transformation de contact infinitésimale (T) relative à l'élément (x, y, z, p, q), et une transformation de contact infinitésimale (T') relative à l'élément (x', y', z', p', q'), on peut ramener ce cas au cas où les fonctions caractéristiques de ces deux transformations sont respectivement z et z'. Les équations (119) correspondantes ne contiennent ni z ni z', et définissent une transformation (B_3). On peut citer comme exemple un système de quatre relations entre

$$p, \ q, \ x + pz, \ y + qz, \ p', \ q', \ x' + p'z', \ y' + q'z',$$

qui établissent une correspondance entre les normales de deux surfaces. Il faut naturellement excepter le cas où la condition d'intégrabilité serait vérifiée identiquement, ce qui fournit un mode de transformation des droites de l'espace changeant une congruence de normales en une congruence de normales [voir *E. Goursat*, C. R. Acad. sc. Paris 129 (1899), p. 578, 669].

facile à former, et la détermination de la transformation elle-même exige la réduction d'une expression de Pfaff à sa forme canonique. Pour obtenir une transformation (B_3) de la forme (119) conduisant à une équation donnée, le problème paraît beaucoup plus difficile, car la fonction $H(x, y, z, p, q)$ doit satisfaire à un système d'équations aux dérivées partielles du second ordre[224]).*

27. Application de la théorie des groupes aux équations aux dérivées partielles. Toutes les transformations du groupe infini de transformations ponctuelles

$$z' = \varphi(x, y)z, \quad x' = \xi(x, y), \quad y' = \eta(x, y), \tag{120}$$

et celles-là seulement, changent une équation linéaire quelconque en une nouvelle équation linéaire[225]).

E. Cotton[226]) et *P. Burgatti*[227]) ont montré comment on peut reconnaître si deux équations linéaires données peuvent se ramener l'une à l'autre par une transformation de la forme (120) en considérant deux invariants analogues aux invariants h et k de Darboux.

Dans tous les cas, le problème qui consiste à reconnaître si deux systèmes différentiels peuvent se transformer l'un dans l'autre par une transformation d'un groupe donné peut toujours être résolu en égalant un nombre fini des invariants différentiels qu'ils possèdent relativement aux transformations du groupe[228]). On peut fonder là-dessus une classification[229]) de tous les systèmes différentiels à trois variables, par rapport au groupe formé par les transformations ponctuelles ou les transformations de contact de l'espace R_3.

Un système quelconque d'équations aux dérivées partielles, entre une inconnue z et m variables indépendantes $x_1, x_2, \ldots, x_m$, n'admet pas toujours une transformation infinitésimale de contact[230]) de l'espace

$$E_{m+1}(z, x_1, \ldots, x_m);$$

---

224) *E. Goursat,* C. R. Acad. sc. Paris 134 (1902), p. 459, 1035; Ann. Fac. sc. Toulouse (2) 4 (1902), p. 299/340. L'application de la théorie générale aux équations linéaires ne conduit qu'à des transformations déjà connues, si l'on conserve les variables indépendantes.

225) Il en est de même pour une équation linéaire aux dérivées partielles d'ordre quelconque à un nombre quelconque de variables indépendantes: *P. Stäckel,* J. reine angew. Math. 114 (1895), p. 116; *S. Lie,* Ber. Ges. Lpz. 46 (1894), math. p. 322.

226) C. R. Acad. sc. Paris 123 (1896), p. 936.

227) Atti R. Accad. Lincei *Rendic.* (5) 5 II (1896), p. 433.

228) *S. Lie,* Math. Ann. 24 (1884), p. 537; *A. Tresse,* Acta math. 18 (1894), p. 1.

229) *S. Lie,* Math. Ann. 24 (1884), p. 572.

230) *A. V. Bäcklund,* Math. Ann. 15 (1879), p. 63.

l'existence d'une telle transformation est liée en général à l'existence d'une relation[231]) entre les invariants différentiels correspondants.

Toute transformation infinitésimale de contact de E_{m+1}, qui ne change pas un système différentiel, fournit une équation aux dérivées partielles du premier ordre qui a en commun avec le système proposé des multiplicités intégrales invariantes par cette transformation[232]); la détermination de ces multiplicités revient à l'intégration d'un système différentiel à moins de m variables indépendantes. Il en est de même pour un système différentiel admettant plusieurs transformations infinitésimales permutables ou qui, plus généralement, forment un groupe[233]).

S. Lie a développé une théorie analogue pour les systèmes différentiels du premier ordre à plusieurs inconnues[232]). Étant donné un système différentiel admettant des transformations infinitésimales connues, on peut, dans beaucoup de cas, établir *a priori* l'existence de catégories spéciales d'intégrales particulières[232]).

Si une équation aux dérivées partielles d'ordre n à trois variables x, y, z admet un groupe infini de transformations de contact, on peut au moyen des invariants différentiels de ce groupe former un autre système différentiel qui forme avec l'équation donnée un système de Darboux[234]).

En particulier, pour $n = 2$[235]), l'équation du second ordre est intégrable par la méthode de Darboux-Lévy[236]).

On obtient des théories d'intégration d'une plus grande portée[237])

---

231) *S. Lie,* Math. Ann. 24 (1884), p. 578.

232) *S. Lie,* Ber. Ges. Lpz. 47 (1895), math. p. 90/112.

233) Toutes les équations du second ordre de la forme de *P. S. Laplace* qui admettent des transformations infinitésimales ont été classées et intégrées par *S. Lie,* Archiv for Math. og Naturvidenskab (Christiania) 6 (1881), p. 328.

*Il s'agit, bien entendu, des tranformations infinitésimales autres que les transformations évidentes que possède toute équation linéaire. Inversement toute équation aux dérivées partielles du second ordre à 2 variables indépendantes qui admet une infinité de transformations infinitésimales de contact permutables peut se ramener, par une transformation de contact, soit à une équation linéaire, soit à deux formes très simples, intégrables par la méthode de Darboux [*J. Clairin,* Bull. Soc. math. France 30 (1902), p. 37].*

234) *J. Beudon,* C. R. Acad. sc. Paris 118 (1894), p. 1188; *E. Goursat,* Dérivées partielles du second ordre[123]) 2, p. 190/6.

235) Les équations aux dérivées partielles du second ordre qui admettent un groupe infini de transformations ponctuelles, ont été classées par *P. Medolaghi,* Ann. mat. pura appl. (3) 1 (1898), p. 229.

236) La réciproque n'est pas vraie [cf. *E. Goursat,* Dérivées partielles du second ordre[123]) 2, p. 196].

237) *S. Lie,* Ber. Ges. Lpz. 47 (1895) math. p. 112.

pour les systèmes différentiels avec un groupe d'ordre infini de transformations en introduisant comme nouvelles variables un système complet d'invariants différentiels de ce groupe. Ainsi on peut, sous certaines conditions, réduire à l'intégration d'équations différentielles ordinaires et d'un système de Darboux de classe $k - l$ [nº **23**] l'intégration d'un système de Darboux de classe k qui admet un groupe infini de transformations de contact dépendant de l fonctions arbitraires.

Un autre exemple est fourni par un système différentiel possédant un système[238]) de *solutions fondamentales*

$$\xi_1, \xi_2, \ldots, \xi_m$$

au moyen desquelles l'intégrale générale $z_1, z_2, \ldots, z_n$ est déterminée par des relations de la forme

$$z_i = \varphi_i(\xi_1, \xi_2, \ldots, \xi_n),$$

qui admettent un groupe de transformations.

E. Vessiot[239]) a repris l'étude du problème général de l'intégration d'un système différentiel (A) à un nombre quelconque de variables dépendantes et indépendantes, d'ordre et de degré d'indétermination quelconques, sachant seulement qu'il admet un groupe continu (G) fini ou infini, mais connu, de transformations.

S. Lie[240]) avait indiqué, sur des cas particuliers, la marche à suivre pour décomposer l'intégration de (A) en deux problèmes distincts:

1°) intégration d'un système résolvant (R) qui n'admet plus de groupe de transformations;

2°) intégration d'un système différentiel (S) dont toutes les solutions se déduisent les unes des autres par les transformations du groupe donné (G).

Par une méthode de décomposition différente de celle de *S. Lie*, *E. Vessiot* obtient pour les systèmes définitifs (S) des systèmes *automorphes*, c'est-à-dire des systèmes dont les solutions se déduisent les unes des autres par les transformations d'un groupe ponctuel (G'), *effectuées sur les variables dépendantes*.

Les méthodes de réduction de *S. Lie*[241]), appliquées à ces systèmes automorphes, permettent d'en remplacer l'intégration par celle d'une

---

238) *S. Lie*, id. p. 282; *J. Drach*, C. R. Acad. sc. Paris 116 (1893), p. 1041. Pour la réductibilité et les théories rationnelles d'intégration, voir l'article II 16, nºˢ **40**, **43**, **44**.*

239) *E. Vessiot*, Acta math. 28 (1904), p. 307.*

240) *S. Lie*, Ber. Ges. Lpz. 47 (1895), math. p. 53 et suiv.*

241) *S. Lie*, id. p. 261. Voir aussi, sur ce point, *E. Cartan*, Ann. Éc. Norm. (3) 26 (1909), p. 93 et 96.*

suite de systèmes automorphes dont les groupes soient *simples* et *primitifs*. Pour tous les types de groupes, satisfaisant à cette double condition, les systèmes automorphes correspondants s'intègrent au moyen d'équations différentielles ordinaires qui sont linéaires si le groupe est fini.

Quant au système résolvant (R), la difficulté de son intégration n'est en rien limitée par la nature du groupe (G) et semble être arbitraire.

J. Le Roux[242]) a rattaché aussi à tout système différentiel un groupe qu'il appelle groupe de Darboux, à cause de sa liaison avec le système auxiliaire. La considération de ce groupe permet de retrouver facilement les résultats de *S. Lie*.

De toute équation du second ordre, admettant un groupe d'ordre $2n$ ou $2n+1$ de transformations de contact, on peut déduire, d'après *J. Clairin*[243]), une équation de Monge-Ampère en prenant pour nouvelles variables x', y', z' des fonctions convenablement choisies de x, y, z et des dérivées partielles de z jusqu'à un certain ordre; cette transformation se décompose dans certains cas en un produit de transformations plus simples.*

Équations aux dérivées partielles à plus de deux variables indépendantes.

28. Les caractéristiques d'une équation aux dérivées partielles d'ordre n. Soit

$$z = f(x_1, x_2, \ldots, x_m)$$

une intégrale particulière d'une équation aux dérivées partielles d'ordre n

$$F(x_1, x_2, \ldots, x_m, z, p_{100\ldots0}, \ldots, p_{\beta_1\beta_2\ldots\beta_m}) = 0, \tag{121}$$

où

$$\beta_1 + \beta_2 + \cdots + \beta_m \leqq n.$$

Si l'on établit entre les m variables indépendantes une relation telle que

$$x_1 = \varphi(x_2, \ldots, x_m),$$

on définit sur cette intégrale une multiplicité à $(m-1)$ dimensions d'éléments appartenant à l'équation (121). Inversement cette multiplicité détermine complètement la surface intégrale qui la contient,

---

242) J. math. pures appl. (5) 9 (1903), p. 408; Bull. Soc. scient. méd. de l'Ouest (Rennes) 11 (1902), p. 249, 581; 12 (1903), p. 207; 14 (1905), p. 90; 15 (1906), p. 101; 16 (1907), p. 56.

243) C. R. Acad. sc. Paris 134 (1902), p. 1102; 143 (1906), p. 818, 1130; Bull. Soc. math. France 30 (1902), p. 100; Ann. Éc. Norm. (3) 27 (1910), p. 450.

sauf dans le cas suivant. Considérons l'équation aux dérivées partielles du premier ordre S obtenue en remplaçant, dans la *forme caractéristique*

$$(122) \qquad \sum \frac{\partial F}{\partial p_{\alpha_1 \alpha_2 \ldots \alpha_m}} \xi_1^{\alpha_1} \xi_2^{\alpha_2} \ldots \xi_m^{\alpha_m},$$

où

$$\alpha_1 + \alpha_2 + \cdots + \alpha_m = n,$$

1°) la fonction z et ses dérivées partielles par leurs expressions au moyen des variables $x_1, x_2, \ldots, x_m$, tirées de la relation $z = f$, 2°) x_1 par φ, et 3°) $\xi_1, \xi_2, \ldots, \xi_m$ par -1, $\frac{\partial \varphi}{\partial x_2}, \ldots, \frac{\partial \varphi}{\partial x_m}$ respectivement.

Si la fonction $\varphi(x_2, \ldots, x_m)$ satisfait à cette équation S (et dans ce cas seulement) la multiplicité M_{m-1} d'éléments d'ordre n définie par les deux relations

$$z = f, \quad x_1 = \varphi$$

appartient à une infinité de surfaces intégrales de l'équation (121), car les équations qui définissent cette multiplité, jointes aux relations obtenues en dérivant l'équation (121), ne permettent pas de déterminer les valeurs des dérivées partielles d'ordre $n+1$ de la fonction inconnue z. Ces multiplicités sont les analogues des bandeaux caractéristiques d'une équation à deux variables indépendantes, pour lesquels le problème analogue au problème de Cauchy est indéterminé. Ces multiplicités sont appelées *caractéristiques à* $m-1$ *dimensions* de l'équation (121) et on les représente par C_{m-1}[244]).

Par toute multiplicité d'éléments à $m-2$ dimensions de la surface intégrale

$$z = f$$

il passe en général n caractéristiques distinctes C_{m-1}.

Si deux surfaces intégrales, ayant une caractéristique commune C_{m-1}, ont un contact d'ordre $n + \nu$ en un élément de cette caractéristique, elles ont un contact du même ordre tout le long de C_{m-1}.

---

244) Les multiplicités caractéristiques ont d'abord été considérées par *A. V. Bäcklund*, Math. Ann. 13 (1878), p. 411. *J. Beudon* [C. R. Acad. sc. Paris 124 (1897), p. 671; Bull. Soc. math. France 25 (1897), p. 108] a démontré d'une façon rigoureuse que toute caractéristique d'une équation du second ordre à m variables ($m > 2$) appartient à une infinité de surfaces intégrales. L'équation qui définit les multiplicités caractéristiques est dans ce cas une équation aux dérivées partielles du premier ordre, dont les caractéristiques sont appelées *bicaractéristiques*.

Voir *J. Hadamard*, Leçons sur la propagation des ondes, Paris 1903, p. 262 (chap. 7); Bull. Soc. math. France 34 (1906), p. 48 et *J. Le Roux*, id. 36 (1908), p. 129. *E. R. Hedrick*, Annals of math. (2) 4 (1902/3), p. 145. La notion de caractéristiques a été aussi étendue aux systèmes d'équations aux dérivées partielles. Voir les travaux précédents de *J. Hadamard* et de *J. Le Roux*.

Les caractéristiques C_{m-1} peuvent être définies, indépendamment de toute surface intégrale, par un système d'équations aux dérivées partielles du premier ordre, où les variables indépendantes sont $x_2, x_3, \ldots, x_m$ et les fonctions x_1, z et les dérivées de z jusqu'à l'ordre n. En adjoignant à l'équation (121) celles que l'on en déduit par des dérivations jusqu'à un ordre quelconque, on définit les caractéristiques d'ordre $n+1, n+2, \ldots$, comme dans le cas de $m=2$.

Il pourrait arriver[245]), pour certaines équations (121) de forme particulière, que chaque caractéristique C_{m-1} se composât de ∞^1 *multiplicités caractéristiques à $m-2$ dimensions* C_{m-2}; l'ensemble de ces multiplicités caractéristiques serait alors défini par un système d'équations aux dérivées partielles du premier ordre à $m-2$ variables indépendantes. On obtiendrait une classe encore plus particulière d'équations (121) en envisageant le cas où chacun des C_{m-2} se composerait de ∞^1 caractéristiques C_{m-3}, et ainsi de suite. Mais, en réalité, on ne connaît[246]) aucune équation de la forme (121), dont la surface intégrale la plus générale soit formée par $\infty^{m-\nu}$ caractéristiques C_ν $(m-1>\nu>1)$, sans pouvoir l'être par $\infty^{m-\nu+1}$ caractéristiques $C_{\nu-1}$.

Lorsque, quelle que soit l'intégrale considérée de l'équation (121), la forme caractéristique (122) se décompose en n facteurs linéaires[247]), l'équation aux dérivées partielles correspondante S se décompose en n équations linéaires aux dérivées partielles du premier ordre, dont les courbes caractéristiques déterminent sur la surface intégrale n systèmes de bandeaux d'éléments d'ordre n, qu'on appelle *caractéristiques à une dimension* ou bandeaux caractéristiques, et qu'on représente par C_1. Ces caractéristiques C_1 sont définies, indépendamment de toute surface intégrale, par un système d'équations linéaires aux différentielles totales par rapport aux variables

$$x_1, x_2, \ldots, x_m, z, p_{\alpha_1\cdots\alpha_m},$$

où

$$\sum_{i=1}^{i=m} \alpha_i \leqq n;$$

245) *A. V. Bäcklund*, Math. Ann. **13** (1878), p. 69.

246) L'équation citée par *A. V. Bäcklund* [Math. Ann. 15 (1879), p. 83] ne possède cette propriété que pour une famille particulière d'intégrales [Voir *A. V. Bäcklund*, Math. Ann. 17 (1880), p. 326].

De nouvelles recherches sur les multiplicités caractéristiques à moins de $m-1$ dimensions seraient nécessaires pour élucider cette question.

247) *A. V. Bäcklund*, Math. Ann. 13 (1878), p. 69; *V. Sersawy*, Denkschr. Akad. Wien. 49 II (1885), p. 60 et suiv., en partic. p. 80. *Pour que l'intégrale générale de l'équation (121) appartienne à la première classe d'Ampère, il faut

le nombre des équations de chaque système est inférieur de m unités au nombre des différentielles dx_i, dz, $dz_{\alpha_1\alpha_2\cdots\alpha_m}$. Toute intégrale non singulière de l'équation (121) est engendrée par ∞^{m-1} caractéristiques C_1 de chaque système. Il existe des multiplcités caractéristiques C_ν de tous les ordres, de $\nu = 1$ à $\nu = m - 1$; la caractéristique C_ν la plus générale est engendrée par $\infty^{\nu-1}$ caractéristiques C_1. Pour une équation (121) de cette espèce on peut aussi définir des bandeaux caractéristiques d'ordre $n+k$ par des systèmes d'équations aux différentielles totales[248]). Toute combinaison intégrable de l'un de ces systèmes fournit, comme dans le cas où $m = 2$, une équation aux dérivées partielles qui est en involution avec l'équation (121). Mais l'extension de la méthode de Darboux-Lévy n'a pas encore été faite complètement[249]).

29. Systèmes en involution à une inconnue. Un système de μ équations ($\mu \leq m$) aux dérivées partielles d'ordre n est en involution[250]), lorsque les μm relations entre les dérivées d'ordre $n+1$ obtenues par dérivation se réduisent à

$$\mu m - \frac{\mu(\mu-1)}{2}$$

relations distinctes. Les μ formes caractéristiques ont alors un facteur commun de degré $n-1$; par suite, sur toute surface intégrale des μ équations, il y a un système de caractéristiques communes C_{m-1} qui est défini par une équation aux dérivées partielles du premier ordre et du $(n-1)^{\text{ième}}$ degré par rapport aux dérivées; en particulier, pour $n = 2$, il y a ∞^{m-1} caractéristiques communes à une dimension.

Un système en involution de m équations du second ordre à m variables indépendantes[251]) admet une famille de bandes caracté-

que la forme caractéristique se décompose en n facteurs linéaires; *de Pistoye*, C. R. Acad. sc. Paris 78 (1874), p. 1102. Lorsque la forme caractéristique est divisible par p facteurs linéaires en $\xi_1, \xi_2, \ldots, \xi_n$ $(p < n)$, l'équation (40) admet p systèmes de caractéristiques à une dimension; *E. Goursat*, C. R. Acad. sc. Paris 126 (1898), p. 1332.*

248) *A. R. Forsyth* [Philos. Trans. London 191 A (1898), p. 1] a donné les équations de définition des multiplicités caractéristiques du second et du troisième ordre pour une équation du second ordre à trois variables.

249) Voir *V. Sersawy* [Denkschr. Akad. Wien 49 II (1885), math. p. 60 et suiv.] et *A. R. Forsyth* [Philos. Trans. London 191 A (1898), p. 1]. Les méthodes de *V. Sersawy* ne sont pas à l'abri de toute objection. *Voir aussi *A. R. Forsyth*, Theory of differential equations, 6, Cambridge 1906, p. 527 (chap. 24).*

250) *A. V. Bäcklund*, Math. Ann. 13 (1878), p. 104/7, 423, 427; 15 (1879), p. 78.

251) *A. V. Bäcklund*, Math. Ann. 13 (1878), p. 107. *J. Beudon* [Ann. Éc. Norm. (3) 15 (1898), p. 229] a déterminé et intégré toutes les équations de cette espèce qui sont *linéaires* par rapport aux dérivées secondes. Les résultats obtenus s'étendent sans difficultés aux systèmes en involution de m équations linéaires d'ordre *quelconque*.

ristiques du second ordre, dépendant d'un nombre fini de paramètres, qui engendrent toutes les intégrales communes de ce système. L'intégration de ce système revient à la détermination d'une multiplicité intégrale M_{m-1} à $m-1$ dimensions et à l'intégration d'un système d'équations différentielles ordinaires.

Si k équations du second ordre forment un système en involution de $k+1$ équations avec chacune des équations

$$u_1 = c_1,\ u_2 = c_2,\ \ldots,\ u_{m-k+1} = c_{m-k+1},$$

elles forment aussi un système en involution avec toutes les équations de la forme

$$\varphi(u_1, u_2, \ldots, u_{m-k+1}) = 0.$$

J. Beudon[252]) a considéré les systèmes en involution d'équations d'ordre n, en nombre inférieur de ν unités $(\nu < m)$ au nombre des dérivées partielles d'ordre n de z. Un pareil système possède une famille à un nombre fini de paramètres de caractéristiques $C_{m-\nu}$, de telle sorte que par chaque élément de contact d'ordre n des équations données il passe une de ces caractéristiques $C_{m-\nu}$ et *une seule*. Les ∞^ν caractéristiques $C_{m-\nu}$ issues des éléments d'une multiplicité intégrale à ν dimensions M_ν engendrent l'intégrale générale M_m du système. Les systèmes en involution d'équations aux dérivées partielles du premier ordre et les systèmes de Darboux de première classe [n° 22] sont des cas particuliers des systèmes précédents.

Considérons deux équations de la forme (121) qui, sans être en involution, sont telles que par tout élément de contact commun d'ordre $n+1$ il passe au moins *une* surface intégrale commune[253]); ces deux équations forment, avec les $2m$ équations qui s'en déduisent par dérivation, un système complètement intégrable au sens de *S. Lie* [II 21, 7]. Les deux équations aux dérivées partielles du premier ordre, qui définissent les caractéristiques C_{m-1} sur une surface intégrale commune, sont alors en involution; toute surface intégrale commune est engendrée par une infinité simple de caractéristiques communes pour $m=2$, et par ∞^∞ caractéristiques *communes* C_{m-1} dans les autres cas.

---

252) Ann. Éc. Norm. (3) 13 (1896), suppl. p. 19; *J. Beudon* [J. math. pures appl. (5) 5 (1899), p. 351] a considéré les systèmes différentiels à *une* inconnue, dont l'intégrale générale dépend d'*une* fonction arbitraire de ϱ variables $(\varrho < m)$. Voir aussi les cas spéciaux considérés par *A. V. Bäcklund*, Math. Ann. 19 (1882), p. 410.

*L'expression „système en involution" n'a pas toujours le même sens dans le mémoire de *J. Beudon* que pour *A. V. Bäcklund*, mais elle a le même sens que dans les travaux de *E. Cartan* [cf. n° **33**].*

253) *A. V. Bäcklund*, Math. Ann. 15 (1879), p. 69/74.

30. Généralisation de la théorie de Monge-Ampère[254]. Pour qu'une équation aux dérivées partielles du second ordre

$$(123)\quad F(x_1, x_2, \ldots, x_m, z, p_1, p_2, \ldots, p_m, p_{11}, p_{12}, \ldots, p_{m-1,m}, p_{mm}) = 0,$$

où

$$p_{ik} = \frac{\partial^2 z}{\partial x_i \partial x_k},$$

possède une intégrale intermédiaire de la forme

$$(124)\quad \varphi(u_1, u_2, \ldots, u_m) = 0,$$

où φ est une fonction arbitraire et où les u_i sont des fonctions de

$$x_1, x_2, \ldots, x_m, z, p_1, p_2, \ldots, p_m,$$

le premier membre de cette équation doit être une fonction linéaire du déterminant des dérivées secondes p_{ik} et de ses mineurs; il faut de plus que les coefficients vérifient certaines conditions.

Par une transformation de contact on peut toujours mettre le premier membre de l'équation (123) sous forme d'un déterminant d'ordre n dont les éléments sont de la forme

$$p_{ik} + a_{ik},$$

les a_{ik} étant des fonctions de

$$x_1, x_2, \ldots, x_m, z, p_1, p_2, \ldots, p_m.$$

Toute équation de cette forme possède deux systèmes de *caractéristiques du premier ordre à une dimension* Σ_1, Σ_2, définis par le système d'équations différentielles totales

$$dz = \sum_{k=1}^{k=m} p_k\, dx_k, \qquad dp_i + \sum_{k=1}^{k=m} a_{ik}\, dx_k = 0 \qquad (i = 1, 2, \ldots, m)$$

et par celui qui s'en déduit en remplaçant a_{ik} par a_{ki}[255].

Toute équation pouvant se ramener à cette forme par une transformation de contact admet aussi deux systèmes de caractéristiques définis par $m+1$ équations de Pfaff en z, x_i, p_k.

Pour que l'équation (123) possède une intégrale intermédiaire

254) *A. V. Bäcklund,* Math. Ann. 11 (1877), p. 236; 13 (1878), p. 99; *H. W. L. Tanner,* Proc. Lond. math. Soc. (1) 7 (1875/6), p. 43, 75; *G. Vivanti,* Reale Ist. Lombardo *Rendic.* (2) 29 (1896), p. 777; (2) 32 (1899), p. 506; Math. Ann. 48 (1897), p. 474/513; *A. R. Forsyth,* Trans. Cambr. philos. Soc. 16 (1894/8), éd. 1898, p. 191; *E. Goursat,* Bull. Soc. math. France 27 (1899), p. 1. Voir aussi *K. M. Peterson,* trad. par *E. Davaux,* Ann. Fac. sc. Toulouse (2) 7 (1905), p. 217.

255) *E. Goursat,* Bull. Soc. math. France 27 (1899), p. 3 et suiv.

(124), il faut en outre que l'un de ces systèmes d'équations de Pfaff admette m combinaisons intégrables.

Si le second système de caractéristiques admet aussi m combinaisons intégrables dv_i, l'équation (123) possède une seconde intégrale intermédiaire

$$\psi(v_1, v_2, \ldots, v_m) = 0. \tag{125}$$

Si du et dv sont deux combinaisons intégrables, appartenant respectivement aux deux systèmes Σ_1 et Σ_2, u et v sont toujours en involution. Si le système Σ_1 est complètement intégrable, c'est-à-dire s'il admet $m+1$ combinaisons intégrables distinctes, Σ_2 est identique à Σ_1; réciproquement, si les deux systèmes Σ_1 et Σ_2 sont confondus, et s'il existe m combinaisons intégrables du_i, il en existe[256]) une $(m+1)^{\text{ième}}$. Les équations $u_1 = c_1, \ldots, u_{m+1} = c_{m+1}$ représentent ∞^{m+1} multiplicités d'éléments unis du premier ordre M_m, et l'intégrale générale de l'équation (122) s'obtient en prenant l'enveloppe de ∞^1 de ces multiplicités. *Cette équation peut se ramener à la forme $p_{20} = 0$ par une transformation de contact[257])*.

*Les équations (122), telles qu'il existe m combinaisons intégrables distinctes pour chaque système de caractéristiques, se ramènent, par une transformation de contact, à $m-1$ types distincts; l'intégrale générale appartient à la première classe de *A. M. Ampère*[258])*.

Une équation aux dérivées partielles du troisième ordre à m variables, qui possède une intégrale première de la forme (124), où les u_i sont des fonctions de

$$x_i,\ z,\ p_i,\ p_{ik},$$

est d'une forme particulière, linéaire par rapport aux dérivées du troisième ordre[259]). Si l'équation possède une seconde intégrale intermédiaire (125), toute équation de la forme (124) forme avec une équation (125) un système en involution du second ordre, et il y a trois systèmes différents de bandeaux caractéristiques du second ordre, de sorte que chaque intégrale de l'équation donnée contient ∞^{m-1} bandeaux de chacun des systèmes. Deux de ces systèmes sont définis par des équations aux différentielles totales qui admettent respectivement les combinaisons intégrables

$$du_i = 0, \quad dv_i = 0.$$

---

256) *Pour le cas où $m = 3$, voir *G. Vivanti*, Math. Ann. 48 (1897), p. 474.*

257) *J. Kürschák*, Math.-Naturw. Ber. Ungarn 14 (1898), p. 285.

258) **É. Goursat*, Bull. Soc. math. France 27 (1899), p. 18. Les équations linéaires auxquelles on peut appliquer une méthode de transformation analogue à la transformation de Laplace rentrent dans cette catégorie (id. p. 30).*

259) *A. V. Bäcklund*, Math. Ann. 13 (1878), p. 104.

On a des théorèmes analogues pour les équations d'ordre quelconque qui admettent des intégrales intermédiaires.

En particulier, si la forme caractéristique d'une équation d'ordre n, linéaire par rapport aux dérivées de l'ordre le plus élevé, se décompose en n facteurs linéaires, il existe n systèmes de bandeaux caractéristiques d'ordre $n-1$ définis par des équations de Pfaff[260]).

On peut ainsi avoir $1, 2, \ldots, n$ intégrales intermédiaires générales distinctes; k intégrales intermédiaires de systèmes différents forment un système en involution d'ordre $n-1$.

A. V. Bäcklund[261]) a considéré aussi des équations de la forme (123) qui admettent une intégrale intermédiaire dépendant de m constantes arbitraires.

**A. R. Forsyth*[262]) a étudié en détail les équations du second ordre à m variables admettant des intégrales intermédiaires de forme quelconque.*

31. Systèmes linéaires du premier ordre à n inconnues. *M. Hamburger*[263]) a donné une théorie générale d'intégration des systèmes linéaires

$$\sum_{k=1}^{k=n} \sum_{s=1}^{s=m} P_{iks} z_s^k = Q_i \qquad (i = 1, \ldots, n), \tag{126}$$

où

$$z_s^k = \frac{\partial z_k}{\partial x_s},$$

et où les fonctions P_{iks} et Q_i ne dépendent que de

$$x_1, x_2, \ldots, x_m, z_1, z_2, \ldots, z_n,$$

en supposant que les fonctions P_{iks} vérifient, pour $m > 2$, certaines conditions algébriques, qui expriment que le déterminant

$$\left| \sum_{s=1}^{s=m} P_{iks} \lambda_s \right| \qquad (i, k = 1, 2, \ldots, n) \tag{127}$$

se décompose en n facteurs linéaires par rapport à $\lambda_1, \lambda_2, \ldots, \lambda_n$.

260) Ce cas particulier a déjà été considéré par *G. Monge*, Hist. Acad. sc. Paris 1784, éd. 1787, M. p. 161. Voir aussi *A. M. Legendre*, id. 1787, éd. 1789 M. p. 323; *M. Falk*, Tidskrift för mat. och fys. (Upsal) 4 (1871), p. 230/40; *E. Combescure*, C. R. Acad. sc. Paris 74 (1872), p. 798; *de Pistoye*, id. 78 (1874), p. 1102; *K. M. Peterson*, trad. par *E. Davaux*, Ann. Fac. sc. Toulouse (2) 7 (1905), p. 217.

261) Math. Ann. 11 (1877), p. 240.

262) Theory of differential equations 6, Cambridge 1906, p. 490 (chap. 23).

263) J. reine angew. Math. 100 (1887), p. 401 et suiv. Pour le cas de *deux* variables indépendantes, voir la note 206.

A chacun de ces facteurs correspond un système Σ_i de $m+1$ équations de Pfaff entre les variables x_i, z_k. Toute multiplicité ponctuelle à une dimension de l'espace

$$E_{m+n}(x_1, x_2, \ldots, x_m, z_1, \ldots, z_n)$$

qui satisfait à l'un de ces systèmes Σ_i, peut être regardée comme une *courbe caractéristique* du système (126). Tout système d'intégrales

$$z_1 = \zeta_1(x_1, \ldots, x_m), \quad \ldots, \quad z_n = \zeta_n(x_1, x_2, \ldots, x_m)$$

contient ∞^{m-1} courbes caractéristiques de chaque système. Lorsque chaque système Σ_i possède m combinaisons intégrables

$$du_{i1} = 0, \ du_{i2} = 0, \ \ldots, \ du_{im} = 0,$$

on obtient l'intégrale générale en résolvant par rapport à $z_1, z_2, \ldots, z_n$ les n équations

(128) $$\varphi_i(u_{i1}, u_{i2}, \ldots, u_{im}) = 0, \qquad (i = 1, 2, \ldots, n),$$

où $\varphi_1, \varphi_2, \ldots, \varphi_n$ sont des fonctions arbitraires. Cette méthode s'applique aussi au cas où le déterminant (127) aurait des facteurs linéaires multiples, pourvu que tout facteur d'ordre k soit un facteur d'ordre $k-l$ de tous les mineurs d'ordre $m-l$ de (127).

En particulier, quand on se trouve dans ce cas pour $k = n$, le système (126) est de la forme considérée par *C. G. J. Jacobi*[264])

$$P_1 \frac{\partial z_i}{\partial x_1} + P_2 \frac{\partial z_i}{\partial x_2} + \cdots + P_m \frac{\partial z_i}{\partial x_m} = Q_i, \qquad (i = 1, 2, \ldots, n);$$

l'intégration se ramène à l'intégration d'un système d'équations différentielles ordinaires[265]).

Pour qu'un système de n équations du premier ordre à n inconnues z_i admette une intégrale générale[263]) de la forme (128), il faut que leurs premiers membres aient une forme particulière, du degré m au plus par rapport aux dérivées, et en outre que les coefficients vérifient certaines identités. On peut étendre à cette catégorie de systèmes d'équations aux dérivées partielles la notion de courbe caractéristique et la méthode d'intégration précédente.

32. Systèmes non linéaires du premier ordre. Systèmes normaux. L'étude d'un système en involution de N équations du premier ordre à m variables $x_1, x_2, \ldots, x_m$

(J) $$F_i(x_1, x_2, \ldots, x_m, z_1, z_2, \ldots, z_n, z_1^1, z_2^2, \ldots, z_m^n) = 0 \quad (i = 1, 2, \ldots, n)$$

264) J. reine angew. Math. 2 (1827), p. 317; Werke 4, Berlin 1886, p. 1, 229.

265) Il en est de même pour certaines classes d'équations non linéaires du premier ordre à n inconnues considérées par *M. Hamburger*, J. reine angew. Math. 110 (1892), p. 167/73.

et à n inconnues ($N < mn$), indépendantes par rapport aux mn dérivées

$$z_k^i = \frac{\partial z_i}{\partial x_k},$$

a été poussée plus loin dans un cas particulier[266]). Supposons que ce système puisse être ramené à la forme

$$(129) \qquad z_k^i = f_{ik}(x_1, x_2, \ldots, x_m, z_1, z_2, \ldots, z_n, z_s^r, \ldots)$$

les indices i et k pouvant prendre les valeurs suivantes

$$(i = 1, 2, \ldots, n;\ k = 1, 2, \ldots, \mu) \quad \text{et} \quad (i = 1, 2, \ldots, \nu;\ k = \mu + 1),$$

et les seconds membres ne renfermant aucune des dérivées qui figurent dans les premiers membres[267]). On a

$$N = \mu n + \nu$$

et

$$\mu < m, \quad \nu < n.$$

Des conditions de passivité du système (129) [voir II 21, 2] on déduit en particulier que les équations obtenues en égalant à zéro tous les déterminants d'ordre n déduits de la *matrice caractéristique*[268])

$$\left\| \sum_{s=1}^{s=m} P_{iks} \lambda_s \right\| \qquad (i = 1, 2, \ldots, N;\ k = 1, 2, \ldots, n),$$

où

$$P_{iks} = \frac{\partial F_i}{\partial z_s^k},$$

représentent une multiplicité ponctuelle M à $m - \mu - 1$ dimensions et de degré $n - \nu$ dans l'espace E_{m-1}, avec les coordonnées homogènes $\lambda_1, \lambda_2, \ldots, \lambda_m$.

Chacun des μ *systèmes partiels*

$$(J_s) \quad z_s^i = f_{is}, \quad z_{\mu+1}^j = f_{j,\mu+1} \qquad (i = 1, 2, \ldots, n;\ j = 1, 2, \ldots, \nu)$$

déduit du système (129), forme un système en involution quand on y considère $x_1, x_2, \ldots, x_{s-1}, x_{s+1}, x_{s+2}, \ldots, x_\mu$ comme des paramètres.

Le système (J) est dit un *système normal* lorsque les dérivées P_{iks} satisfont à certaines conditions algébriques, par suite desquelles la multiplicité M se décompose en $n - \nu$ multiplicités linéaires.

---

266) *E. von Weber,* C. R. Acad. sc. Paris 123 (1896), p. 292; Ber. Ges. Lpz. 49 (1897), math. p. 329; Math. Ann. 49 (1897), p. 543.

267) L'existence des solutions d'un système passif de la forme (129) a été établie pour $\nu = 0$ par *Gy. (J.) König* [Math. Ann. 23 (1884), p. 520] et dans le cas général par *C. Bourlet* [Ann. Éc. Norm. (3) 8 (1891), suppl. p. 43].

268) Cette notion s'étend à un système différentiel quelconque. Voir *de Pistoye,* C. R. Acad. sc. Paris 78 (1874), p. 1102.

Chaque système (J_s) est aussi un système normal et le système (J) possède $n - \nu$ familles, en général distinctes, de multiplicités intégrales particulières à μ dimensions ou *caractéristiques* C_μ.

Ces multiplicités sont définies par des équations linéaires aux dérivées partielles du premier ordre, où $x_1, \ldots, x_\mu$ sont les variables indépendantes et

$$x_{\mu+1}, \ldots, x_m, z_1, \ldots, z_n, z_k^i$$

les fonctions inconnues, et, dans le cas particulier où $\mu = 1$, par $n - \nu$ systèmes Σ_i d'équations de Pfaff en x_k, z_i, z_k^i.

Tout système d'intégrales des équations (J) est engendré par $\infty^{m-\mu}$ caractéristiques C_μ de chacun des $n - \nu$ systèmes; chaque caractéristique C_μ contient $\infty^{\mu-1}$ caractéristiques C_1 de chaque système partiel (J_s), et les systèmes $(J_1), (J_2), \ldots, (J_\mu)$ sont liés de la même façon que les équations d'un système en involution de μ équations aux dérivées partielles du premier ordre à une inconnue [n^{os} **12, 13**].

Dans le cas où $\nu = n - 1$, il passe *une* caractéristique C_μ par tout élément de contact du système normal (J), et l'intégration de ce système se ramène à l'intégration d'un système d'équations différentielles ordinaires, pourvu qu'on ait déterminé la multiplicité intégrale la plus générale à $m - \mu$ dimensions, ce qui exige l'intégration d'un système différentiel à $m - \mu$ variables indépendantes.

La transformation de Lie-Mayer [II 21, **17**] ramène l'intégration du système (J) à l'intégration d'un système où $\mu = 1$[269]). Dans ce dernier cas lorsque les $n - \nu$ systèmes de Pfaff Σ_i possédent un nombre suffisant de combinaisons intégrables, l'intégration de (J) se réduit à celle de systèmes à moins de m variables indépendantes, et parfois à l'intégration de systèmes d'équations différentielles ordinaires.

La théorie des systèmes normaux contient la plupart des théories d'intégration des équations aux dérivées partielles, en particulier la méthode de Darboux-Lévy et ses généralisations [n° **23**] et aussi la méthode de Beudon [note 252].

33. Systèmes d'équations de Pfaff. Invariants. A tout système d'équations de Pfaff

$$\text{(S)} \quad dx_{m+s} = a_{1s}dx_1 + \cdots + a_{ms}dx_m \qquad (s = 1, 2, \ldots, n - m),$$

où les coefficients a_{is} sont des fonctions de $x_1, x_2, \ldots, x_n$, est attaché un système adjoint de transformations infinitésimales de la forme [II 21, **14**]

$$(130) \qquad \varrho_1 A_1(f) + \varrho_2 A_2(f) + \cdots + \varrho_m A_m(f),$$

269) *J. König*, Math. Ann. 23 (1884), p. 525; *C. Bourlet*, Ann. Éc. Norm. (3) 8 (1891), suppl. p. 43.

où

$$A_i(f) = \frac{\partial f}{\partial x_i} + \sum_{s=1}^{s=n-m} a_{si} \frac{\partial f}{\partial x_{m+s}}.$$

Posons

$$a_{iks} = -a_{kis} = A_i(a_{ks}) - A_k(a_{is})$$

et soit $m - h$ le rang de la matrice d'ordre m

$$\begin{Vmatrix} 0 & a_{121} & \dots & a_{1m1} & 0 & a_{122} & \dots & a_{1m2} & 0 & \dots \\ a_{211} & 0 & \dots & a_{2m1} & a_{212} & 0 & \dots & a_{2m2} & a_{213} & \dots \\ \cdot & \cdot & \cdot & \cdot & \cdot & \cdot & \cdot & \cdot & \cdot & \cdot \\ a_{m11} & a_{m21} & \dots & 0 & a_{m12} & a_{m22} & \dots & 0 & a_{m13} & \dots \end{Vmatrix}.$$

Aux h systèmes de solutions

$$\xi_1^{(i)}, \xi_2^{(i)}, \dots, \xi_m^{(i)},$$

linéairement indépendantes des équations

$$\sum_{k=1}^{k=m} \xi_k a_{iks} = 0, \quad \xi_{m+s} = \sum_{k=1}^{k=m} a_{ks} \xi_k \qquad (s = 1, \dots, n-m;\ i = 1, 2, \dots, m),$$

correspondent h transformations infinitésimales linéairement indépendantes

$$X_i(f) = \sum_{k=1}^{k=m} \xi_k^{(i)} \frac{\partial f}{\partial x_k} \qquad (i = 1, 2, \dots, h)$$

qui laissent invariable le système (S) [II 21, **14**]. L'expression

$$\varrho_1 X_1(f) + \varrho_2 X_2(f) + \dots + \varrho_h X_h(f)$$

est un covariant du système (S)[270]. Soient

$$y_1, y_2, \dots, y_{n-1}$$

$n-1$ intégrales distinctes de l'une quelconque des équations

$$X_i(f) = 0;$$

si l'on prend pour nouvelles variables

$$y_1, y_2, \dots, y_{n-1}$$

avec l'une des variables primitives x_i, le système (S) se change en un système où ne figurent plus que les variables $y_1, y_2, \dots, y_{n-1}$[271]. Les

270) *F. Engel*, Ber. Ges. Lpz. 41 (1889), math. p. 157.

271) *M. Hamburger*, J. reine angew. Math. 110 (1892), p. 158; *V. (W.) de Tannenberg* C. R. Acad. sc. Paris 120 (1895), p. 674. Cette proposition contient comme cas particulier la méthode de réduction de Pfaff-Grassmann pour une équation de Pfaff [voir II 21, **27**]. Sur les conditions qui expriment que le nombre h est > 0, voir aussi *H. Grassmann*, Die Ausdehnungslehre, Berlin 1862;

équations
$$X_1(f)=0,\ X_2(f)=0,\ \ldots,\ X_h(f)=0$$
forment un système complet; si l'on prend pour nouvelles variables $n-h$ intégrales distinctes de ce système
$$y_1,\ y_2,\ \ldots,\ y_{n-h},$$
le système (S) se transforme en un système qui ne renferme plus que $y_1, y_2, \ldots, y_{n-h}$, et il est impossible de réduire encore le nombre des variables[272].

Le système d'équations

$$(131)\quad \begin{cases} dx_{m+s}=\sum_{k=1}^{k=m} a_{ks}\,dx_k,\ \delta x_{m+s}=\sum_{k=1}^{k=m} a_{ks}\,\delta x_k,\ \sum_{i=1}^{i=m}\sum_{k=1}^{k=m} a_{iks}\,dx_i\,\delta x_k=0 \\ (s=1,2,\ldots,n-m) \end{cases}$$

est un covariant[273]) du système (S). Il s'ensuit que les rangs K et 2ϱ des deux matrices

$$(132)\quad \begin{cases} \left\|\sum_{k=1}^{m} a_{iks}\lambda_k\right\| & (i=1,2,\ldots,m;\ s=1,2,\ldots,n-m), \\ \left\|\sum_{s=1}^{n-m} a_{iks}\mu_s\right\| & (i,k=1,2,\ldots,m), \end{cases}$$

où les variables x, λ, μ ont des valeurs arbitraires, sont des *invariants*[274]) du système (S); K est le *caractère*, 2ϱ le *rang* de (S). Soient
$$D_1,\ D_2,\ \ldots,\ D_p$$
les déterminants à K lignes de la première matrice qui ne sont pas identiquement nuls; si l'on remplace λ_k par dx_k dans D_i, les équations

$$(133)\quad dx_{m+s}=\sum_{k=1}^{k=m} a_{ks}\,dx_k,\quad D_i=0\qquad (s=1,\ldots,n-m;\ i=1,\ldots,p)$$

forment un système d'équations aux différentielles totales qui est un covariant de (S).

Le système d'équations aux dérivées partielles

$$(134)\quad A_i(f)=0,\quad A_i(A_k(f))-A_k(A_i(f))=0\qquad (i,k=1,2,\ldots,m)$$

est aussi un covariant de[275]) (S), et il en est de même du système

---

Werke 1², publ. par *F. Engel*, Leipzig 1896, p. 355/6 et les remarques de *F. Engel*, p. 479.

272) *E. von Weber*, Ber. Ges. Lpz. 50 (1898), math. p. 207.

273) *F. Engel*, id. 42 (1890), math. p. 192.

274) Id. 42 (1890), math. p. 197.

275) Sur ces formations invariantes, et d'autres analogues, ainsi que sur

de Pfaff (S_1) qui lui est adjoint; ce système (S_1) est contenu dans (S) et en est appelé le *système dérivé.*

Dans le cas où $K = 0$, on a aussi $2\varrho = 0$, tous les coefficients a_{ik}, sont nuls, le système (S) est identique à (S_1) et complètement intégrable.

Si $K = 1$, le système (S_1) se compose de $n - m + 1$ équations, le système est *complet* et (S_2) complètement intégrable lorsque le rang $2\varrho > 2$. Le système (S) peut être ramené à la forme normale

$$dz_{2\varrho+1} = z_{\varrho+1}dz_1 + z_{\varrho+2}dz_2 + \cdots + z_{2\varrho}dz_\varrho,$$
$$dz_{2\varrho+2} = 0, \quad \ldots, \quad dz_{2\varrho+n-m} = 0,$$

où les fonctions

$$z_1, z_2, \ldots, z_{2\varrho+n-m}$$

sont indépendantes[276]); il ne possède donc que les deux invariants 2ϱ et $n - m$.

Au contraire, si l'on a $K = 1$, $2\varrho = 2$, le système (S) possède une forme réduite

$$dy_2 = y_{n-m+2}dy_1,$$
$$dy_{2+s} = \varphi(y_1, y_2, \ldots, y_{n-m+2})dy,$$
$$(s = 1, 2, \ldots, n - m - 1).$$

Soient (S_2) le système dérivé de (S_1), (S_3) le système dérivé de (S_2), ... Supposons que tous ces systèmes soient de caractère 1, c'est-à-dire se composent respectivement de $n - m - 2$, $n - m - 3$, ... équations, jusqu'à ce qu'on arrive à un système $(S_{n-m-r-1})$ dont le système dérivé soit complètement intégrable. Dans ce cas, et dans ce cas seulement, le système (S) possède une forme normale[272])

$$dz_2 = 0, \; dz_3 = 0, \ldots, dz_{r+1} = 0,$$
$$dz_{r+2} = z_{r+3}dz_1, \; dz_{r+3} = z_{r+4}dz_1, \; \ldots, \; dz_{n-m+1} = z_{n-m+2}dz_1,$$

où les z_i sont des fonctions indépendantes des x, et par conséquent ce système n'a pas d'autre invariant que les deux nombres r et $n - m$. En particulier, tout système de deux équations de Pfaff à quatre variables qui ne possède aucune combinaison intégrable peut être ramené à la forme normale[277])

$$dz_2 = z_3dz_1, \quad dz_3 = z_4dz_1.$$

---

leur signification géométrique, voir les deux mémoires cités de *F. Engel* dans les notes 270 et 271.

276) *Voir aussi *E. Cartan*, Bull. Soc. math. France 29 (1901), p. 260.*

277) **F. Engel*, Ber. Ges. Lpz. 41 (1889), math. p. 157; *E. Cartan,* Bull. Soc. math. France 29 (1901), p. 118.*

On n'a pas encore trouvé le système complet d'invariants de (S) dans le cas général où $K=1$, $\rho=1$, ni pour $K>1$[278]).

E. Cartan[279]) a étudié les invariants des systèmes de Pfaff à cinq variables ($n=5$, $m=2$ et $m=3$). Abstraction faite de certains cas particuliers pour lesquels il existe une forme réduite simple, tout système de deux équations de Pfaff à cinq variables admet un système covariant et réciproquement. Ces deux systèmes ont les mêmes invariants. La recherche de ces invariants conduit à la considération de deux formes biquadratiques, l'une binaire, l'autre ternaire. Lorsque la première forme n'est pas un carré parfait, ou ne contient aucun facteur linéaire triple, *E. Cartan* indique la manière de former le système complet des invariants, qui se déduisent tous de la considération de 27 invariants fondamentaux et de 5 paramètres différentiels linéaires. Lorsque la forme biquadratique binaire est identiquement nulle, il en est de même de la forme ternaire; tous les systèmes pour lesquels il en est ainsi admettent une même forme réduite et chacun d'eux admet un groupe simple à 14 paramètres de transformations ponctuelles de l'espace à cinq dimensions.*

34. Systèmes d'équations de Pfaff. Multiplicités intégrales. Soit

$$(S)\qquad dx_{m+s}=a_{1s}dx_1+\cdots+a_{ms}dx_m \qquad (s=1,2,\ldots,n-m),$$

un système donné d'équations de Pfaff à $n-m$ termes; les coefficients $a_{1s},\ldots,a_{ms}$ sont des fonctions de $x_1, x_2,\ldots,x_n$ [n° **33**]; m est le *degré du système.* On peut se poser les deux problèmes que voici:

Problème A. Quelles sont les conditions nécessaires et suffisantes pour qu'il existe une forme réduite du système (S), à τ termes[280]),

$$(135)\qquad df_{\sigma+h}=F_{1h}df_1+\cdots+F_{\sigma h}df_\sigma$$

$(h=1,2,\ldots,n-m)$, $\tau=n-m+\sigma$, $n-m+1\leqq\tau\leqq n-2$[281]),

où $f_1, f_2,\ldots,f_\tau$ soient des fonctions indépendantes de $x_1, x_2,\ldots,x_n$.

278) *H. Duport* [J. math. pures appl. (5) 3 (1897), p. 17] a donné les formes réduites pour $n=6$, $n-m=2$.

279) *Ann. Éc. Norm. (3) 27 (1910), p. 109/92.*

280) *E. von Weber,* Sitzgsb. Akad. München 30 (1900), éd. 1901, p. 273 [7 juillet 1900].

281) Si l'on prend $\tau=n-m$ le système (S) est complètement intégrable. *E. Pascal* [Rendic. Ist. Lombardo (2) 35 (1902), p. 244] envisage des systèmes (S), auxquels il donne le nom de systèmes *incomplètement intégrables*, et qui sont tels qu'ils sont intégrables à l'aide de $n-m$ relations en x contenant *moins de* $n-m$ constantes arbitraires.

On peut toujours réaliser le cas où $\tau=n-1$ en prenant $f_1, f_2,\ldots,f_{m-1}$ quelconques.

Dans le cas où ces conditions sont vérifiées on peut se demander quelles sont les intégrations qu'il faut effectuer pour obtenir la forme réduite (135) la plus générale possible.

S'il existe une forme (135) les équations

$$f_1 = c_1, \quad f_2 = c_2, \ldots, f_\tau = c_\tau,$$

où $c_1, c_2, \ldots, c_\tau$ désignent des constantes arbitraires, forment une intégrale *complète* de (S) constitué par ∞^τ multiplicités intégrales $M_{n-\tau}$ qui remplissent tout l'espace à n dimensions $(x_1, x_2, \ldots, x_n)$.

Si ces multiplicités intégrales sont définies par des relations de la forme

$$x_i = \varphi_i(u_1, u_2, \ldots, u_\nu, c_1, c_2, \ldots, c_\tau), \text{ où } \nu = n - \tau,$$

$x_1, x_2, \ldots, x_n$ sont des fonctions intégrales du système différentiel[282])

$$(136) \qquad \frac{\partial x_{m+h}}{\partial u_s} = \sum_{i=1}^{i=m} a_{ih} \frac{\partial x_i}{\partial u_s}; \qquad \sum_{i=1}^{i=m} \sum_{k=1}^{k=m} a_{ikh} \frac{\partial x_i}{\partial u_s} \frac{\partial x_k}{\partial u_t} = 0$$

$$(h = 1, 2, \ldots, n-m; \; s = 1, 2, \ldots, \nu; \; t = 1, 2, \ldots, \nu).$$

Problème B. Quelles sont les conditions nécessaires et suffisantes pour que par chaque multiplicité intégrale M_1 de (S) passe au moins une multiplicité intégrale M_2 de (S), par chaque multiplicité intégrale M_2 au moins une multiplicité intégrale $M_3, \ldots$, enfin par chaque multiplicité intégrale $M_{\nu-1}$ au moins une multiplicité intégrale M_ν[280])?

Pour que (S) puisse être mis sous la forme (135) il faut et il suffit tout d'abord que tous les mineurs principaux, à $2\sigma + 2$ lignes et colonnes, de la matrice

$$\begin{Vmatrix} 0 & A_{12} & \ldots & A_{1m} & A_1 f_1 & \ldots & A_1 f_\sigma \\ \cdot & \cdot & \cdot & \cdot & \cdot & \cdot & \cdot \\ A_{m1} & A_{m2} & \ldots & 0 & A_m f_1 & \ldots & A_m f_\sigma \\ A_1 f_1 & A_2 f_1 & \ldots & A_m f_1 & 0 & \ldots & 0 \\ \cdot & \cdot & \cdot & \cdot & \cdot & \cdot & \cdot \\ A_1 f_\sigma & A_2 f_\sigma & \ldots & A_m f_\sigma & 0 & \ldots & 0 \end{Vmatrix}$$

où l'on a posé, pour abréger,

$$A_{ik} = \sum_{s=1}^{s=n-m} a_{iks} \lambda_s, \quad A_i f = \frac{\partial f}{\partial x_i} + \sum_{s=1}^{s=n-m} a_{si} \frac{\partial f}{\partial x_{m+s}},$$

soient nuls identiquement[283]). En d'autres termes, il faut et il suffit

282) *E. von Weber*, Ber. Ges. Lpz. 52 (1900), éd. 1901, p. 179 [3 décembre 1900].

283) Il faut donc que $2\sigma \geqq 2\varrho$ en sorte que l'on n'envisage que des valeurs de $\tau \geqq n - m + \varrho$, où 2ϱ est le rang de (S) [nº 33]. *H. Grassmann* [voir la note de *F. Engel* dans *H. Grassmann*, Werke 1, Abt. 2, p. 480] avait déjà obtenu ce résultat.

que les équations

$$(137) \qquad \sum_{i=1}^{i=m}\sum_{k=1}^{k=m} a_{ikh}\xi_i\eta_k = 0 \qquad (h = 1, 2, \ldots, n - m)$$

soient vérifiées identiquement en vertu des σ couples de relations

$$\left.\begin{aligned}(138)\qquad & \sum_{i=1}^{i=m}\mu_{is}\xi_i = 0\\ (139)\qquad & \sum_{i=1}^{i=m}\mu_{is}\eta_i = 0\end{aligned}\right\} \qquad (s = 1, 2, \ldots, \sigma);\ \mu_{is} = A_i f_s.$$

Si l'on envisage les ξ, η comme les coordonnées ponctuelles homogènes d'un point de l'espace E_{m-1} et les expressions $\xi_i\eta_k - \xi_k\eta_i$ comme les coordonnées plückériennes d'une droite de cet espace E_{m-1}[284]), chacune des équations (137), dans laquelle $x_1, x_2, \ldots, x_n$ sont envisagées comme des constantes, représente un complexe linéaire, et l'ensemble des équations (137) représente une congruence C à K' termes de l'espace E_{m-1}, où K' est le rang de la matrice

$$\left\| \begin{matrix} \cdot & \cdot & \cdot & \cdot \\ a_{12h}, & a_{13h}, & \ldots, & a_{m-1,m,h} \\ \cdot & \cdot & \cdot & \cdot \end{matrix} \right\| \qquad (h = 1, 2, \ldots, n - m)$$

Convenons dans ce qui suit de désigner par M_l une multiplicité linéaire à l dimensions de l'espace E_{m-1} et posons

$$\nu = m - \sigma - 1 = n - \tau - 1.$$

On dit que la multiplicité M_ν définie par la relation (138) est une *multiplicité de la congruence* C lorsque toutes les droites que contient M_ν font partie de C, en d'autres termes lorsque les équations (137) sont vérifiées en vertu des équations (138) et (139). S'il en est ainsi et si les μ_{is} satisfont en outre à la condition que les équations

---

Il est bien évident que l'on ne peut résoudre le problème A par une simple transposition formelle des méthodes données par *H. Grassmann*, *A. Clebsch*, etc. pour l'étude d'une seule équation de Pfaff. *O. Biermann* [Z. Math. Phys. 30 (1885), p. 234] et *A. R. Forsyth* [Theory of diff. equations 1, Cambridge 1890, p. 321] ont cru devoir essayer de le démontrer. On trouvera certaines analogies formelles entre le problème A concernant une seule équation de Pfaff et celui concernant un système d'équations de Pfaff, dans *J. Brill* [Proc. London math. Soc. (1) 30 (1898/9), p. 263; (1) 31 (1899), p. 315; Quart. J. pure appl. math. 30 (1899), p. 221; 32 (1901), p. 188; 34 (1903), p. 53, 155; 35 (1904), p. 67, 249] et dans *C. K. Rusjan* [Zapiski novorossijskago universit. Odessa (Mémoires de l'Université d'Odessa) 78 (1899), p. 385; 79 (1900), p. 413; 80 (1900), p. 10]; cf. *E. von Weber* [id. 83 (1901), p. 23 et[280]), p. 299].

284) *E. von Weber*, Math. Ann. 55 (1902), p. 386 [1901]; voir aussi[282]).

$$(140)\qquad dx_{m+h} = \sum_{i=1}^{i=m} a_{ih}\, dx_i; \quad \sum_{i=1}^{i=m} \mu_{is}\, dx_i = 0$$

$$(h = 1, 2, \ldots, n-m; \quad s = 1, 2, \ldots, \sigma)$$

soient un système, à τ termes, complètement intégrable, les intégrales $f_1, f_2, \ldots, f_\tau$ de ce système (140) fournissent une forme réduite (135) de (S).

De l'existence de multiplicités quelconques M_ν de C on peut conclure que ces multiplicités peuvent être définies par un ou plusieurs systèmes de relations à σ termes de la forme (138) où les μ_{is} dépendent des a_{ikh} et en outre pour chacun de ces systèmes de relations, d'un nombre fini de paramètres essentiels $\varrho_1, \varrho_2, \ldots, \varrho_\omega$. Soient

$$\Sigma, \Sigma_1, \Sigma_2, \ldots\ldots$$

ces systèmes de relations; désignons par

$$\omega, \omega_1, \omega_2, \ldots\ldots$$

les nombres de paramètres correspondants. Soient d'autre part

$$P, P_1, P_2, \ldots\ldots$$

les systèmes d'équations de Pfaff de la forme (140) correspondant respectivement à

$$\Sigma, \Sigma_1, \Sigma_2, \ldots\ldots;$$

les degrés de ces systèmes sont égaux à

$$n - \tau + \omega, \quad n - \tau + \omega_1, \quad n - \tau + \omega_2, \ldots\ldots$$

quand on envisage les x et les ϱ comme des variables indépendantes. On dit que les systèmes $(P, P_1, P_2, \ldots\ldots)$ sont l'*extension* du système donné (S) correspondant au nombre donné τ[284]).

Ceci posé, pour que (S) admette une forme réduite (135) il faut et il suffit que, dans un au moins des systèmes P_i, les paramètres ϱ_k puissent s'exprimer en fonctions de $x_1, x_2, \ldots, x_n$ de façon que P_i soit complètement intégrable. On obtient la forme réduite (135) la plus générale en déterminant pour chacun des systèmes P_i le système le plus général de ces fonctions ϱ_k de $x_1, x_2, \ldots, x_n$[282]).

Quand les ω sont égaux à zéro ou à un, la solution du problème A se ramène à des éliminations et des intégrations d'équations différentielles ordinaires[285]).

On connaît trois cas où le problème se ramène à l'étude d'un système de Pfaff de degré inférieur à celui du système de Pfaff donné:

285) Math. Ann. 55 (1902), p. 391 [1901].

1°) lorsque toutes les multiplicités M_ν d'une congruence C sont situées sur une même multiplicité M_l[286]);

2°) lorsque la congruence C contient une *multiplicité singulière*[286]) M_l, c'est-à-dire une multiplicité dont tous les points vérifient les relations

$$\sum_{k=1}^{k=m} a_{ikh}\xi_k = 0 \qquad (i = 1, 2, \ldots, m;\ h = 1, 2, \ldots, n-m);$$

dans ce cas [n° **33**] le système (S) admet $l+1$ transformations infinitésimales indépendantes et peut être réduit à un système contenant un nombre moindre de variables;

3°) lorsque la congruence C ne contient pas plus de $\infty^{\tau-n+m-1}$ multiplicités M_ν[287]).

Les théorèmes précédents résolvent entièrement les problèmes A et B dans tous les cas où l'on a soit[288]) $K' = 1$, soit $2\varrho = 2$, soit encore quand le nombre donné $\tau = n - 2$.

Dans ce dernier cas on démontre que pour qu'un système de Pfaff à n variables, de degré m, admette une forme réduite à $n-2$ termes, il suffit que la congruence C contienne au moins ∞^{m-2} droites[289]).

La détermination de toutes les multiplicités M_ν d'une congruence C se ramène à un problème de la théorie des faisceaux de formes bilinéaires dont la difficulté croît rapidement avec m[290]); ce problème n'a pu être résolu jusqu'ici[291]) que pour $m \leqq 6$. Lorsque $m \leqq 6$, les problèmes A et B peuvent d'ailleurs être résolus quel que soit τ

286) Math. Ann. 55 (1902), p. 392 [1901].

287) Id. p. 405.

288) Id. p. 391. Dans ces deux cas le problème est résolu par des intégrations d'équations différentielles ordinaires.

289) Math. Ann. 55 (1902), p. 409 [1901]. Lorsque la congruence C ne contient que ∞^{m-3} droites, on se trouve dans le cas 3°). Lorsque n est plus grand qu'un certain multiple de m, la congruence C ne contient en général aucune droite; le système d'équations de Pfaff correspondant ne peut être ramené à une forme à $n-2$ différentielles; *C. K. Rusjan*[265]) avait à tort prétendu le contraire.

290) Pour $m = 6$, $K' = 2$ on a déjà à considérer dix cas principaux et de nombreux sous-cas. Cf. note 284.

291) A propos de la connexion entre la théorie des systèmes d'équations de Pfaff de degré m et de la géométrie réglée dans l'espace à $m-1$ dimensions E_{m-1}, voir *E. von Weber*, pour $m = 3$ et $m = 4$, Sitzgsb. Akad. München 30 (1900), éd. 1901, p. 273 [30 juillet 1900]; pour $m = 6$, Ber. Ges. Lpz. 52 (1900), éd. 1901, p. 179 [3 décembre 1900] et Math. Ann. 55 (1902), p. 386 [1901]; pour $m = 5$, Sitzgsb. Akad. München 30 (1900), éd. 1901, p. 393 [1900]; les théorèmes de la géométrie réglée dans l'espace à quatre dimensions E_4 dont il s'agit ici ont été établis par *G. Castelnuovo*, Atti Ist. Veneto (7) 2 (1890/1), p. 855.

ou par des procédés directs ou par réduction à des systèmes de Pfaff de degrés inférieurs au degré du système donné.

Pour le problème d'intégration[292]) particulier à un système d'équations de Pfaff du degré déterminé m on peut, conformément au problème B, développer une théorie des caractéristiques[282]) et une classification tout à fait analogues à celle qui concerne les problèmes aux dérivées partielles [cf. n^os **28**, **29**, **32**]. Ces derniers problèmes sont d'ailleurs contenus dans les premiers comme cas particuliers; ainsi tous les systèmes de Darboux de première classe à deux variables indépendantes [n° **22**] sont compris dans le cas $m = 3$, tous les systèmes de Darboux de seconde classe à deux variables indépendantes sont compris dans le cas $m = 4$, etc.[293]). Inversement pour tout système d'équations de Pfaff de cette espèce, le système différentiel correspondant (136) se trouve être un „système normal“ [n° **32**][282]).

Ce n'est que dans des cas très particuliers[294]) que l'on peut déduire d'une forme réduite donnée[295]) la forme réduite la plus générale (135) d'un système donné (S).

*Dans les recherches précédentes *E. von Weber* s'appuyant sur la théorie des systèmes passifs de *E. Riquier* a résolu le *problème B* dans les cas particuliers où $m \leqq 6$, $\nu = 2$. Dans des recherches indépendantes et simultanées, *E. Cartan*[296]) a résolu ce problème dans toute sa généralité en se fondant sur les seuls théorèmes d'existence des intégrales des systèmes de *Sophie Kovalewsky*. Il a de plus indiqué le nombre des fonctions arbitraires qui entrent dans la multiplicité intégrale la plus générale M_ν du système (S) à n variables lorsqu'on regarde cette multiplicité comme la solution d'un problème de Cauchy généralisé.

292) Pour le cas où $n = 6$, $m = 4$ cf. *H. Duport*, J. math. pures appl. (5) 6 (1900), p. 41; C. R. Acad. sc. Paris 130 (1900), p. 232.

293) Sur les covariants bilinéaires qui apparaissent dans la théorie des systèmes d'équations de Pfaff à deux variables indépendantes, voir *E. von Weber*, Sitzgsb. Akad. München 25 (1895), p. 101, 123.

294) Cf. *S. Lie* [Ber. Ges. Lpz. 50 (1898), p. 144/58] qui discute à fond les cas où $n - m = 2$ et $\tau \leq 5$.

295) On peut signaler ici l'essai de *J. Brill* [Messenger of math. (2) 30 (1900), p. 113]. Voir la question analogue concernant les équations aux dérivées partielles [n° **21**].

296) *Les points essentiels de la théorie de *E. Cartan* ont fait l'objet d'une communication orale à la section d'Analyse du Congrès international de smathématiciens à Paris (séance du 9 août 1900) [C. R. du 2ième congrès international des math., éd. Paris 1902. p. 18]; ils sont exposés: Ann. Éc. Norm. (3) 18 (1901), p. 241/311; voir aussi Bull. Soc. math. France 29 (1901), p. 233/302; Ann. Éc. Norm. (3) 21 (1904), p. 154/75.*

Appelons *elément* à ν dimensions l'ensemble d'un point et d'une multiplicité plane à ν dimensions passant par ce point; un tel élément peut être défini par ν droites issues de ce point, de directions

$$(d_i x_1, d_i x_2, \ldots, d_i x_n) \qquad (i = 1, 2, \ldots, \nu).$$

Un élément E_ν est dit *intégral*[296a]) si chaque droite issue du point et appartenant à E_ν satisfait aux équations de Pfaff et si en outre deux droites différentes de cet élément

$$(d_i x_1, \ldots, d_i x_n) \quad \text{et} \quad (d_j x_1, \ldots, d_j x_n)$$

annulent les covariants bilinéaires des premiers membres des équations de Pfaff.

Soit $s = n - m$ le nombre des équations linéairement indépendantes du système pour un système de valeurs arbitraires des x; pour qu'un élément intégral linéaire arbitraire E_1 forme avec un élément $[dx]$ un élément intégral E_2, $s + s_1$ équations linéairement indépendantes doivent être vérifiées.

Soit de même $s + s_1 + s_2$ le nombre des équations linéairement indépendantes qui expriment qu'un élément $[dx]$ forme avec l'élément intégral arbitraire E_2 un élément intégral E_3, et ainsi de suite, tant que cela est possible.

On arrive ainsi à une suite de nombres entiers

$$s, s_1, s_2, \ldots, s_g$$

tels que l'on ait

$$s \leqq n, \quad s + s_1 \leqq n - 1, \quad s + s_1 + s_2 \leqq n - 2, \ldots, s + s_1 + \cdots + s_g = n - g,$$
$$s \geqq s_1 \geqq s_2 \geqq \cdots \geqq s_g.$$

Les entiers $s_1, s_2, \ldots, s_g$ sont dits les *caractères* du système; le premier s_1 est identique au caractère K défini plus haut.

L'entier g (*genre* du système) indique le nombre maximum de dimensions des multiplicités intégrales *générales* du système; autrement dit le problème B n'est possible que si ν est au plus égal à g; l'intégrale générale à g dimensions dépend de

s_g fonctions arbitraires de g arguments,
s_{g-1} fonctions arbitraires de $g - 1$ arguments,
. . . .
s_1 fonctions arbitraires de 1 argument,
s constantes arbitraires.

Si $\nu \leqq g$, le système (S), *considéré comme à* ν *variables indépendantes*, est dit en *involution*. Les éléments intégraux E_ν non singuliers issus d'un point arbitraire dépendent de

296a) „Les éléments intégraux E_ν de *E. Cartan* sont identiques aux multiplicités $M_{\nu-1}$ de la congruence C de *E. von Weber*."

$$\nu(n-\nu)-\nu s-(\nu-1)s_1-(\nu-2)s_2-\cdots-2s_{\nu-2}-s_{\nu-1}$$

paramètres; l'intégrale générale à ν dimensions dépend de

$n-\nu-s-s_1-\cdots-s_{\nu-1}$	fonctions arbitraires de	ν arguments,
$s_{\nu-1}$	fonctions arbitraires de	$\nu-1$ arguments,
$s_{\nu-2}$	fonctions arbitraires de	$\nu-2$ arguments,
. . . . .	. . . . .	. . . . .
s_1	fonctions arbitraires de	1 argument,
s	constantes arbitraires.	

Si $s_\gamma=0$ $(\gamma<g)$, par chaque multiplicité intégrale non singulière $M_{\gamma-1}$ il passe une multiplicité intégrale M_g et une seule. Cette multiplicité M_g obtenue, on a sans intégration toutes les multiplicités intégrales M_ν $(\gamma\leqq\nu<g)$ qui contiennent $M_{\gamma-1}$ en déterminant toutes les multiplicités à ν dimensions qui contiennent $M_{\gamma-1}$ et qui sont contenues dans M_g. Une méthode généralisée de celle de Lie-Mayer permet de ramener l'intégration du système donné à celle d'un système à $n-g+\gamma$ variables, de rang γ, les caractères $s, s_1, \ldots, s_\gamma$ étant les mêmes pour ce nouveau système que pour le système donné.

Dans les énoncés précédents, les variables indépendantes ne sont pas fixées *a priori*. Dans beaucoup de questions, par exemple quand on considère un système d'équations aux dérivées partielles, en le supposant ramené à un système de Pfaff [II 21, 8], on cherche une intégrale M_ν qui n'établisse aucune relation entre ν des n variables données $(x_1, x_2, \ldots, x_n)$ ou, plus généralement, qui n'établisse aucune relation linéaire entre ν expressions de Pfaff données

$$\omega_1,\ \omega_2,\ \ldots,\ \omega_\nu,$$

indépendantes entre elles et indépendantes des premiers membres des équations du système. Si le système, considéré comme à p variables indépendantes, *n'est pas en involution,* ou si, étant en involution, son intégrale générale établit nécessairement une relation entre

$$\omega_1, \omega_2, \ldots, \omega_\nu,$$

on peut toujours *prolonger* le système de manière à le rendre en involution, sans que l'intégrale générale établisse une relation entre[297])

$$\omega_1,\ \omega_2,\ \ldots,\ \omega_\nu.$$

Si l'on prolonge un système en involution en prenant pour nouvelles variables dépendantes les paramètres dont dépend l'élément intégral E_ν le plus général, le nouveau système est encore en involution.

Par exemple, le système de Pfaff équivalent à un système *arbitraire* de m équations aux dérivées partielles à m fonctions inconnues est

297) **E. Cartan*, Ann. Éc. Norm. (3) 21 (1904), p. 159.*

toujours en involution quand on a dérivé les équations du système d'ordre inférieur à l'ordre maximé jusqu'à les rendre toutes de ce même ordre maximé.

La notion de système de Pfaff en involution est analogue à la notion de système différentiel orthonome passif [II 21, 2]. Le système de Pfaff équivalent à un système différentiel orthonome passif du premier ordre est en involution. Réciproquement, si le système de Pfaff équivalent à un système différentiel du premier ordre est en involution, on peut mettre ce système différentiel sous la forme d'un système orthonome passif. La notion de système de Pfaff en involution présente sur celle de système orthonome passif l'avantage d'être invariante par rapport à tout changement de variables portant simultanément sur les variables dépendantes et indépendantes.

Un système en involution peut admettre des caractéristiques de Cauchy[298]); toute surface intégrale est engendrée par des caractéristiques dépendant de constantes arbitraires, et toutes ces caractéristiques dépendent aussi uniquement de constantes arbitraires. Dans ce cas on peut, par un changement de variables, ramener le système de Pfaff à un système où figurent moins de n variables.

Un système peut admettre aussi des caractéristiques de Monge, dépendant de fonctions arbitraires; les caractéristiques qui engendrent chaque multiplicité intégrale dépendent de constantes arbitraires[299]).

Il peut y avoir encore une troisième espèce de caractéristiques.

E. Cartan s'est occupé aussi de l'intégration des systèmes de caractère K ou $s_1 = 2$. Dans le cas général, si g est le genre du système on a

$$s_1 = s_2 = \cdots = s_{g-1} = 2, \quad s_g = 2, \ 1 \text{ ou } 0.$$

Les systèmes pour lesquels $s_{g-1} < 2$ sont des *systèmes singuliers*. Ceux d'entre eux qui n'admettent pas de caractéristiques de Cauchy peuvent être intégrés à l'aide d'équations différentielles ordinaires. De plus, si le système *dérivé* n'est pas complètement intégrable, le problème de Cauchy peut être résolu au moyen d'équations différentielles ordinaires.

E. Cartan[300]) a étudié les systèmes en involution (au sens que l'on vient d'expliquer) d'équations aux dérivées partielles du second ordre à une fonction inconnue de trois variables indépendantes.

Si le système est formé de *deux* équations, les deux formes caractéristiques ont un facteur commun du premier degré; son intégration

---

298) *E. Cartan*, Ann. Éc. Norm. (3) 18 (1901), p. 296.*

299) *Voir *E. Cartan*, Bull. Soc. math. France 29 (1901), p. 294.*

300) *Bull. Soc. math. France 39 (1911), p. 352.*

se ramène toujours à celle d'équations différentielles ordinaires (cela est vrai pour un nombre quelconque de variables indépendantes).

Ces systèmes peuvent être classés en trois catégories principales Ceux de la première catégorie admettent une intégrale intermédiaire du premier ordre qui s'obtient par la réduction d'une certaine équation de Pfaff à sa forme normale. Ceux de la seconde catégorie jouissent de la propriété que toute surface intégrale est engendrée par ∞^2 caractéristiques C_1 et ∞^1 caractéristiques C_2, chaque caractéristique C_1 étant contenue dans une caractéristique C_2. Les caractéristiques C_1 (du premier ordre) dépendent de 8 constantes arbitraires, les caractéristiques C_2 dépendent de fonctions arbitraires. Les systèmes de la troisième catégorie jouissent de la propriété que toute surface intégrale est engendrée par ∞^2 caractéristiques C_1. Ces caractéristiques dépendent de 7 constantes arbitraires. Il n'y a pas, comme dans la seconde catégorie, de génération des intégrales au moyen de ∞^1 caractéristiques C_2.

Parmi les systèmes en involution de *trois* équations, il y a d'abord certains systèmes qui rentrent, comme cas particuliers, dans ceux qui ont été étudiés par *A. V. Bäcklund*[301]). Pour les autres, l'intégrale générale dépend de trois fonctions arbitraires d'un argument. Toute intégrale est engendrée de trois manières par ∞^1 caractéristiques C_2 appartenant à trois familles. Si les trois familles sont confondues, il peut arriver que les caractéristiques C_2 dépendent seulement de 8 constantes arbitraires. Le système s'intègre alors par des équations différentielles ordinaires, à savoir un système de cinq équations de Pfaff complètement intégrable et une équation de Monge de l'espace à cinq dimensions.

Si deux systèmes conduisent à une même équation de Monge non linéaire, ils sont réductibles l'un à l'autre par une transformation de contact. Si l'équation de Monge est linéaire, une telle réduction de l'un des systèmes à l'autre n'est pas toujours possible, bien qu'on puisse établir entre les caractéristiques C_2 des deux systèmes une correspondance univoque telle qu'à toute famille de caractéristiques du premier système engendrant une surface intégrale, correspond une famille de caractéristiques du second système engendrant aussi une surface intégrale [cf. II 21, **10**].

Les systèmes en involution de *plus de trois* équations rentrent dans une classe plus générale déjà étudiée par *J. Beudon*[302]).*

301) **A. V. Bäcklund*, Math. Ann. 13 (1878), p. 104, 423, 427; 15 (1879), p. 78.*

302) **J. Beudon*, Ann. Éc. Norm. (3) 13 (1896), p. 19.*

www.ingramcontent.com/pod-product-compliance
Ingram Content Group UK Ltd.
Pitfield, Milton Keynes, MK11 3LW, UK
UKHW020332230726
13925UKWH00002B/764

9 782013 435819